国家重点研发计划成果
山区和边远灾区应急供水与净水一体化关键技术与装备丛书
江苏省“十四五”时期重点出版物规划项目

丛书主编　袁寿其

山区和边远灾区应急供水与净水一体化装备集成及应用

SHANQU HE BIANYUAN ZAIQU YINGJI GONGSHUI
YU JINGSHUI YITIHUA ZHUANGBEI JICHENG JI YINGYONG

李　伟　李昊明　季磊磊　郎　涛　著

镇　江

图书在版编目（CIP）数据

山区和边远灾区应急供水与净水一体化装备集成及应用 / 李伟等著. -- 镇江 : 江苏大学出版社, 2024. 12. (山区和边远灾区应急供水与净水一体化关键技术与装备). -- ISBN 978-7-5684-2429-5

Ⅰ. TU991.41

中国国家版本馆CIP数据核字第2024B71H67号

山区和边远灾区应急供水与净水一体化装备集成及应用

著　　者/李　伟　李昊明　季磊磊　郎　涛
责任编辑/王　晶
出版发行/江苏大学出版社
地　　址/江苏省镇江市京口区学府路 301 号(邮编：212013)
电　　话/0511-84446464(传真)
网　　址/http://press. ujs. edu. cn
排　　版/镇江文苑制版印刷有限责任公司
印　　刷/南京艺中印务有限公司
开　　本/718 mm×1 000 mm　1/16
印　　张/15
字　　数/261 千字
版　　次/2024 年 12 月第 1 版
印　　次/2024 年 12 月第 1 次印刷
书　　号/ISBN 978-7-5684-2429-5
定　　价/80.00 元

丛书序

中国幅员辽阔，山区面积约占国土面积的三分之二，地理地质和气候条件复杂，加之各种突发因素的影响，不同类型的自然灾害事件频发。尤其是山区和边远地区，既是地震、滑坡等地质灾害的频发区，又是干旱等气候灾害的频发区，应急供水保障异常困难。作为生存保障的重要生命线工程，应急供水既是应急管理领域的重大民生问题，也是服务乡村振兴、创新和完善应急保障技术能力的国家重大需求，更是国家综合实力和科技综合能力的重要体现。因此，开展山区及边远灾区应急供水关键技术研究，研制适应多种应用场景的机动可靠、快捷智能的成套装备，提升山区及灾害现场的应急供水保障能力，不仅具有重要的科学与工程应用价值，还体现了科技工作者科研工作“四个面向”的责任和担当。

目前，我国应急供水保障技术及装备能力比较薄弱，许多研究尚处于初步发展阶段，并且缺少系统化和智能化的技术融合，这严重制约了我国应急管理领域综合保障水平的提升，成为亟待解决的重大民生问题。为此，国家科技部在“十三五”期间设立了“重大自然灾害监测预警与防范”“公共安全风险防控与应急技术装备”等重点专项，并于2020年10月批准了由江苏大学牵头，联合武汉大学、中国地质调查局武汉地质调查中心、国家救灾应急装备工程技术研究中心、中国地质环境监测院、中国环境科学研究院、江苏盖亚环境科技股份有限公司、重庆水泵厂有限责任公司、湖北三六一一应急装备有限公司、绵阳市水务（集团）有限公司9家相关领域的优势科研单位和生产企业，组成科研团队，共同承担国家重点研发计划项目“山区和边远灾区应急供水与净水一体化装备”（2020YFC1512400）。

历经3年的自主研发与联合攻关，科研团队聚焦山区和边远灾区应急供水保障需求，以攻克共性科学问题、突破关键技术、研制核心装备、开展集成示范为主线，综合利用理论分析、仿真模拟、实验研究、试验检测、工程示范等研究方法，进行了“找水—成井—提水—输水—净水”全链条设计和成体系研究。科研团队揭示了复杂地质环境地下水源汇流机理、地下水源多元异质信息快速感知机理和应急供水复杂适应系统理论与水质水量安全调控机制，突破了应急水源智能勘测、水质快速检测、滤管/套管随钻快速成井固井、找水—定井—提水多环节智能决策与协同、多级泵非线性匹配、机载空投及高效净水、管网快速布设及控制、装备集装集成等一批共性关键技术，研制了一系列核心装备及系统，构建了山区及边远灾区应急供水保障装备体系，提出了从应急智能勘测找水到智慧供水、净水的一体化技术方案，并成功在汶川地震的重灾区——四川省北川羌族自治县曲山镇黄家坝村开展了工程应用示范。科研团队形成的体系化创新成果“面向国家重大需求、面向人民生命健康”，服务乡村振兴战略，成功解决了山区和边远灾区应急供水的保障难题，提升了我国应急救援保障能力，是这一领域的重要引领性成果，具有重要的工程应用价值和社会经济效益。

作为高校出版机构，江苏大学出版社专注学术出版服务，与本项目牵头单位江苏大学国家水泵及系统工程技术研究中心有着长期的出版选题合作，其中，所完成的2020年度国家出版基金项目“泵及系统理论与关键技术丛书”曾获得第三届江苏省新闻出版政府奖提名奖，在该领域产生了较大的学术影响。此次江苏大学出版社瞄准科研工作“四个面向”的发展要求，在选题组织上对接体现国家意志和科技能力、突出创新创造、服务现实需求的国家重点科研项目成果，与项目科研团队密切合作，打造“山区和边远灾区应急供水与净水一体化装备”学术出版精品，并获批为江苏省“十四五”重点出版物规划项目。这一原创学术精品归纳和总结了山区和边远灾区应急供水与净水领域最新、最具代表性的研究进展，反映了跨学科专业领域自主创新的重要成果，填补了国内科研和出版空白。丛书的出版必将助推优秀科研成果的传播，服务经济社会发展和乡村振兴事业，服务国家重大需求，为科技成果的工程实践提供示范和指导，为繁荣学术事业发挥积极作用。是为序。

2024年10月

前　言

我国山区面积约占国土面积的2/3，地质和气候条件复杂，自然灾害类型多。西部地区是地震、滑坡等地质灾害频发地区，也是旱灾重灾区，应急供水保障异常困难。而应急供水是灾后生存保障的生命线工程。目前，我国应急供水技术装备尚处于初步发展阶段，适应山区及边远灾区的应急供水装备技术更加薄弱。近年来，多次灾害救援实践表明，开展山区及边远灾区应急供水关键技术研究，研制适应多种灾害现场的成套装备体系，提升山区及灾害现场的救援保障能力，是我国救灾应急领域亟待解决的重大民生问题。

本书立足我国应急供水保障的现实需求，对国家重点研发计划项目“山区和边远灾区应急供水与净水一体化装备”中技术集成与应用示范方面的研究成果进行了系统总结与提炼。本书共分为7章，内容涵盖国内外应急供水技术的研究现状与趋势分析，提出了面向地震灾害、地质灾害、水旱灾害等典型场景的应急供水与净水一体化装备集装集成方案，基于数字孪生建模与仿真技术构建了应急供水智能管控系统。此外，依托国家供水应急救援中心（西南基地），在西南山区及边远灾区开展了多场景的应用示范，制定了相关的技术规范和应用规范，为应急供水救援工作提供了可复制、可推广的理论依据与技术支撑。

本书内容系统、结构严谨，兼具理论深度与实践指导意义，适合从事应急供水装备研发、工程实践及应急管理的科研人员、工程技术人员和相关管理部门人员阅读参考。同时，本书也可作为高等院校水利工程、环境工程、应急管理等相关专业的教材或教学参考书。

在撰写书稿的过程中，李伟、李昊明承担了大部分工作，季磊磊、郎涛、朱勇、周岭、曹卫东等参与了部分章节的撰写；应急供水与净水一体化装备集装集成、应用示范部分得到了武汉大学张双喜教授、中国地质调查局武汉地质调查中心王节涛高工、中国人民解放军陆军勤务学院张世富研究员、绵阳市水务（集团）有限公司胥川高工等的指导和资料支持；部分章节整理自赵晨淞、马斯卓的硕士学位论文，特别感谢他们的帮助。此外，本书在出版过程中还得到了袁寿其教授、王福军教授、桑学锋教授、唐学林教授等的指导和帮助，在此一并致谢。

本书虽力求严谨，但在编写过程中难免存在疏漏和不足，恳请广大读者和同行专家批评指正，以不断完善本书的内容。

李 伟等

2024 年 12 月

目　　录

第1章　研究背景及意义

1.1　研究背景

新时代以来，以习近平同志为核心的党中央高度重视自然灾害防治，从党和国家事业发展全局的战略高度对加强防灾减灾救灾工作做出了一系列重大决策部署。从2013年四川芦山地震时作出的指示“灾情就是命令”，到2014年云南鲁甸地震时要求的“把救人放在第一位”，习近平总书记的每一次重要指示都是党对灾害防治工作的重大升华。此外，为深入贯彻落实习近平总书记关于应急管理工作的重要指示批示精神，提升重大安全风险防范和应急处理能力，应急管理部门于2022年印发《“十四五”应急救援力量建设规划》，进一步明确了“十四五”期间应急救援力量的建设思路、发展目标、主要任务、重点工程和保障措施，体现了我国对自然灾害应急救援的高度重视。

我国幅员辽阔，山区面积约占国土面积的2/3，分布在西部、东北、华南等地区，涵盖了31个省（包括自治区和直辖市）。这些地区由于地形复杂、气候多变、水文条件差异大等，容易发生各种自然灾害，如洪涝、泥石流、滑坡、干旱等。自然灾害对山区及边远地区造成的损失远超其他地区。据不完全统计，由泥石流、滑坡等引发的损失约占全国自然灾害损失的42%。受全球气候变化等自然因素与人为因素的共同影响，极端天气气候事件及其次生、衍生灾害的发生呈增加趋势，山区及边远地区的灾害风险形势严峻，直接经济损失持续上升。根据我国应急管理部门的统计，仅2023年就有5278.9万人次受到不同程度洪涝灾害的影响。此外，2023年全国共发生滑坡、崩塌、泥石流等地质灾害3666起，主要集中在华北、西南等地区。统计显示，2023年自然灾害造成的直接经济损失高达3454.5亿元。

频繁发生的自然灾害对本就基础设施薄弱的山区及边远地区无疑是雪上加霜。在自然灾害发生时，灾区供水系统往往会遭受严重破坏，导致供水不足、水质污染，甚至供水中断，使当地人民群众缺乏安全可靠的饮用水来源，从而增加疾病感染和疫情传播的风险。同时，供水系统的损坏也会影响灾区的消防救援、医疗救治、环境卫生条件恢复等灾后救援方面的工作。例如，在2008年汶川地震中，地震造成当地大量水库、水厂、管网等供水设施损坏，导致周围地区缺水或断水，极大地影响了震中地区受灾人民群众及抢救人员的用水需求和周围部分地区人民群众的日常用水需求。2010年玉树地震中，由地震引发的次生灾害——山体滑坡和泥石流，破坏了当地的自来水厂和管网，造成供水系统严重瘫痪。此外，灾害发生后，受灾地区交通和通信往往也会受到影响，给应急供水的物资运输和信息传递带来障碍。例如，2012年甘肃岷县特大冰雹山洪泥石流灾害中，泥石流冲毁了当地道路、桥梁、通信基站等设施，导致部分灾区与外界隔绝，为救援和应急供水带来极大困难。

应急供水是灾后生存保障的生命线工程。目前，我国应急供水技术装备尚处于初步发展阶段，与国际领先水平还有较大差距。我国应急供水技术装备功能单一，单元协同与智能化程度低，可靠性和机动性不足，技术水平滞后，尤其是适应山区和边远灾区的装备更为薄弱。近年来，多次灾害救援实践表明，开展山区和边远灾区应急供水关键技术研究，开发适应多种灾害现场的成套装备体系，提升山区及灾害现场救援保障能力，是我国救灾应急领域亟待解决的重大民生问题。

1.2 研究意义

应急供水技术在灾后重建工程中占据十分重要的地位。针对山区和边远灾区应急供水保障需求，研究团队进行全链条设计，开展成体系研究。本书旨在构建应急供水复杂适应系统理论及水质水量安全调控机制，突破应急水源智能勘测、快速成井、智慧供水与高效净水等关键技术，研制供水与净水一体化技术装备并进行应用示范，系统解决山区和边远灾区应急供水保障难题，全面提升我国应急供水保障能力。

开展山区和边远灾区应急供水关键技术研究和成套装备系统研制，可以保障受灾地区人民群众的生命安全和基本生活需求。山区和边远地区由于地理位置偏远、交通不便、基础设施薄弱等，面临着更大的供水困难和风险。在遭受地震、洪涝、干旱等重大自然灾害时，灾区人民的饮用水和生活用水往往面临中断或污染的危险。因此，研究并构建山区和边远灾区应急供水成套装备体系，可以有效、及时地解决受灾地区面临的缺水问题，为灾区人民群众提供安全、可靠、高效、低耗的应急供水服务。

开展山区和边远灾区应急供水关键技术研究和成套装备系统研制，可以增强我国应对气候变化和自然灾害的能力，减轻水资源压力和水环境风险。山区和边远地区由于具有地形复杂、气候多样、生态脆弱等特点，因此更容易受到气候变化的影响，导致水资源的不稳定性和不可预测性增加。研究并构建山区和边远灾区应急供水成套装备体系，可以提高灾区人民对气候变化和突发自然灾害的应对能力，保障水资源的安全性和可持续性。

开展山区和边远灾区应急供水关键技术研究和成套装备系统研制，可以推动我国水资源利用和管理的创新，促进水资源可持续发展。山区和边远地区的地下水资源具有丰富、稳定、清洁等优势，是应对自然灾害时的重要水源。研究并构建山区和边远灾区应急供水成套装备体系，可以实现对地下水资源的智能可靠勘测、快速成井、高效净化、智慧管理等，提高地下水资源的利用效率和开发水平。同时，也可以为其他地区的水资源开发和利用提供借鉴和示范。

开展山区和边远灾区应急供水关键技术研究和成套装备系统研制，可以促进我国科技创新和产业发展，增强我国在国际上的影响力。山区和边远灾区应急供水关键技术涉及多个学科领域和技术领域，如地质勘查、钻井工程、水质检测、净水处理、提水设备、管网系统等。研究并构建山区和边远灾区应急供水成套装备体系，可以推动相关学科和技术的交叉融合与创新发展，形成具有自主知识产权和核心竞争力的技术装备体系，带动相关产业的转型升级和市场拓展，为我国经济社会发展贡献力量。

开展山区和边远灾区应急供水关键技术研究和成套装备系统研制，可以提升我国在国际人道主义救援领域的贡献率，展现我国的大国担当。山区和边远灾区应急供水关键技术和装备体系具有普适性和通用性，适用于不同地理环境和灾害类型。研究并构建山区和边远灾区应急供水成套装备体系，可以为我国参与国际人道主义救援行动提供技术支持和装备保障，帮助其他受灾国家和地区解决供水问题，体现我国的责任担当和世界情怀。

综上，开展山区和边远灾区应急供水关键技术研究并研制相应成套装备体系是一项具有重要意义的科技创新和社会服务工作。

第 2 章　国内外研究现状及趋势分析

2.1　国内外研究现状

应急供水装备是关乎国计民生、保障灾民生活的重要装备，国内外学者在这方面进行了大量的研究，主要集中在快速找水与取水技术装备、高效净水技术装备、水质快速检测技术装备和应急供水输配水技术装备等领域。近年来，以德国、美国、以色列等为代表的发达国家高度重视应急供水技术与装备研发，研制的 HS150、HS450 等供水系统在欧盟国家得到了广泛应用。美国环境保护署（EPA）早在 2003 年就发布了《饮用水源污染威胁和事故的应急反应规范》[1]。该规范对应急供水与净水装备的参数及规格做了明确规定，在应对重大自然灾害和突发事件方面发挥了重要作用。

为推动我国应急救援装备的进步与产业发展，中央财经委员会第三次会议（2018 年）强调，要建立高效科学的自然灾害防治体系，提升全社会自然灾害防治能力，针对关键领域和薄弱环节，推动防汛抗旱水利提升、地质灾害综合治理、自然灾害防治技术装备现代化等九大重点工程建设。国家科技部在“十三五”期间设立了“重大自然灾害监测预警与防范”和“公共安全风险防控与应急技术装备”等重点专项。在山区和边远灾区应急供水方面，我国现有技术与装备基本处于空白状态，迫切需要突破一批关键技术，研制系列应急供水装备，全面提升我国山区和边远地区应急供水保障能力。

2.1.1　应急水源勘测技术研究现状

应急水源勘测技术是确保应急供水系统快速稳定运行的基础。水源勘测不仅要求快速定位水源，还需考虑水源的长期可持续性和水质安全。国外应急水源勘测研究主要采用遥感技术、地质勘探与水文物探相结合的方法，广泛应用于灾后应急水源的寻找和评估[2]。例如，美国和欧洲国家等利用高分辨率遥感影像结合水文地质数据，能快速评估地下水资源的潜力和分布。Jhariya 等人[3]利用遥感影像数据提取与地下水富集相关的断层等信息，结合高分辨率遥感数据和水文物探资料，对埃西基纳地区地下水资源潜力进行综合评估，为灾后找水提供了技术支持。此外，以色列采用高分辨率遥感和人工智能相结合的方式，不仅提高了水源评估的精度，还加快了灾后供水资源的调配速度[4]。国际上也开始探索利用大数据和人工智能等新兴技术对应急水源的勘测数据进行智能化分析[5-6]，这一方法正在快速发展。

国内水源勘测技术研究起步较晚，但近年来取得了显著进展。中国地质环境监测院构建了全国水文地质与水资源数据库，并牵头实施了自然资源部国家地下水监测工程，开始对区域地下水资源进行系统研究[7]。然而，国内水源勘测技术在智能化跨域水文地质数据的准确性、快速提取与分析技术方面仍不成熟。遥感技术与机器学习相结合将成为未来研究的重点方向，特别是在灾区应急供水需求较大的情况下，提升水源定位与勘测效率尤为重要。

2.1.2 成井固井技术装备研究现状

欧美国家特别注重复杂地质条件下的钻井技术研究。自 20 世纪 60 年代中期以来，欧美国家相继推出了一系列先进的钻井设备。例如，瑞典的阿特拉斯·科普柯（Atlas Copco）公司推出的 T3W 和 D55 钻机（图 2-1），这些设备在极端条件下的钻进效率和固井质量方面表现优异。Kejr 公司的 Geoprobe 7822DT 钻机和 AMS 公司的 Powerprobe 9410VTR 钻机通过直推式和机械化方式，分别适用于常规地层和松软（散）地层的钻进，满足不同地质环境下的应急钻井需求[8-9]。此外，声波钻进技术和超高压潜水钻进技术也在国外得到广泛应用。声波

图 2-1　瑞典 Atlas Copco 公司研发的 D55 水井钻机

钻机（如 Boart Longyear 公司的 LSTM 250 MiniSonic 钻机）能在松软与坚硬地层中高效钻进，而超高压钻进设备则能在较难的深井钻进中确保较高的成功率。然而，虽然这些设备在性能上具有较大优势，但高昂的成本和对特定地质条件的适应性问题限制了其在大多数灾区的广泛应用。

我国对成井固井技术的研究相较于欧美国家起步较晚。目前，我国水文钻井技术的研究和应用主要依赖于回转钻进技术。河北石探机械制造有限责任公司的 SPT-600 型钻机和山东滨州市锻压机械厂的 YT2-200A 型钻机等设备已被广泛应用于常规地层的钻进。然而，随着灾区地质条件日趋复杂，现有钻井设备在某些特殊地质环境下难以满足要求。例如，在含大量溶洞的岩层地区，采用气动潜孔锤技术时，可能出现气体泄漏和岩屑无法排出的问题[10]。

国内开发的回转钻进钻机和潜孔锤体积较大，机动性差，费效比高。此外，在我国华南、西南等花岗岩广泛分布的地区，由于风化壳层较厚，传统回转钻井工艺常遭遇塌孔和埋钻问题。因此，迫切需要研发一种轻量化、适应复杂地质条件的钻井设备，以提高应急供水系统的效率和可行性。

2.1.3　应急提水技术装备研究现状

灾后供水对于保障生命安全和灾区恢复至关重要，因此应急提水装备的高效性、机动性和快速部署能力成为研究的重点。目前，基于柴油机驱动的“机—泵—管”系统已成为欧美国家研发提水装备的标准系统，并在多个国家得到广泛应用。这些系统能迅速从地下或水源中提取水资源，并通过管道或其他传输系统输送至灾区，为灾后供水提供重要保障。美国的 MWI 液压驱动移动泵站便是早期开发并应用的一款应急供水装备。它的特点是模块化设计、易于部署和高效能，能够在灾后紧急情况下迅速提供水源保障[11]。德国和荷兰等国则进一步提升了设备的机动性，采用了集成化设计，使得这些系统能够在恶劣环境中稳定运行。例如，荷兰研发的“快速响应泵系统”可在 24 h 内完成部署，并在灾区内提供大规模的供水服务。此类设备具备高扬程、大流量的特点，能满足灾后大规模水源提取与分配需求。

国内研究也已取得一定进展，江苏大学和重庆水泵厂等单位开发了高压多级泵水力模型并进行了初步应用，但尚缺乏适用于山区应急智慧供水的柴油机驱动轻量化多级泵系统。现有应急供水设备轻便性差，适应山区及复杂地形的能力不足，需进一步注重模块化与便捷化设计，提升系统的机动性与协同性，以满足不同灾后场景的供水需求。

2.1.4 高效净水技术装备研究现状

高效净水是应急供水的关键环节，特别是在面对污染水源时，通过便捷高效的净水设备保障饮用水质量成为灾后应急供水的重要任务。国外的高效净水技术研究主要集中在膜过滤技术、反渗透技术以及组合型净水系统上。国外主要开展膜净化及空中取水净水技术研究，这为机动式应急供水装备开发创造了条件。例如，以色列施特劳斯的 Maze 净水技术，美国远途救援净水系统（EUWP）和轻便式净水系统（LWP）采用反渗透技术，能有效去除水中溶解性污染物，为应急供水提供高效水质净化保障[12-13]。以色列在多能源利用及高热低湿环境下的空中取水技术方面处于全球领先地位，如 Water-Gen 公司通过从空气中提取水分并进行净化，成功解决了在干旱及极端环境下的应急供水问题[14]。

近年来，我国开展了应急净水技术及装备研究，并在军队后勤保障系统中研制了部分装备，但在核心关键部件及特殊环境取水净水方面与国外研究仍有较大差距。例如，原中国人民解放军总后勤部开发的应急净水设备主要依赖传统的多级过滤技术，尽管能处理一定程度的水质污染问题，但面对高浓度污染物时，净水效果有限。同时，尽管国内外已有较为成熟的便携式净水装置，但尚未考虑机载空投需求；规模化安全饮水保障仍停留在消防车送水或大型专业装备净水阶段，机载运输的净水保障能力难以满足多点批量净水需求。

2.1.5 水质快速检测技术研究现状

快速准确地检测水质并评估其安全性，是确保应急供水水质安全的关键。国外的水质快速检测技术发展较为成熟，主要采用光度法、电极法以及现代传感器技术。美国 HACH 公司开发的 SL1000 多通道便携式水质分析仪利用吸光光度法和电极法等技术，能快速检测多种水质参数，如 pH 值、浊度、总溶解固体等[15]。这种便携式设备已广泛应用于灾后应急水质检测中，尤其适用于现场水质评估和灾后水源保障。国外水质快速检测设备精度高、检测指标多样，但价格昂贵，检测成本高。

国内水质快速检测设备的检测精度、灵敏度和耐用度较低，试剂配制过程复杂，且针对水质关键指标的商业化传感器虽能实现快速测量，但通常仅限于特定目标参数。尽管部分国内企业在便携式水质检测设备开发方面取得了一定进展，但仍缺乏适用于大规模灾后场景的综合检测系统。

2.1.6　应急供水和输配水技术研究现状

随着全球自然灾害频发，如何快速恢复供水系统，尤其是在灾区复杂环境中的应急供水与水分发问题，成为研究的重点。国外针对城市重大火灾扑救、森林灭火及化工园区火灾，开展了机动式大流量应急输水管线系统研究，并开发了系列装备。荷兰海创系统公司（Hytrans Systems）和德国施密茨消防与救援有限责任公司（Schmitz Fire and Rescue）研发的远程输水系统（图 2-2），较好地解决了装备快速投运、管线自动展收以及组配使用等问题。该系统具有较强的灵活性和适应性，能够迅速解决复杂环境下的供水问题[16]。此外，美国消防部门的机动输水系统也广泛应用于森林灭火、城市灾后供水等场景。

图 2-2　荷兰 Hytrans 公司和德国 Schmitz 公司研发的远程输水系统

国内机动管线主要用于军队应急油料保障，而用于山区及边远灾区应急供水的机动管线系统的研究尚处于起步阶段，尤其是在快速部署、自动调度、越野机动性等方面，与国际先进技术仍有较大差距，是严苛条件下应急供水的短板。

综上所述，我国应急供水技术装备功能单一，单元协同与智能化程度低，可靠性与机动性不足，技术水平滞后，适应山区和边远灾区应急供水的成套装备体系尚未建立，难以满足重大灾害救援的保障需求。因此，亟待针对山区及边远灾区应急供水保障问题，通过自主研发实现应急供水装备关键技术突破，以全面提升我国应急供水保障能力。

2.2 需求分析与研究重点

随着全球气候变化和自然灾害频发，特别是地震、干旱、泥石流等灾害的发生，导致大量人口在短时间内面临饮用水短缺的困境。因此，我国对应急供水装备的需求日益迫切，特别是在地质环境复杂的山区和边远灾区，快速、有效地提供水源保障，已经成为应急救援系统的核心任务。

2.2.1 需求分析

山区和边远地区灾害应急供水保障是国家面临的特殊而现实的需求，也是国家应急能力建设的短板和弱项。山区和边远地区自然环境特殊，对应急装备特别是应急供水装备的技术性能要求更高。近年来，在山区和边远地区的重大灾害，如青海玉树“4·14”地震、甘肃舟曲“8·7”特大泥石流、山西乡宁“3·15”山体滑坡等的抢险救援行动中，由缺乏应急供水装备、装备技术水平不足或装备机动可靠性差导致的供水危机、生活困难直接威胁人民群众生命安全的情况时有发生。研究并提出山区和边远地区应急供水保障装备体系及规范，对山区和边远地区应急供水装备的体系构建、技术性能提升、科研生产、评估检验及应用示范等，具有全局性的指导和规范作用，对促进该领域应急供水产业发展、提升救援能力和水平具有重要意义。“找水—成井—提水—输水—净水—供水”一体化装备为满足灾害现场应急供水需求提供了最基本最现实的技术手段，对保障灾后社会和谐稳定与人民群众生命安全意义重大。

同时，应急找水、净水与供水一体化技术装备系统能够形成终端市场化产品，可直接配备于山区和边远地区各级应急救援队伍，或纳入政府应急物资储备名录。随着我国山区和边远地区经济社会的快速发展，应急找水、快速成井、低功耗提水、高效净水及水质快速检测等装备，还可广泛用于野外工程建设、边远离散地区临时生活用水保障等。空投便携式净水装置采用一系列物理与化学处理措施，使装置适用于各种水源，可用于人道主义救援和军事行动，具有更广阔的市场需求。这些终端产品和关键部件可直接进入民用市场，部分可转化为军工产品。通过成果转化应用，它们也可为相关领域工程建设、新产品开发及产品技术升级等提供技术支持。

2.2.2　研究重点

① 针对山区和边远灾区应急供水保障需求，以提高保障效能为目标，进行全链条设计，开展成体系研究，突破应急水源智能勘测、快速成井、智慧供水与高效净水等一批共性关键技术，研制适用于山区和边远灾区的地下水源智能勘测、水质快速检测、快速随钻成井、低功耗高扬程提水、空投便携式净水、机动式应急管网等装备，以及智能钻机装备系统、移动式智能高压泵送系统、一体化技术装备系统，构建山区及边远灾区应急供水装备体系。

② 研究一体化装备多功能、模块化技术以及集装集成方案，形成不同灾害类型应急供水装备体系及风险应对策略；研究供水系统现场快速分解与组装技术，构建不同灾害场景应急供水救援模式和智能管控策略，建立运输—组装—维护全流程运维保障体系。

③ 集成应急“找水—成井—提水—输水—净水—供水”成套系统装备一体化平台，实现一体化装备的模块化组合、轻量化机动、智能化管控、多功能协同；开展装备组成单元功能适配性调试，验证一体化装备的功能特性、运维特性及各项性能指标。

④ 研究装备应用组织模式和实施方案；依托国家供水应急救援中心，在西南山区及边远灾区，选择地震灾害、地质灾害、水旱灾害等 3 种不同灾害典型场景，通过单独或集中方式进行装备应用示范，检验装备功能特性、环境适应性、人机适应性等，建立装备性能评估方法；开展应用示范效果评估，出具装备应用示范评估报告。

⑤ 开展面向山区和边远灾区的应急供水装备技术应用规范研究，编制应急供水装备应用配套方案及装备技术应用规范，形成典型灾害应急供水技术规范体系。

第3章　应急供水与净水一体化装备集装集成

3.1　应急供水与净水主要装备

应急供水与净水装备主要包括找水装备、成井装备、提水装备、输水装备、净水装备及成套装备系统。为适应现代化应急供水技术的发展，应配备满足实际供水需求的新型技术装备。在实际作业中，宜根据应急供水任务选择多种装备协同使用。应急供水与净水主要装备类型及装备名称见表3-1。

表3-1　应急供水与净水主要装备类型及装备名称

装备类型	装备名称
找水装备	地下水源智能勘测与快速分析系统
成井装备	液压快速随钻成井钻机、智能钻机装备系统
提水装备	低功耗多工况高扬程多级泵、移动式智能高压泵送系统
输水装备	机动式应急管网系统
净水装备	便携式水质快速检测仪、空投便携式净水装置
成套装备系统	一体化技术装备系统

3.1.1　找水装备

找水装备是地下水源智能可靠勘测的关键装备，主要包括一套地下水源智能勘测与快速分析系统，该系统由综合应急水源智能决策、水文地质基础信息快速智能查询、水井快速定井和动态监测三个子系统组成。找水装备的具体结构如图3-1所示。

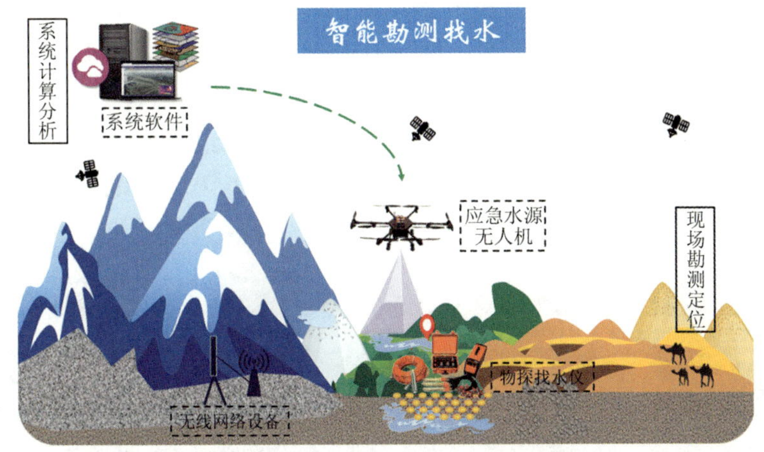

图 3-1　找水装备及系统总体结构示意图

(1) 综合应急水源智能决策系统

该系统首先基于地下水补给、径流、排泄特征及汇流富水机理，建立典型区域地下水汇水模型，以估算应急水源点（区）的水资源与水环境状况，并通过潜力算法结合分区特征制订采水区预案。其次，结合地质环境对应急水源点进行分区分级，提出靶区应急水源预案。此外，系统能够处理山区和边远灾区地下应急水源观测数据的异构性、多尺度性及多源异质性，利用大数据时空融合技术和基于无人机的现场感知信息，通过深度学习模型实现多元异质信息的快速融合。同时，系统建立了蓄水、控水构造及地下裂隙水源的水文模型，揭示地下水源形成机制与地质灾害诱因。为实现水源定位与现场感知功能，系统集成包括手持式用户终端和无人机感知系统在内的现场感知装备，可同时采集地面光学、地面热红外、大气温度、湿度及气压等信息，以评估潜在地质灾害及次生灾害风险。最后，系统实现各子系统的集成与功能融合，推动系统集成及装备实用化，并通过应用研究，为应急水源管理和地质灾害防控提供智能化支持。

综合应急水源智能决策系统的软件界面如图 3-2 所示，其硬件部分包括用于应急水源定位的多传感器无人机和现场应急通信网络。多传感器无人机作为系统的核心设备，负责水源点定位及周边环境勘测。通过对实时定位信息与现场感知数据的综合分析，系统可智能辅助专家决策。多传感器无人机采用大疆 M600 系列六旋翼平台设计，集成红外热像仪（高德红外 D640 非制冷焦平面热像仪，分辨率 640×512，CVBS、LVDT 接口）、光学照相机（大疆禅思云台相机，2000 万像素，搭配 5 倍光学变焦）、温度传感器、气压传感器、湿度传感器（BOSCH BME280 三合一多功能传感器，IC 接口）、定位传感器（泰斗北斗 N303－3，UART 接口）、惯性导航模块（ADIS16448，SPI 接口）等多种传感器。多传感器无人机的结构如图 3-3 所示，多传感器集成设计如图 3-4 所示。通过这些传感器，系统可精准勘测现场环境，为应急水源勘测、管理提供实时数据支持。

图 3-2　综合应急水源智能决策系统软件界面

图 3-3　多传感器无人机结构

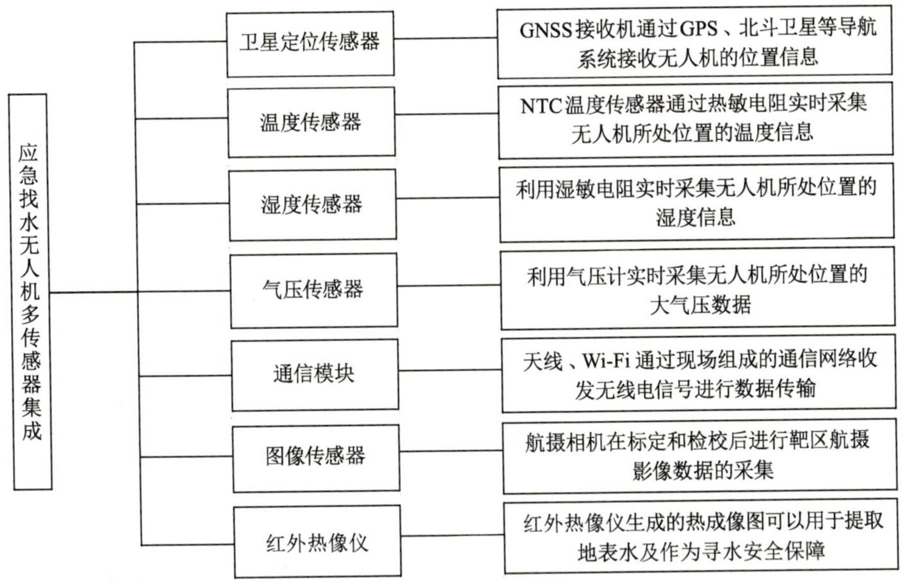

图 3-4 无人机多传感器集成设计

现场应急通信网络由卫星通信网络、公共通信网络、集群网络及无线宽带网络组成，确保不同通信技术网络间的互联互通，保障现场应急通信的信息传输。现场通信及数据服务系统的组成如图 3-5 所示。现场应急通信网络采用两点覆盖方式：其中一点为中心点，部署数据服务器、终端设备、无线接入 AP 及无线网桥；另一点为接入点，部署无线网桥、无线接入 AP 及终端设备。现场应急通信网络如图 3-6 所示，实施效果如图 3-7 所示。

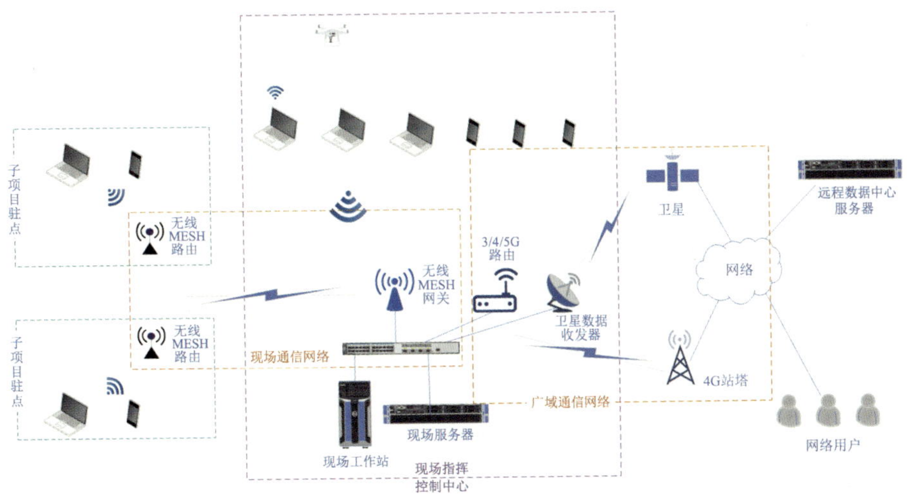

图 3-5 现场通信及数据服务系统组成图

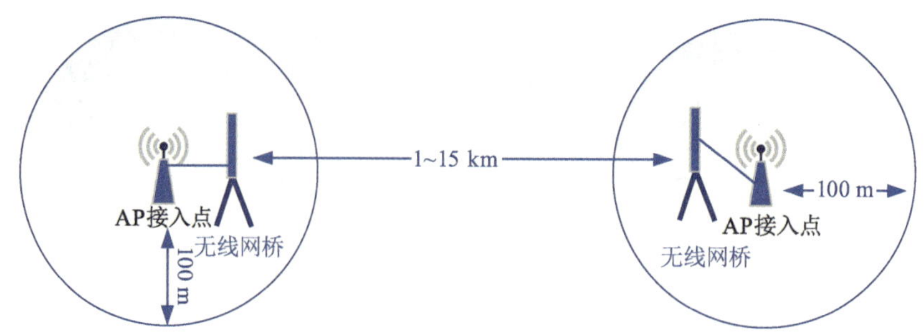

图 3-6 现场应急通信网络示意图

图 3-7 现场应急通信网络实施效果图

(2) 水文地质基础信息快速智能查询系统

水文地质基础信息快速智能查询系统的主要结构包括应急示范区域的应急水源数据库及快速智能查询模型方法库。应急水源数据库包括 1：20 万水文地质图、水文气象资料、社会经济数据、地表水与地下水调查资料；快速智能查询模型方法库包含数据提取、叠加分析、缓冲分析、插值分析等 GIS 空间分析模型，以及典型灾区应急水源靶区评价的层次模型。水文地质基础信息快速智能查询系统的部件构成如图 3-8 所示。

该系统采用 C/S 体系架构，充分利用客户端计算资源处理大数据，提高系统效率。通过建立应急示范区域的关键数据库，系统可提供多种空间分析方法，并内置靶区筛选模型，协助用户根据灾害发生区域快速查询，筛选含水量丰富、涌水量大、含水层稳定、易钻探、易开采、易供给的适宜区域，系统框架如图 3-9 所示。系统以移动 PC 为终端设备，除能接入历史水文气象数据外，还能通过现场网络调用综合应急水源智能决策系统提供的服务，并结合灾区现场无人机等设备感知的实时空间影像数据进行叠加分析，最终将靶区筛选结果供团队共享，支持水井快速定井。系统界面如图 3-10 所示。

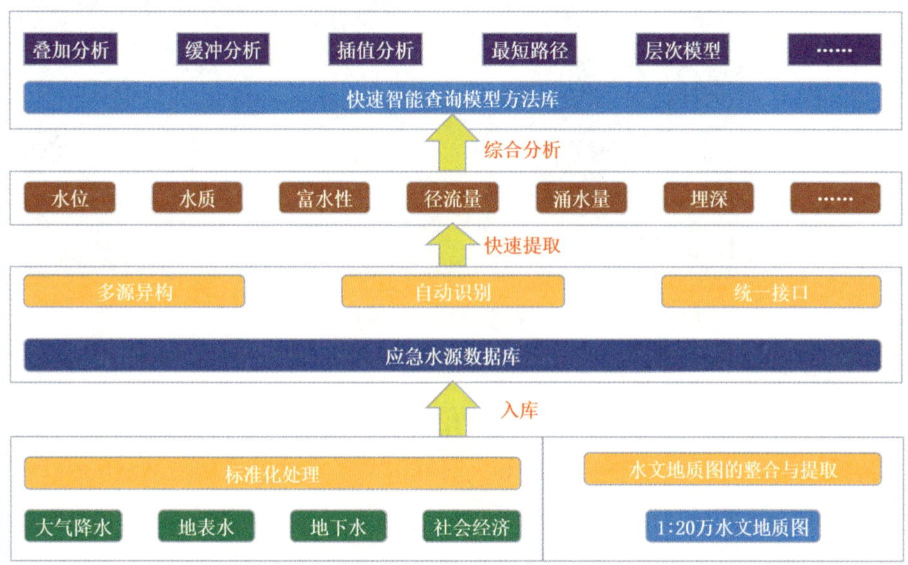

图 3-8　水文地质基础信息快速智能查询系统部件构成

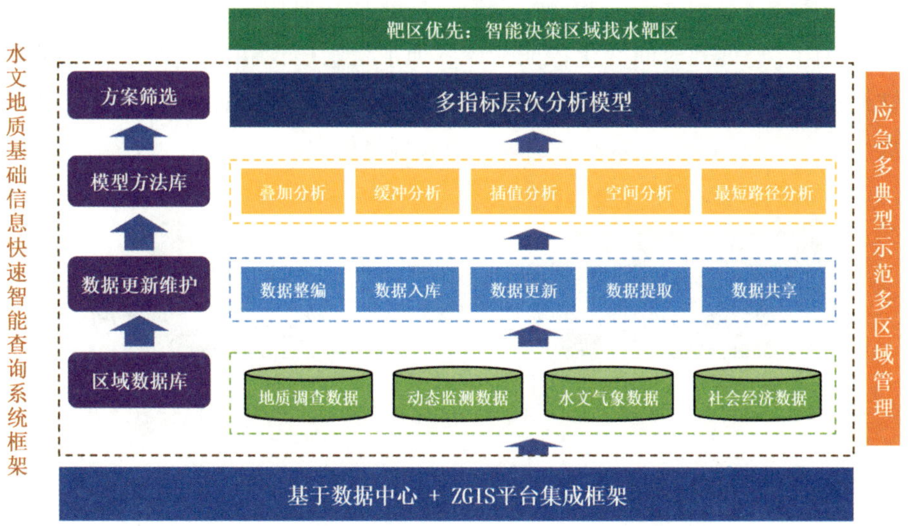

图 3-9　水文地质基础信息快速智能查询系统框架

图 3-10　水文地质基础信息快速智能查询系统界面

(3) 水井快速定井和动态监测系统

水井快速定井和动态监测系统采用高密度电阻率法实时监测技术，适用于复杂地质环境及应急供水需求，该系统的装备组成如图 3-11 所示。在智能决策系统确定的找水靶区，水井快速定井和动态监测系统利用地面高密度电阻率勘探方法，协助智能决策系统实现快速定井，探测地下水赋存区域并确定水井深度，结合水文地质信息预判地下水储量。此外，该系统结合地质资料、水文资料和物性参数，凝练成相对应的参数值范围，基于地下电阻率空间和时间变化特征，计算地下含水层饱和度和渗透系数等水文地质参数，分析地下水赋水状况和运移能力，按等级评估动采中存在的次生灾害风险，并为抽水水量的动态调整提供依据。

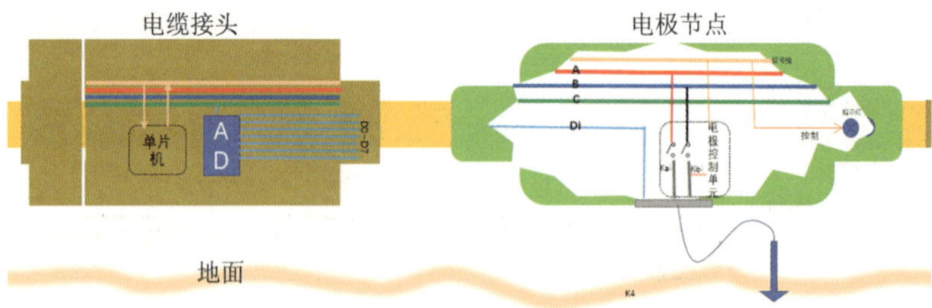

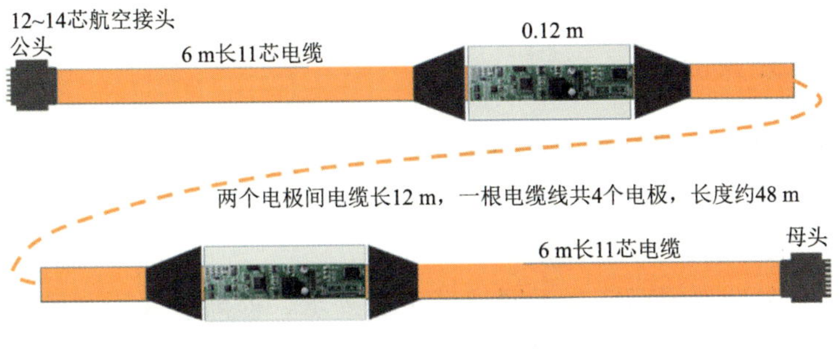

(a) 智能电缆示意图

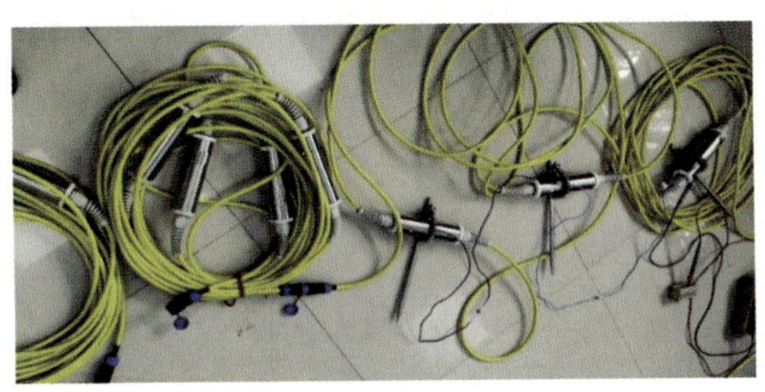

(b) 智能电缆样板图

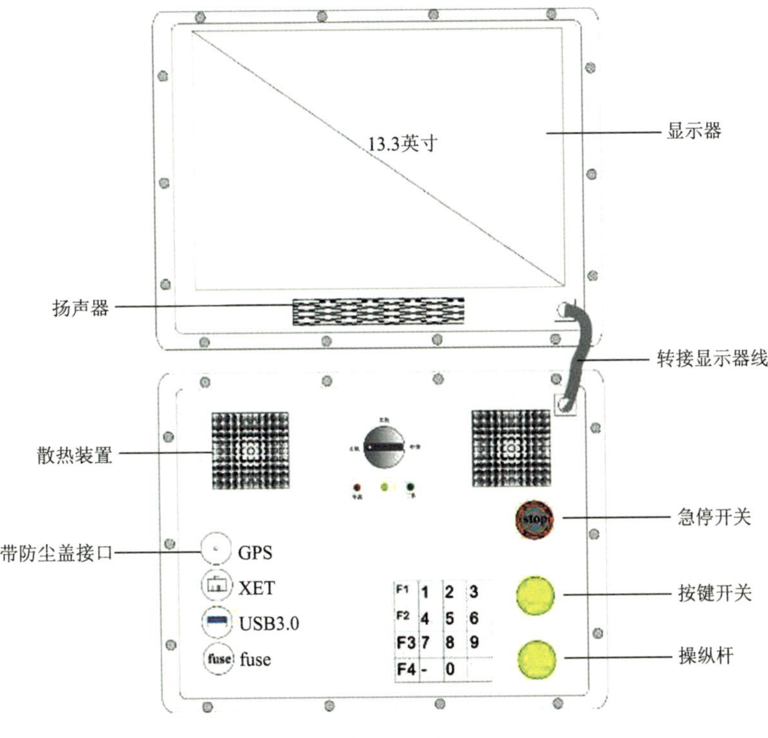

(c) 主机设计图

图 3-11　水井快速定井和动态监测系统装备组成图（1 英寸 = 0. 0254 m）

3.1.2 成井装备

成井装备主要包括一台液压快速随钻成井钻机和一套智能钻机装备系统。

(1) 液压快速随钻成井钻机

为适应复杂地质环境及不同地域工艺要求，提高成井固井效率，研究团队设计了多功能无级调速动力头、桅杆，提高了钻机处理孔内事故的能力；采用了气动潜孔锤钻进技术，显著提升钻进效率并缩短成井时间；研发了适用于易塌孔、缩径、漏浆、空洞等不稳定复杂地质条件的套管-滤管随钻跟进快速成井固井技术装备，如图 3-12 所示。

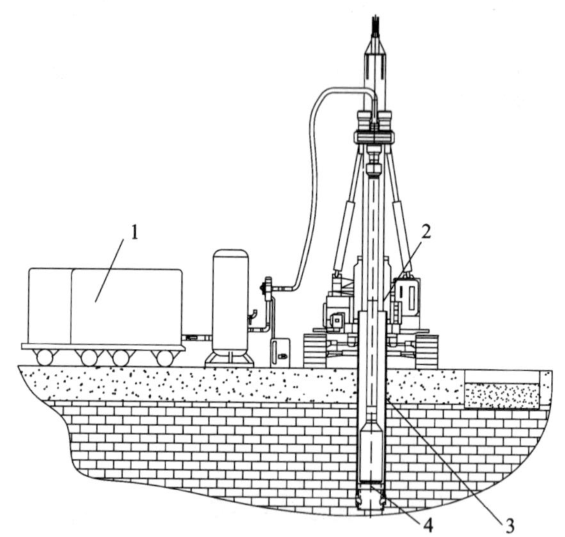

1—高压空气压缩机；2—多功能水井钻机；3—套管-滤管；4—跟管钻具。

图 3-12 套管-滤管随钻跟进快速成井固井技术装备

钻机的动力头采用气龙头、液压马达及回转减速箱等关键组件，其设计确保了钻机具备强大的钻进能力。通过液压系统驱动，动力头可实现高效稳定的钻进工作，其结构示意图如图 3-13 所示。此外，给进机构经优化设计，最大行程达 3600 mm，可确保 3000 mm 钻杆顺利加接。同时，该设计增强了钻机处理孔内事故的能力，最大起拔力可达 12 t，保证了钻机在高负载下的稳定性和作业安全性。给进机构的结构设计如图 3-14 所示。

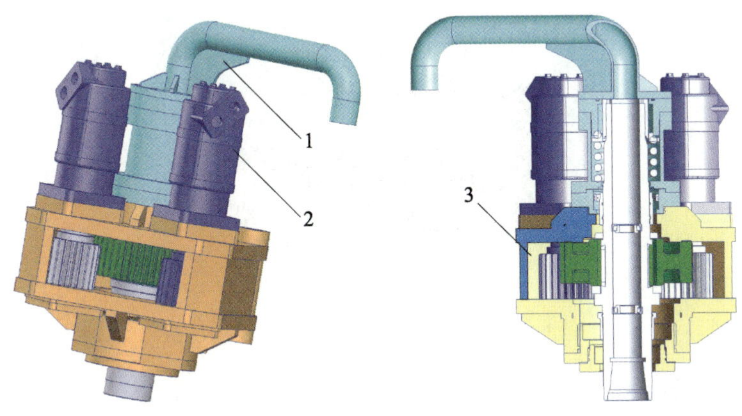

1—气龙头；2—液压马达；3—回转减速箱。

图 3-13　动力头结构示意图

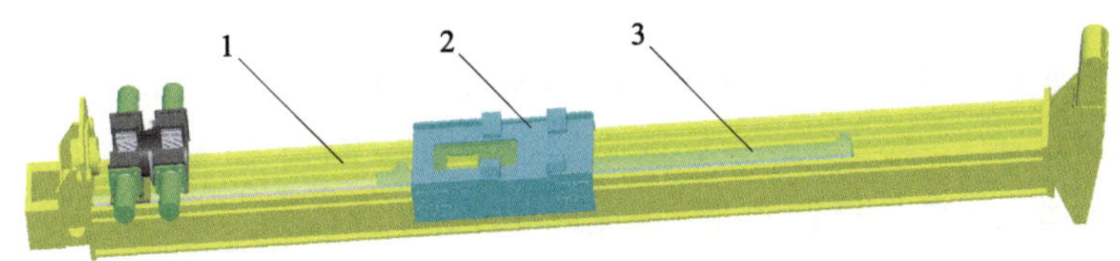

1—桅杆；2—动力头拖板；3—给进油缸。

图 3-14　给进机构结构图

针对传统回转钻进工艺难以应对孤石、松散第四系地层等复杂地质条件，研究团队设计了多种规格的气动潜孔锤跟管钻具。该钻具采用可回收结构，能有效穿越大漂石和大孤石。滑块式扩孔结构的同心跟管钻具通过冲击力破碎岩层，回转扭矩则通过钻头体与滑块配合面传递。钻具外径比套管外径大 10 mm，确保低跟进阻力。钻具设计充分考虑不同地层的适应性，适用于多种钻孔孔径，具有较快的钻进速度。钻具结构及实物分别如图 3-15 和图 3-16 所示。

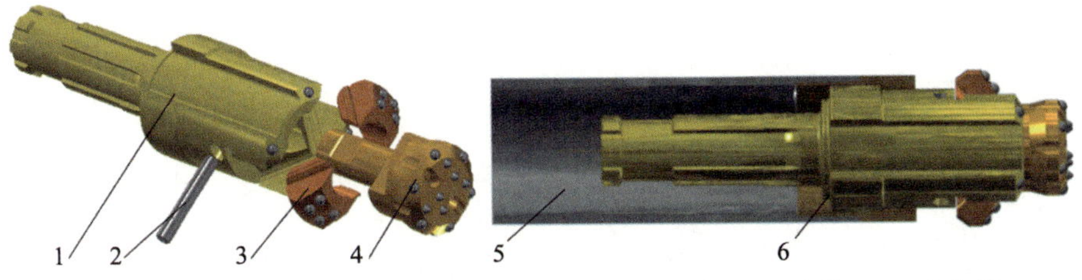

1—钻头体；2—挡销；3—扩孔滑块；4—中心钻头体；5—套管；6—套管靴。

图 3-15　滑块式扩孔同心跟管钻具结构图

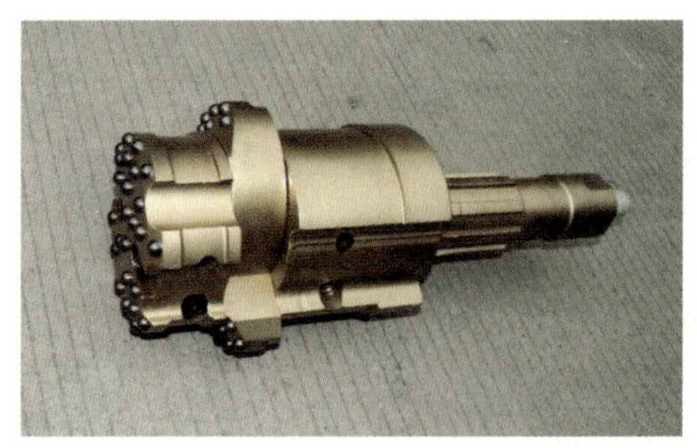

图 3-16 滑块式扩孔同心跟管钻具实物图

为应对断裂带、溶洞等特殊地质条件，研究团队设计了膨胀套管快速固井技术。膨胀套管采用六瓣梅花形截面管，能实现 ϕ168 mm 一径成孔，如图 3-17 所示。优化的扩孔钻头采用弹簧活塞式结构，带动扩孔翼板伸缩，显著提升钻进效率，具体结构如图 3-18 所示。此外，研究团队研制了“三合一”式钻具，集扩孔、测径和捞渣功能于一体，提高了工作效率并确保操作可靠。

气动潜孔锤随钻跟管钻进的快速成井过程步骤如下：

步骤 1：快速成孔。利用滤管－套管随钻跟管技术解决复杂地层成孔难题。

步骤 2：高压压缩空气洗井。采用负压清理出水通道及孔内岩屑。

步骤 3：抽水试验。下放潜水泵进行抽水试验，获取水文参数。

步骤 4：调整泵类型。根据试验结果调整潜水泵类型及参数。

步骤 5：计算可开采水量。确定潜水泵扬程和抽水量。

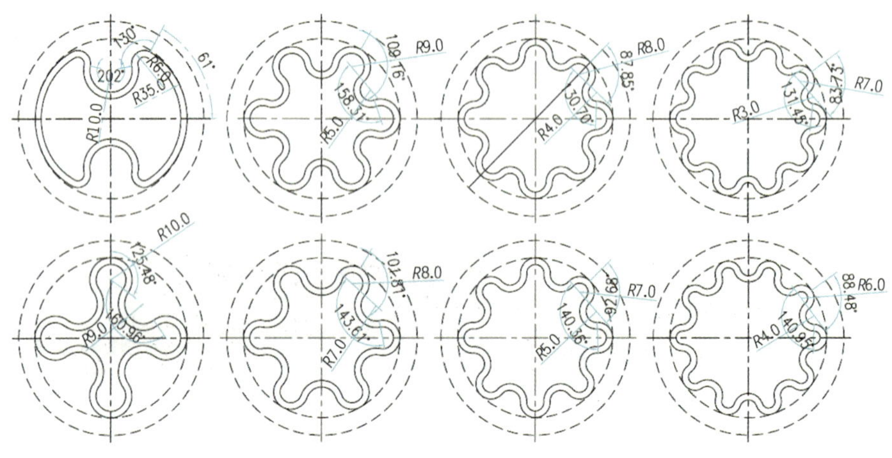

图 3-17 不同截面形式的膨胀套管设计

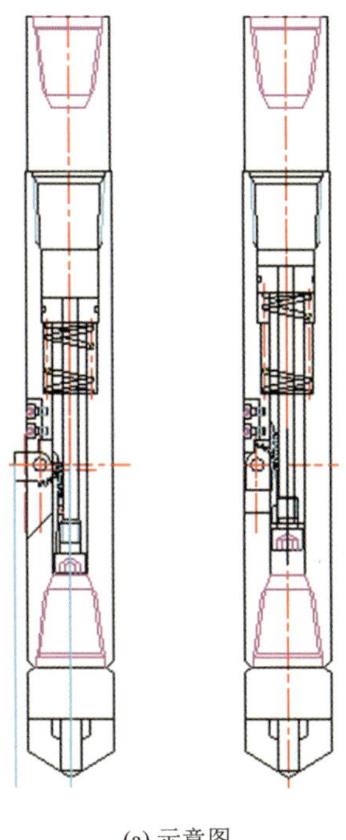

(a) 示意图

(b) 实物图

图 3-18　扩孔钻头示意图和实物图

（2）智能钻机装备系统

智能钻机装备系统的设计紧密结合应急水源成井需求，通过系统集成与优化，完成了履带行走装置、钻机平台及液压系统等设计。在具体设计中，根据钻机使用技术要求，完成履带行走装置设计，有效降低整机重心和设备的接地比压，提高施工和运移过程中的稳定性，降低对施工场地地面预处理的要求。构建了回转钻进液压系统，完成智能钻机一体化装备液压系统的优化设计，并对关键零部件开展详细建模仿真，确保各部件的高效性与可靠性。智能钻机装备系统结构如图 3-19 所示，技术参数见表 3-2。

液压系统是钻机的核心驱动系统，涉及钻进液压回路的性能分析。为确保系统高效运行，采用 SolidWorks 软件进行三维建模与装配，根据机械结构的几何关系对虚拟样机进行约束与处理。此外，利用 AMESim 软件分别建立钻进液压系统的给进回路和回转回路数学模型，并对负载敏感泵、压力补偿阀等关键元件进行静态特性校核，验证系统模型的准确性。在模拟仿真过程中，ADAMS、AMESim 和 SIMULINK 三种软件协同工作，完成钻机钻进系统的动态特性研究，确保系统在实际工作中的协调性与可靠性。

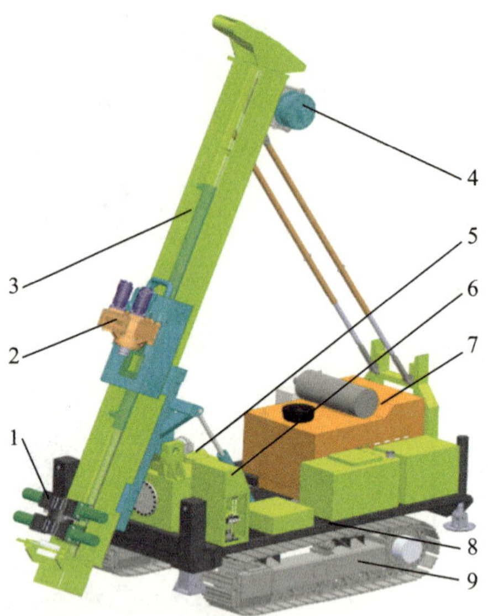

1—孔口装置；2—动力头；3—桅杆系统；4—液压绞车；5—液压系统；6—控制操作台；7—动力站；8—钻机平台；9—履带行走装置。

图 3-19 智能钻机装备系统结构图

表 3-2 智能钻机装备系统技术参数

项目	参数	
钻进能力	裸孔 ϕ150 mm	深 300 m
	跟管 ϕ168 mm	深 90 m
	跟管 ϕ245 mm	深 55 m
动力机	柴油机型号	康明斯 4BTA3. 9-C125
	功率，额定转速	93 kW，2200 r/min
动力头	高速挡（转速，扭矩）	0~148 r/min，0~3000 N·m
	低速挡（转速，扭矩）	0~74 r/min，0~6000 N·m
桅杆	给进行程	3600 mm
	给进力	59 kN
	提升力	122 kN
	桅杆摆角	90°~45°
	滑架行程	1100 mm
液压系统	主泵流量，压力	（80+80）L/min，27 MPa
	辅助泵流量，压力	46 L/min，24 MPa

续表

项目	参数	
绞车	提升力	15 kN
	容绳量	25 m（ϕ8 mm 钢丝绳）
履带	行走速度，爬坡	3.5 km/h，0°~25°
钻机平台	调平方式	4 条液压支腿
整机	质量	约 8000 kg
	外形尺寸	5700 mm×2100 mm×2600 mm（运输状态）

钻机平台是钻机结构件的连接纽带，起到承上启下的作用，其上安装钻机主要功能部件，自身则固定于履带行走装置上。如图 3-20 所示，平台四角安装四组可伺服控制的液压油缸，通过四组油缸的协同伸缩可调整钻机（桅杆）角度。支腿式自动调平系统整合水平传感器、信号采集及 PLC 控制模块，通过设计算法开发出多组伺服油缸协同工作系统。

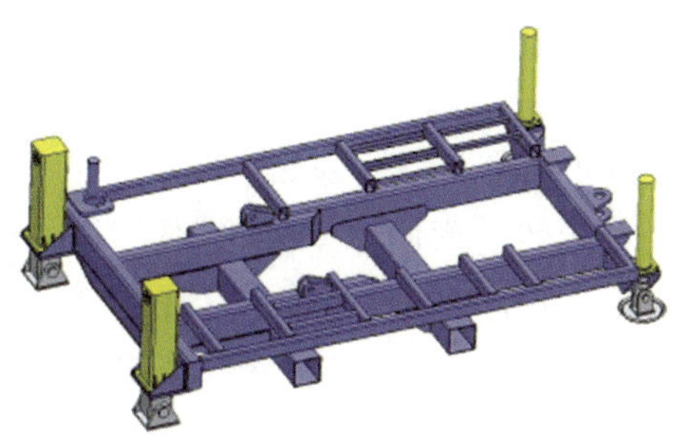

图 3-20　支腿式调平钻机平台结构图

为提升钻机整体稳定性并降低对施工场地地面预处理的要求，智能钻机装备系统采用履带自走底盘设计。履带自走底盘的关键部件包括驱动轮、导向轮、承重轮、履带链轨、张紧机构、支架及驱动马达等（图 3-21）。特别选用高速行走液压马达作为驱动，确保钻机在泥泞或不平整施工环境中仍保持高效移动性能。该设计显著提升了钻机在施工过程中的移动性与稳定性，尤其在山区和边远灾区的岩土钻掘施工中，充分满足了频繁移动的需求。

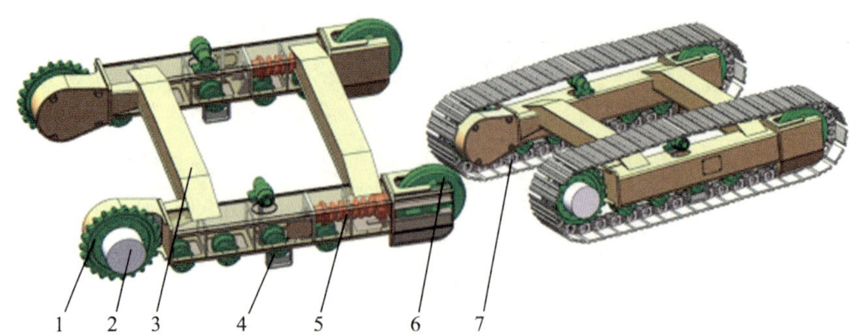

1—驱动轮；2—驱动马达减速器；3—支架；4—承重轮；
5—张紧机构；6—导向轮；7—履带链轨、履带板。

图 3-21 履带行走装置结构图

此外，研究团队还开发了地下水监测模块，以集成涌水量、水层深度等监测功能。该模块包括供电电池包、数据采集传输单元（RTU）及四个水质传感器，可实时传输数据至远程监控平台，实现自动监测与远程管理。模块通过 304 钢丝绳安装于井下，确保监测数据的准确性与实时性。

3.1.3 提水装备

提水装备主要是移动式智能高压泵送系统，包括底盘车、多级离心泵机组、运行状态监测系统等。为满足不同工况及环境条件下的供水需求，研究团队开发出低功耗多工况高扬程多级泵（提水泵），提水泵以柴油发动机为动力，通过齿轮箱增速驱动而应急运行，泵组配套有进水过滤管路系统、出水调节管路系统、润滑油系统、冷却系统、检测仪表及泵组智能控制系统等。移动式智能高压泵送系统则集成自动化控制、智能监测及故障诊断功能，提升系统智能化水平。以地表水或地下水作为应急供水水源，配备水面漂浮泵、简易集水池、潜水泵、井泵和低压管道等设备，为移动式智能高压泵送系统提供 0.3 MPa 的前置喂水。

（1）低功耗多工况高扬程多级泵

针对应急供水高压多级泵高机动、多工况、智能可靠运行需求，研究团队创新了节段式多级泵结构，开发了集参数化造型、网格划分、CFD 计算、方案设计等为一体的多级泵智能水力优化设计平台，经三级泵样机验证，获得了满足山区和边远灾区提水要求的优秀水力模型。在水力设计中，提出超低比转速设计方案，将传统低比转速泵多叶片或长短叶片设计优化为少叶片数大包角设计。通过调整叶轮包角、叶片数及导叶宽度等结构参数，成功将过流损失降至最低，提升了泵的抗空化性能。同时，优化后的该结构可根据应急供水现场提水高度需求快速组装，叶轮背对背布置以平衡轴向力，确保多级泵在车载及高转速工况下具备高可靠性和运行稳定性，满足应急场景不同提水高度及轻量化、高可靠性需求。提水泵三级样机开发如图 3-22 所示。

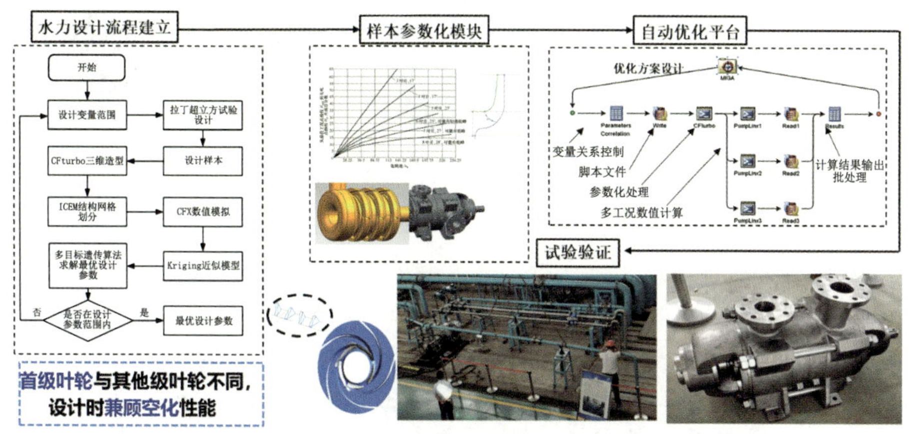

图 3-22　提水泵三级样机开发

除水力性能与结构设计外，泵的可靠性同样至关重要。为确保设备在极端工况下稳定运行，对整个设计体系从流体动力学到结构可靠性进行全方位优化。采用水力-结构耦合分析方法，可在保证高扬程的同时优化泵的水力性能。研究团队建立了高压提水泵有限元分析模型，完成了装备转子动力学分析，以及结构部件强度校核、应力及变形分析、寿命校核等，确保了应急提水装备在复杂工况下的高效、安全运行（图 3-23）。尤其在高转速及高压条件下，泵的强度、刚度和稳定性经过严格验证，从而保障了设备长时间运行的安全性。

根据低功耗多工况高扬程多级泵设计目标，确定泵设计扬程为 1500 m、设计流量为 36 m^3/h、级数为 14 级、转速为 3800 r/min，将高压泵单级比转速拓展至 41.67。14 级高压提水泵结构主要由进水段、高压进水段、出水段、中段、转子部件、轴承部件、机械密封、机封冲洗管路等组成，如图 3-24 所示。

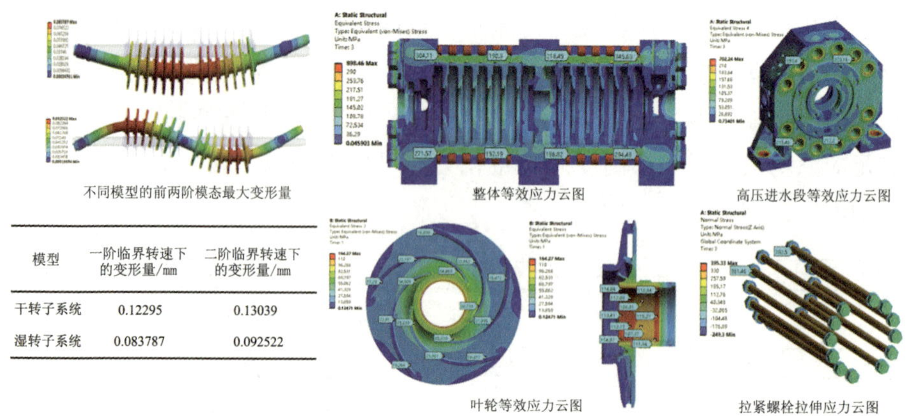

模型	一阶临界转速下的变形量/mm	二阶临界转速下的变形量/mm
干转子系统	0.12295	0.13039
湿转子系统	0.083787	0.092522

图 3-23　低功耗多工况高扬程多级泵结构可靠性校核

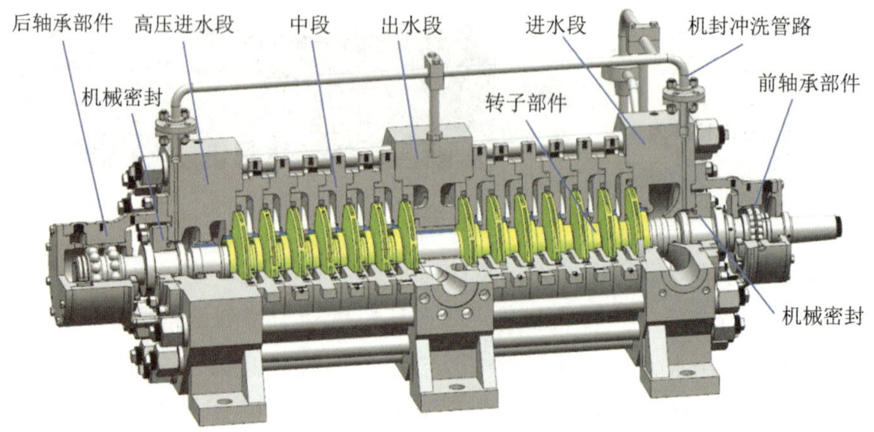

图 3-24　低功耗多工况高扬程多级泵结构

压力波传播会对泵和管道造成严重影响。为此，开展多次实验与数值模拟，揭示压力波在管道中的传播规律，并提出水锤防护优化策略。通过设置排气阀及调整阀门开度等措施，有效消除水锤引起的周期性压力波，确保管道和泵体的安全运行。泵的振动性能符合《泵的振动测量与评价方法》（GB/T 29531—2013）中的 A 类标准。

（2）移动式智能高压泵送系统

移动式智能高压泵送系统集底盘车、副车架、柴油机驱动高压泵送系统、过滤器、吊臂、喂水系统、井用潜水泵、电气控制及操作系统于一体，如图 3-25 所示。同时，研发的液压支腿一键调平技术、智能供水控制系统及全生命周期运维监控系统显著提升了系统自动化程度和故障诊断能力，可为应急供水提供高效稳定的保障。此外，车载泵送系统的环保设计与智能化控制不仅降低了系统能耗，还实现了环境友好与操作便捷的完美结合。移动式智能高压泵送系统在山区和边远灾区应急供水中的应用性能优异，可为未来应急供水提供宝贵技术参考。

图 3-25　移动式智能高压泵送系统

系统接口设备主要包括机械设备接口，具体技术参数如表 3-3 所示。

表 3-3　机械设备接口技术参数

序号	设备名称	接口名称	接口规格	备注
1	井用潜水泵	井径	≥168 mm	泵外径 125 mm
2		泵出口	DN40-PN10	快速接头
3		输水管出口	DN40-PN10	快速接头
4	潜污泵	泵出口	DN65-PN10	快速接头
5		输水管出口	DN65-PN10	快速接头
6	简易水池	补水口 1	DN40-PN10	快速接头，接井泵
7		补水口 2	DN65-PN10	快速接头，接潜污泵
8	自清洗过滤器	入口	DN65-PN10	快速接头
9		排污口	DN25-PIN10	快速接头、外排
10	提水泵	出口	FIG400-DN50	由壬接头
11	高压软管	出口	DN50-PN10	快速接头

根据山区和边远灾区道路及作业场地的特殊要求，确定提水泵车的主要技术参数，创新提出水冷柴油机驱动高压提水泵系统总成，成功开发出结构紧凑、转弯半径小、节能低噪的新型车载泵送平台。选用上汽红岩 CQ3257HL4 型 6×4 自卸车底盘，其具备优异的动力性能和道路通过性。此外，系统集成自清洗过滤器，可有效过滤水中固体杂质。重载驱动结构采用济柴 JC15G1 型水冷柴油机、齿轮箱及高低速弹性联轴器组合，提升了转子系统的可靠性。泵出口配备水击泄压阀，确保了管路的安全性。整体布局如图 3-26 所示。

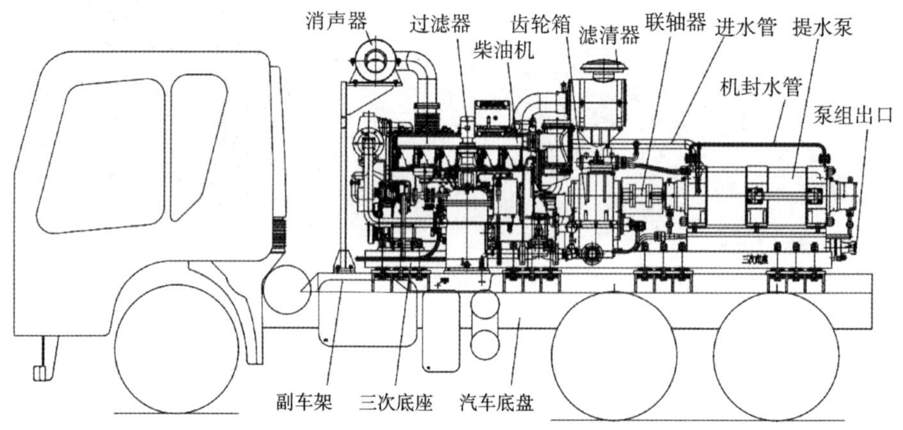

图 3-26　移动式智能高压泵送系统总成

为满足车载工作装置的水平工作要求，设计并开发一键自动调平液压支腿系统。该系统由左前、左后、右前、右后四个支腿组成，可在垂直方向伸缩，并具备一键自动调平功能，如图 3-27 所示。控制系统通过周期性采集倾角传感器反馈的车架水平数据，在数据超出设定范围时采用 PID 控制调节液压阀组，驱动各油缸调整支腿，确保车体水平。控制器持续监测水平数据，维持支腿平衡状态。

在隔声降噪的基础上，设计开放型全方位隔声窗，确保车厢内热量及空气、光线等介质与外界正常流通，从而保障提水系统低噪声可靠运行。鉴于旋转机械设备在 2000～3000 Hz 频率范围内噪声最为显著，设计单向隔声窗。通过理论计算与实验验证，确定叶片设计参数。调整多种叶片角度后，实现了在 2154～3140 Hz 频率范围内有效隔声，满足车厢环境友好需求。

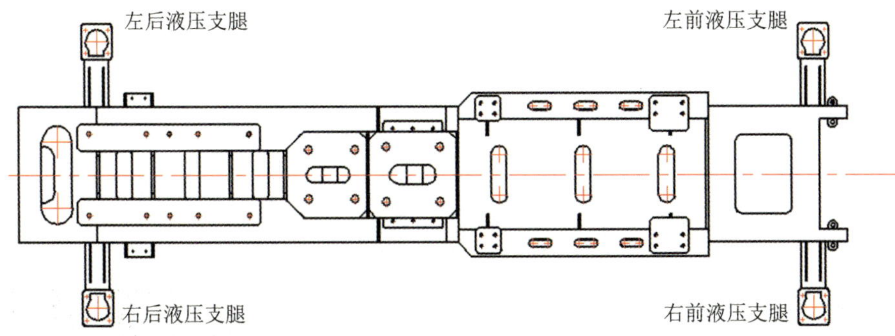

图 3-27　车载底盘液压支撑

智能供水控制系统用于实现对提水泵、喂水泵等设备的自动控制。该系统根据前置水池和后置水池的需水量、供水量及泵出口压力信号调节柴油机转速，提供全自动智能控制。在复杂环境下，系统可自适应调节压力与流量，确保供水稳定性和设备高效运行，技术原理如图 3-28 所示。具体来讲，基于 PID 闭环恒压/恒流自适应控制模型的柴油机转速调节系统，通过实时监测前置水池和后置水池的需水量及供水量变化，结合泵的试验数据，输出指令信号至柴油机电控系统，实现柴油机在怠速与额定转速间的线性调节。此外，研究团队针对系统瞬态流动特性，开展驱动与控制元件的适应性分析，提出故障预警策略，并通过优化控制模块及参数，开发全自动智能控制器，在能效最优条件下实现系统自适应控制。该系统能有效解决水源分布、供水流量平衡及多环节装备调度问题，通过基于增压压力的 PID 反馈控制和模糊 PID 控制器，确保系统恒压/恒流智能控制，实现水泵在复杂环境下的高效稳定运行。

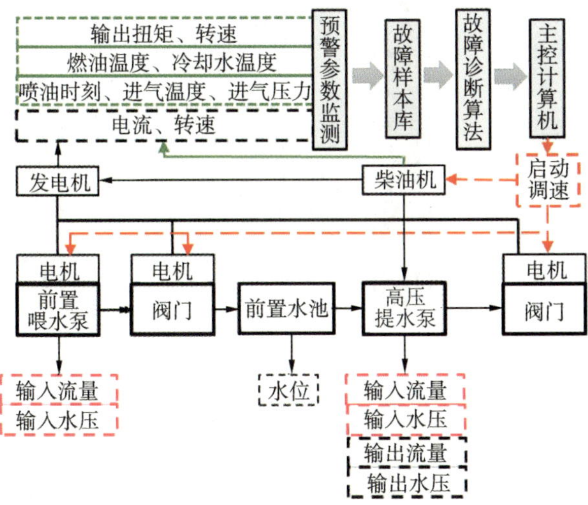

图 3-28　智能供水控制系统技术方案原理图

全生命周期运维监控系统如图 3-29 所示，该系统可实现设备状态实时监控、故障报警、远程支持及维护决策优化，确保设备运行的可靠性和安全性，同时降低维护成本。

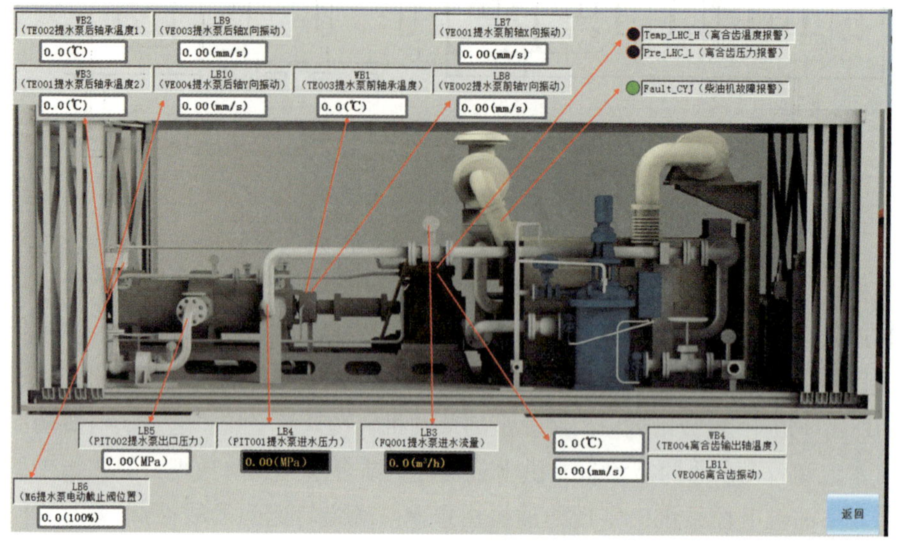

(a) 控制界面

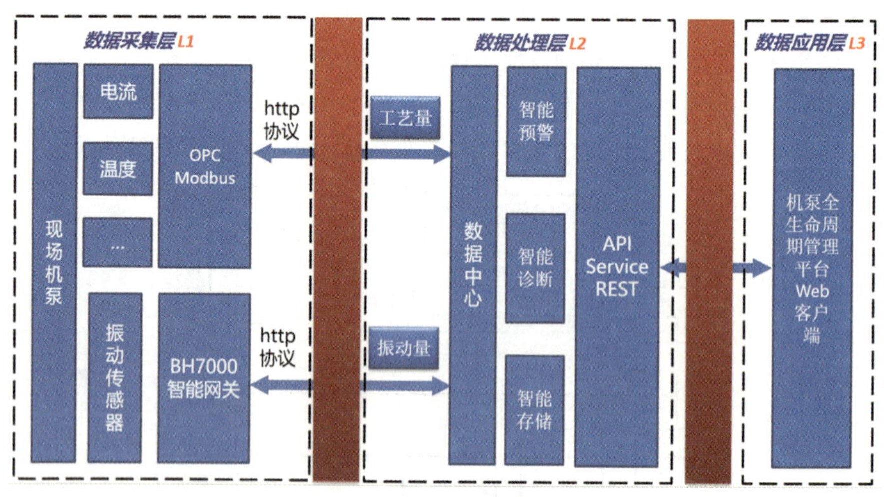

(b) 状态监测的应用

图 3-29 全生命周期运维监控系统

构建取水、喂水、提水及用水全流程智慧控制系统，结合流量、压力、转速等信号实时反馈，自动调节设备运行状态，以适应应急供水需求。基于提水工作操作便利性需求，开发多终端监控系统（机旁控制柜、驾驶室内移动式 iPad 操作盘、手机端)，该系统可实现全套提水装备一键启动、自动运行，并对运行状态进行监测与无线控制，如图 3-30 所示。

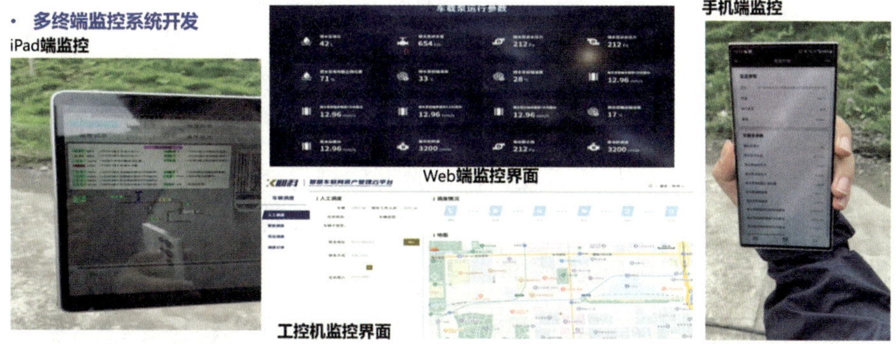

图 3-30　移动式智能高压泵送系统智慧控制和运行监控

3.1.4　输水装备

输水装备主要指机动式应急管网系统，主要包括越野型泵站车和越野型管线作业车，由泵站模块、管线作业模块及自动水力布站与运行调度模块组成。泵站模块包含两台发动机泵机组，集成于一台泵站车；管线作业模块包含两台软质管线作业车，形成“三车一组”装备系统。机动式应急管网系统的基本组成如图 3-31 所示。

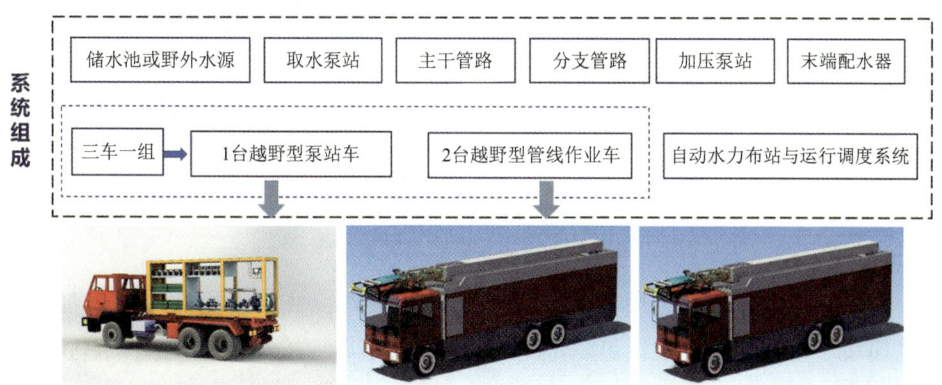

图 3-31　机动式应急管网系统的基本组成

(1) 越野型泵站车

越野型泵站车主要由拉臂钩式汽车底盘、母托盘、子托盘、泵站和附件等组成，主要用于供水泵站及加压泵站的整体自装卸和快速布置。

为提升泵站布设速度并减少运载底盘数量，研制了可快速组合和分离、可集成装卸的子母托盘，并对子母托盘总成载荷及变形进行了分析校核(图 3-32、图 3-33)。子母托盘都采用 H 型架形式，主要由 H 型架、骨架、滚轮、导轨组成。母托盘的三根导轨承载两个可装卸且互相独立的子托盘。子托盘 1 集成取水、加压模块及管路附件，自带一台发动机驱动取水液压系统，同时驱动加压泵送系统；子托盘 2 集成加压模块与管路附件，用于管网系统加压接力输送。子母托盘使用同一拉臂钩进行装卸、同一装载平台运输，以优化供水泵站及加压泵站的工艺流程与控制系统，实现两者的快速组合，一车装载两泵站并按需快速分离、独立部署。

图 3-32　子母托盘结构图

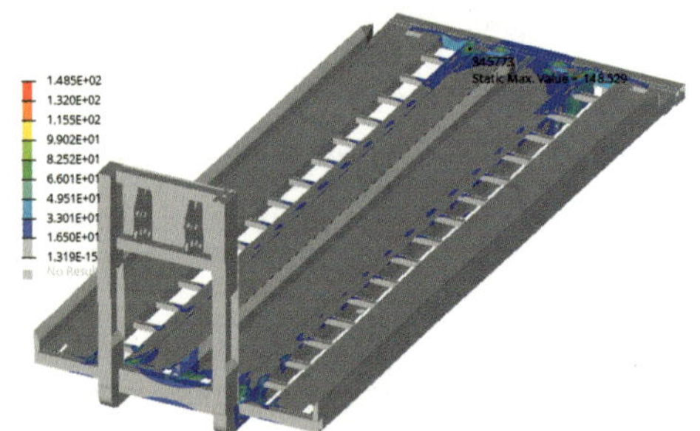

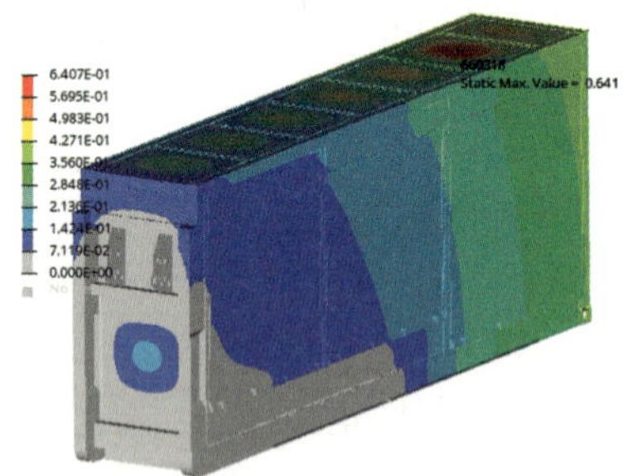

图 3-33　子母托盘强度分析校核

漂浮式取水泵系统通过水面浮艇泵完成取水，并将水输送至陆上加压泵模块。每个加压泵模块可满足约 5 km 输送距离要求，多个模块可串联使用，以实现 10 km 及以上的远距离输送需求。泵站系统工艺流程如图 3-34 所示，其具备越站输送、分支输送、截断回流等多种输送能力。

漂浮式取水泵系统采用“发动机与浮艇泵一体化”结构形式，实现整体浮于水面作业，按系统输送流量与扬程要求进行功率匹配。研究团队最终选用了最大流量为 1500 L/min、最高扬程为 60 m 的取水泵，其具备手动、电控及遥控三种启停方式，可满足不同作业场景的需求。动力方面，选配东风康明斯发动机（型号：D403111CX03QSB5. 9－C170－30）作为取水泵的独立上装动力源，兼顾稳定性与作业适应性。

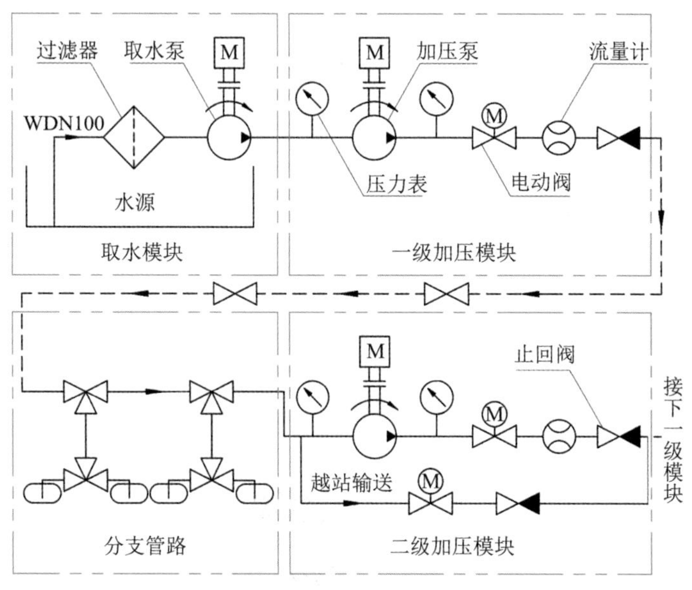

图 3-34　泵站系统工艺流程

为保证取水、输水作业平稳进行，研究团队提出了控制系统需要监视和控制的主要参数，包括与取水发动机、增压发动机、液压系统的运行状态监视及报警保护，取水输水工艺系统的运行参数监测、控制及报警保护等相关的 19 类 21 种以上信号。针对管网系统设置的两个泵站具有相同的组成，可以独立使用完成短距离取水、输水作业，也可组配级联使用实现远距离输水作业，设置了全自动、半自动和全手动控制模式，由一个控制系统控制两个单元完成取水及增压输送作业。控制系统结构如图 3-35 所示。

综合考虑越野能力需求、装载质量、各部件布置需求、动力取用等因素，确定选用济南重汽汕德卡全驱车（4×4）底盘。根据越野型泵站车功能实现需要，对选用的底盘进行了加改装，主要涉及取力器、副车架结构、举升臂、举升－翻转－平移油缸、限位装置、手动（电动、遥控）操作装置及导向装置等，加改装装置布置位置如图 3-36 所示。此外，设计加装了能实现越野型泵站车车载子母托盘自动装卸的液压系统、电气系统。

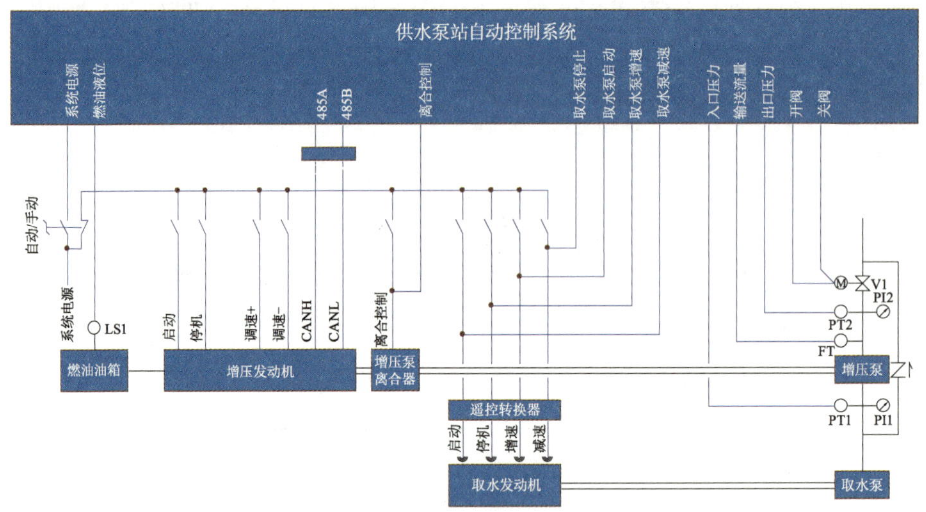

图 3-35　控制系统结构图

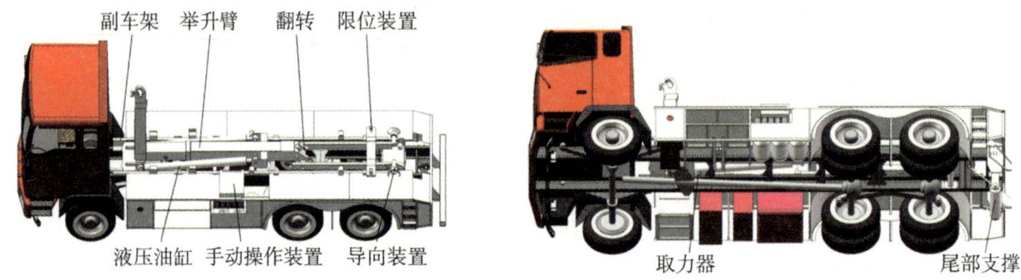

图 3-36　底盘加改装装置布置图

（2）越野型管线作业车

越野型管线作业车由汽车底盘、取力机构、收卷机头、水带码放机构、液压系统、控制系统、上装箱体和附件等组成。

在自动水力布站及运行调度方面，设计适用于软质管线水力布站的算法，将图解图算方法转化为数学模型，基于方程或公式表达计算过程中点、线、面间的关系，最终获得水力布站数值结果。设计管网系统越站输送流量及算法，在液体输送过程中，若因停电、故障或检修等导致某中间泵站停运，则可通过调节措施实现越站持续输送。提出一种计算越站输送流量的方法，通过管线压头平衡方程反复迭代，确保越站输送过程中无超压和欠压现象，同时校核停运泵站上下游区段压头，保证输送的安全性和合理性。

基于卫星定位技术及 Android 开放平台，开发了自动水力布站与运行调度系统，并集成在手持终端上，实现了线路智能勘测和泵站自动选址。该系统具备根据地形条件和任务数量快速确定泵站位置和运行参数，快速处理翻越点计算、故障状态越站输送、运行参数快速调整，以及离线地图、实时定位、数据查询等功能。该系统为通用调度系统，可满足不同长度、不同口径的机动钢质管线和软质管线的自动布站及运行调度需求。系统主要功能界面如图 3-37 所示。

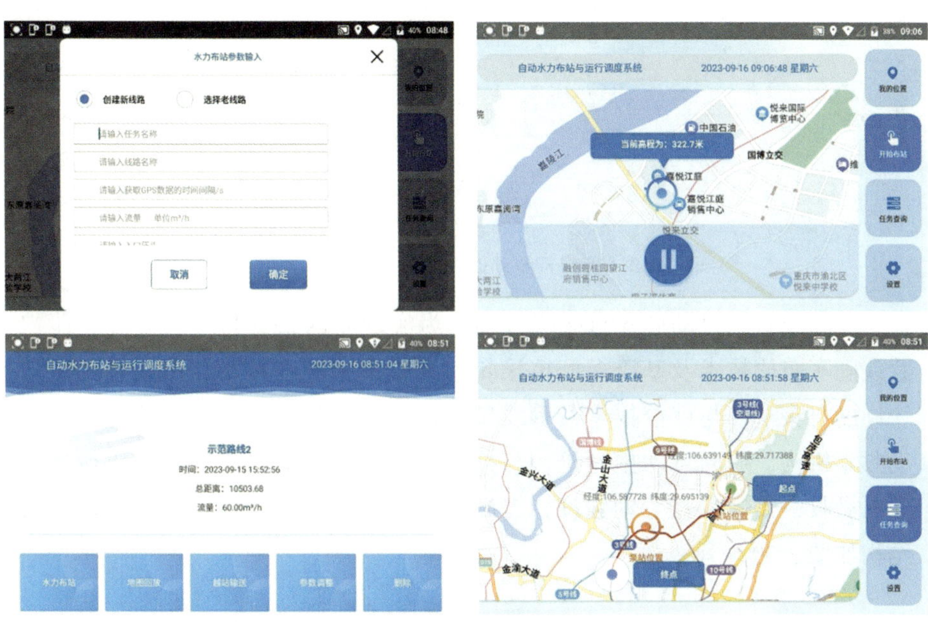

图 3-37　自动水力布站与运行调度系统主要功能界面

在管网系统水力分析计算方面，通过分析选用的聚氨酯软管的水力特性，获得了软管水流流动特性、管径对摩阻损失的影响、管壁粗糙度对摩阻损失的影响等规律。搭建试验平台开展软管摩阻损失试验和计算分析，确定了 5 km 管线压力损失及 DN100 聚氨酯软管的额定工作压力，为机动管网系统泵站布设提供理论依据。分析计算直线管路、分支管路的压力、流速、流量分布及水力损失，得到管网系统动态调整过程中压力变化及瞬时强度等水击影响，如图 3-38 所示。

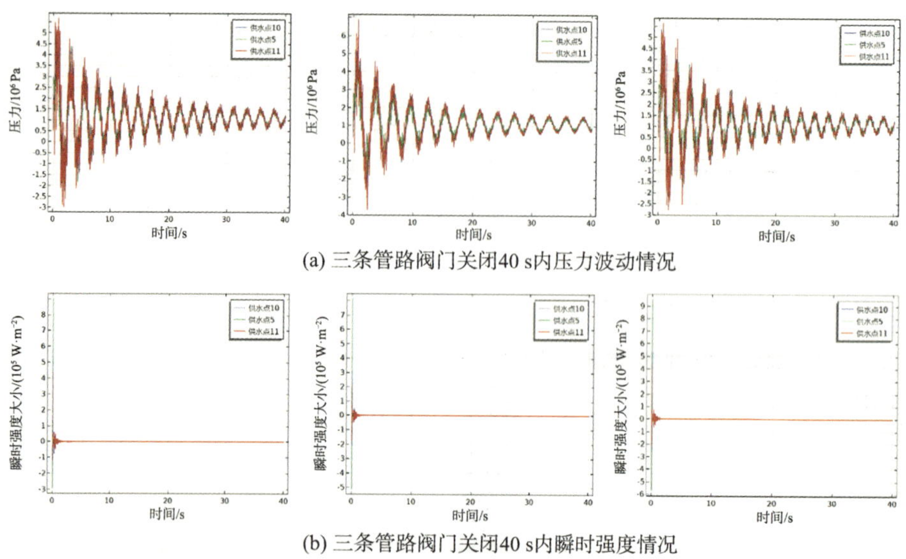

(a) 三条管路阀门关闭40 s内压力波动情况

(b) 三条管路阀门关闭40 s内瞬时强度情况

图 3-38　管网系统动态调整过程中的水力变化

在软质管线自动展开与撤收方面，为实现舱内快速排管，研究了舱内管线随车布放技术及基于多摩擦滚轮的管线牵引回收技术、可变杆件机构协同的机头举升与就位技术及管线排空技术，研制了液压驱动软质管线自动收卷机构、舱内自动排管机构与控制系统，实现了软质管线全机械化展开与撤收，大幅减轻劳动强度，提高展收效率。软质管线自动收卷机构的结构如图 3-39 所示。

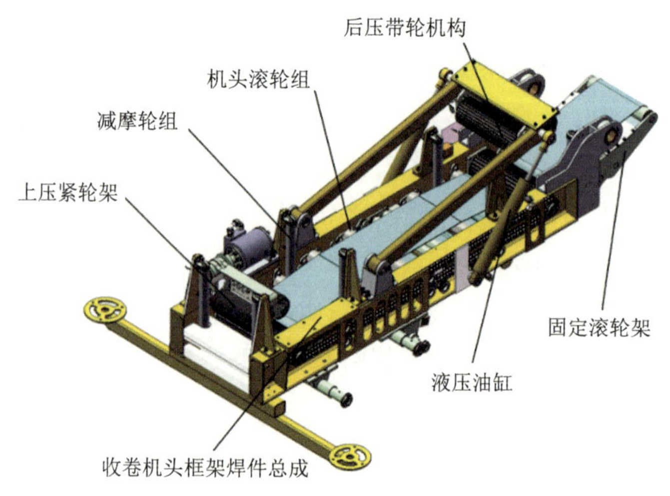

图 3-39　软质管线自动收卷机构结构示意图

在管线压力调节与快速连接方面，研究分支管线、大坡度管线及泵站进出口压力调节与控制技术，依托泵站控制系统及压力调节装置实现管线稳定运行。试制满足高低压密封性能且具备管线防扭曲功能的软质管线插转式接头，优化其结构形式与成形工艺。同步开展管线接头快速拆卸技术及拆装工具的研究，并形成了一套适用于现场快速响应的管线抢修方法。

同时，基于山区和边远灾区应急供水需求，以供水流量及供水范围为基本需求，以提升系统快速展收能力、快速投运能力、使用可靠性及环境适应能力为目标，按照车载化及机械化展收的基本思路，基于快捷、经济、可靠及可扩展原则，开展运载平台选型与加改装、关键部件试制，构建经济高效的装备系统。系统装备照片见图 3-40。

图 3-40　机动式应急管网系统装备照片

3.1.5　净水装备

净水装备主要包括便携式水质快速检测仪和空投便携式净水装置。

（1）便携式水质快速检测仪

开发并制备缺陷石墨烯丝网印刷金电极，测试其对水中典型重金属离子的捕获能力及电化学响应效能。采用差分脉冲伏安法检测水中的镉离子（Cd^{2+}）和铅离子（Pb^{2+}），同时优化修饰量、pH 值、沉积电压及沉积时间等影响因素。在最优条件下，峰值电流与重金属离子浓度呈现良好的线性关系，获得修饰电极对 Cd^{2+} 和 Pb^{2+} 的检测限及检测范围。制备的丝网印刷金电极照片及实验室开发测试过程如图 3-41 所示，电极制作流程示意图及检测机理如图 3-42 所示。

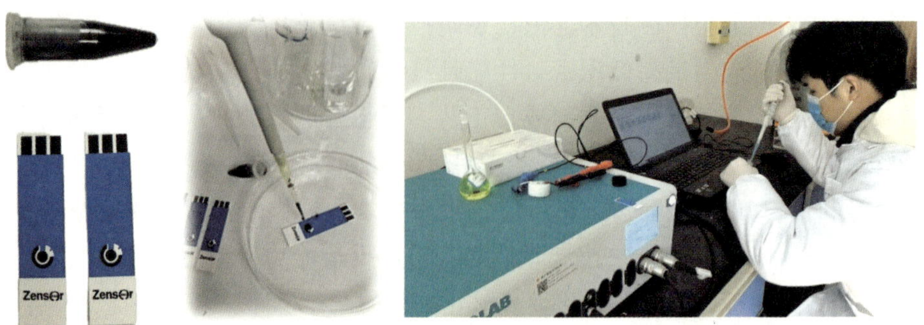

图 3-41　制备的丝网印刷金电极照片及实验室开发测试过程

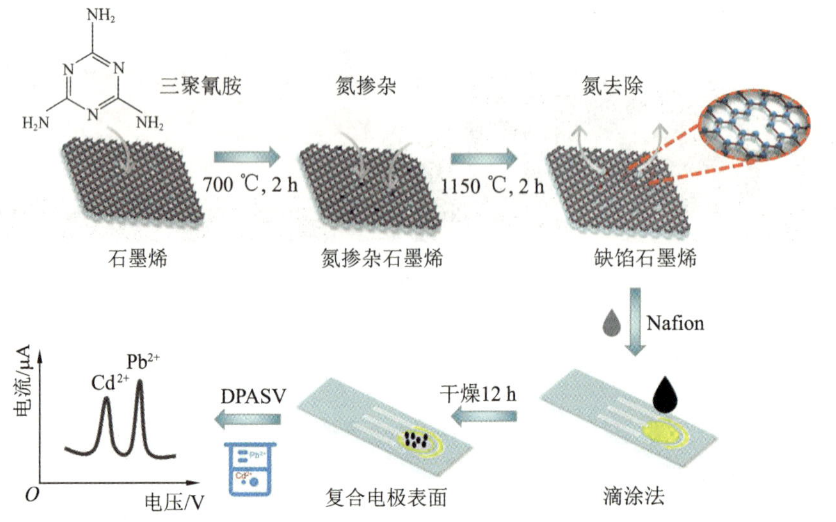

图 3-42　电极制作流程示意图及检测机理

设计集成电压扫描、电流放大及增益自动切换的重金属离子检测仪电路。选用高精度 DAC（数字-模拟转换器）和 ADC（模拟-数字转换器）芯片，确保电路具有高稳定性和低噪声。同时，采用表面贴装元件及电磁屏蔽技术，显著提升电路抗干扰能力和精度。重金属离子检测仪硬件组成如图 3-43 所示，电路原理如图 3-44 所示，PCB 版图如图 3-45 所示。

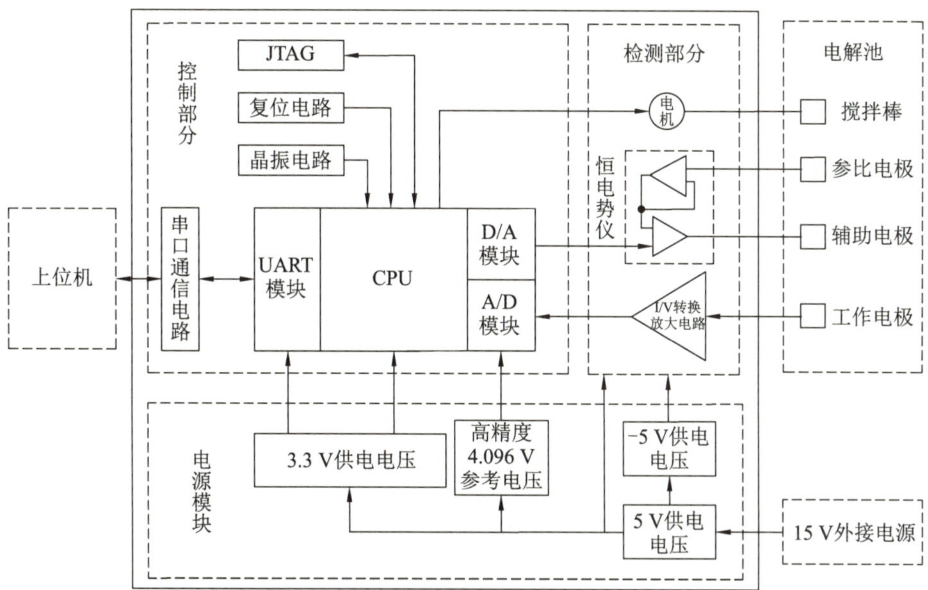

图 3-43　重金属离子检测仪硬件组成图

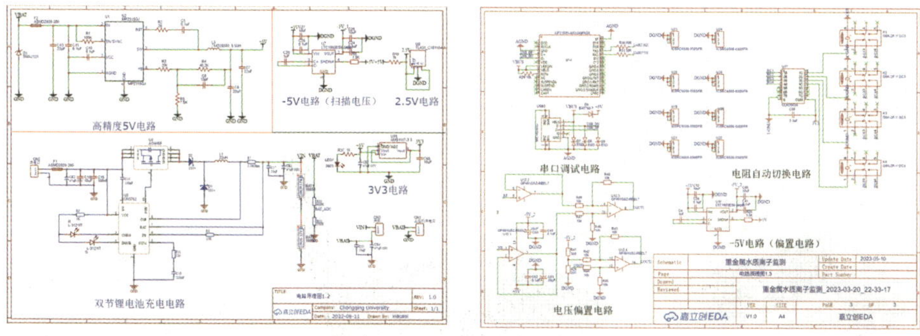

图 3-44　重金属离子检测仪电路原理

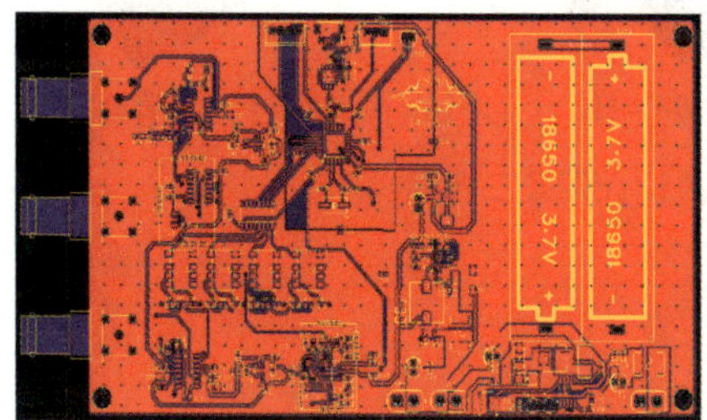

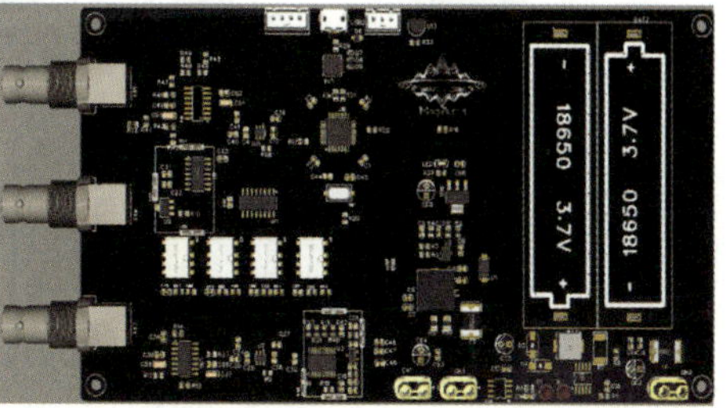

图 3-45　重金属离子检测仪电路 PCB 版图

开发基于 Linux 的嵌入式操作系统软件，集成电压输出、电流检测、数据处理及显示功能。通过串口通信实现数据传输，提供直观用户界面，支持实时曲线绘制和数据分析功能，开发的嵌入式操作系统软件用户界面如图 3-46 所示。

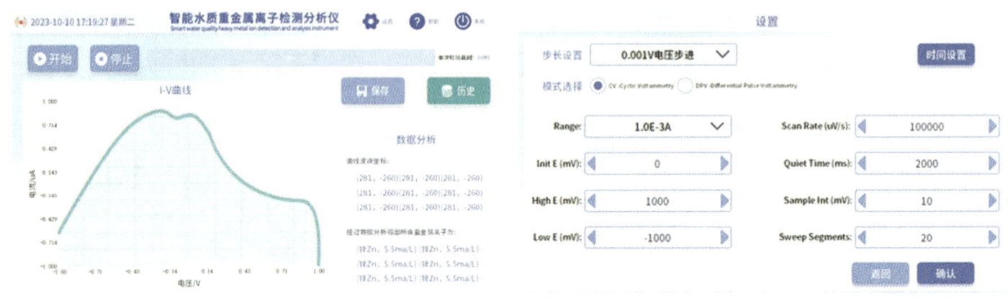

图 3-46　开发的嵌入式操作系统软件用户界面

结合最新水质检测技术，开发并制作便携式水质检测仪，如图 3-47 所示。经实验验证，该设备具备较高准确度和精确度，如图 3-48 所示。其可用于水源筛查及对净水装置产水水质的初步判别。

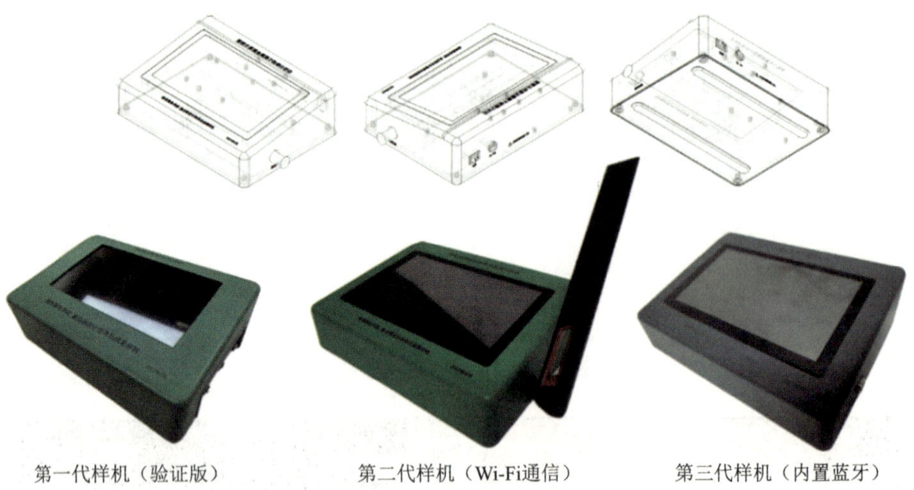

第一代样机（验证版）　第二代样机（Wi-Fi通信）　第三代样机（内置蓝牙）

图 3-47　重金属离子检测仪设计图及三代样机

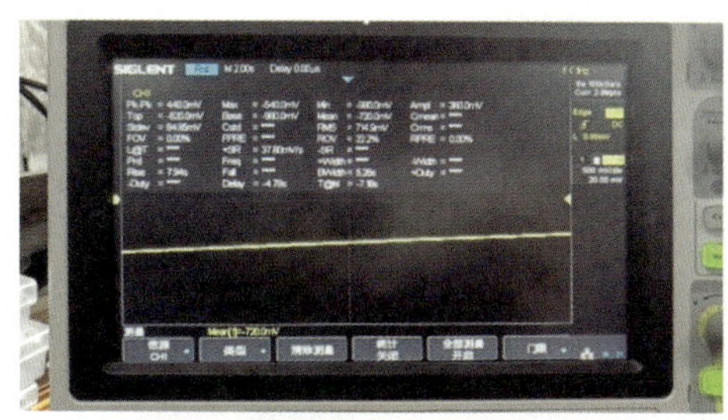

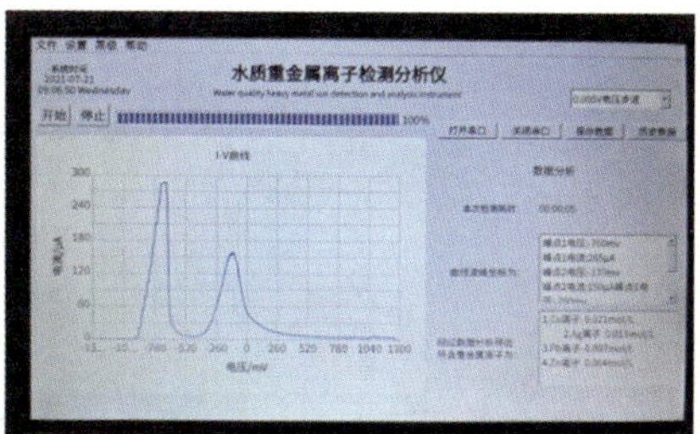

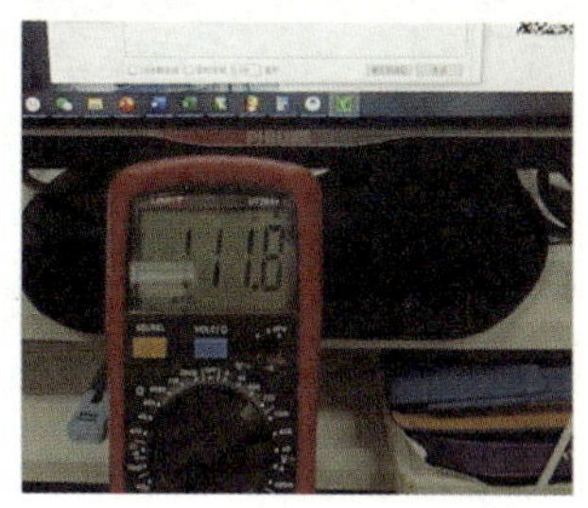

图 3-48　实验室样机输出信号稳定性与检验精度测试

（2）空投便携式净水装置

研发钛盐混凝–还原预处理技术，旨在处理富营养化水源中的藻类。通过使用三氯化钛（$TiCl_3$）混凝工艺，研究 $TiCl_3$ 对藻类的去除效果，发现其对藻细胞破坏较小，并能有效去除水中的溶解有机碳（DOC），如图 3-49 所示。进一步研究表明，$TiCl_3$ 可减少消毒副产物的生成，但对微囊藻毒素（MC–LR）的去除效果较差。在实际应用中，可通过增加 $TiCl_3$ 投加量提升 MC–LR去除效果。此外，开发以钛盐还原为核心的放射性离子预处理技术，该技术通过 $TiCl_3$ 将 ReO_4^- 还原为 ReO_2 并经混凝去除，可有效去除水中放射性物质，原理如图 3-50 所示。

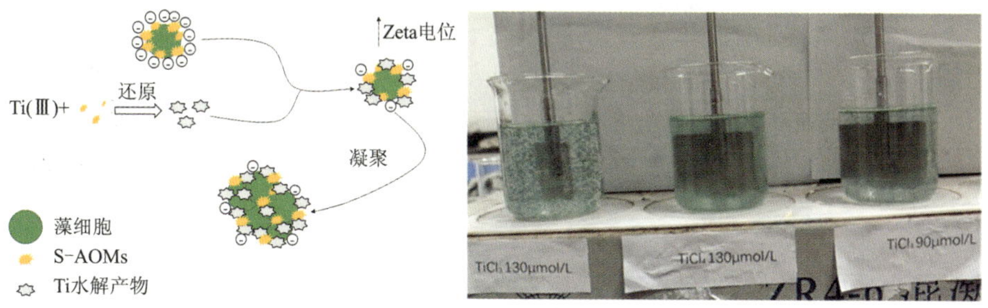

图 3-49　钛盐混凝–还原预处理高藻水机理及实验效能图

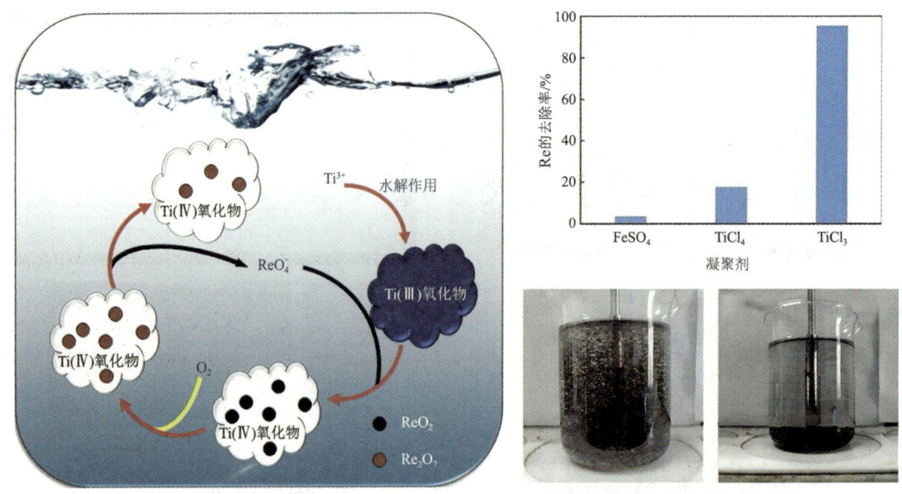

图 3-50　钛盐还原–吸附预处理水中放射性物质机理及实验效能图

开发一种绿色环保的阴离子–重金属多效螯合树脂，主要用于去除水中的氟离子（F^-）。该树脂具备高氟吸附容量，且吸附性能在宽广 pH 值范围内稳定。经傅里叶变换红外光谱（FTIR）和 X 射线光电子能谱（XPS）分析，确认树脂吸附机理为氟取代了螯合态 Al^{3+} 上的羟基。树脂经多次再生后吸附性能几乎无下降，展现出了显著的循环使用优势。该树脂的制备流程示意图及产品如图 3-51 所示。

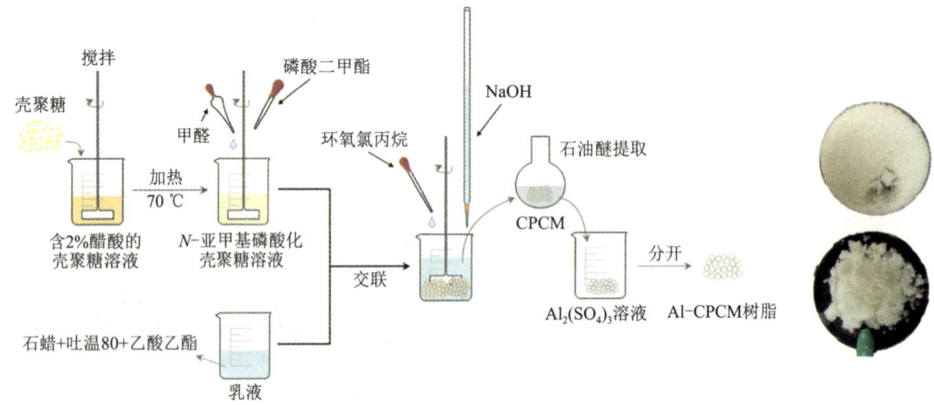

图 3-51　新型树脂的制备流程示意图及产品图

开发磷酸化壳聚糖负载的 PP 棉纤维滤芯，用于净水装置处理重金属污染水，如图 3-52 所示。实际水体现场测试表明，材料表面附着有明显的磷酸化活性膜层，该层的磷酸化程度对材料吸附效能的发挥至关重要。材料的水环境适应性良好，在 pH 4~10 范围内其 Cd（Ⅱ）吸附去除效能保持稳定，且受水中除重碳酸盐、磷酸盐外的常见共存阴离子的影响小。材料的再生性能良好，循环再生处理 3 次后的 Cd（Ⅱ）吸附率仍高于 80%。材料对除 Cd（Ⅱ）外的其他典型二价重金属去除性能良好。

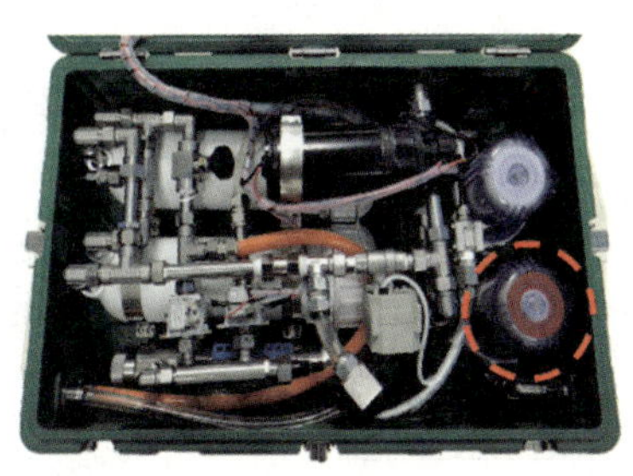

图 3-52　磷酸化壳聚糖负载的 PP 棉纤维滤芯

净水装置的设计旨在应对不同水源（如地表水、地下水、苦咸水等）的净化需求。装置采用多级净化工艺，结合改性 PP 棉过滤器、复合碳布过滤器、RO 膜脱盐及紫外消毒器等处理模块，如图 3-53 所示。这些模块通过集成自动控制系统自动选择处理工艺，确保水质始终符合饮用水标准。该装置体积紧凑、能耗低，可在应急救援中为山区和边远灾区提供快速净水保障。控制系统通过实时监测水质与流量，自动调节各处理模块工作状态，实现了“一键可出水、出水可饮用”。控制系统逻辑图、系统原理图及实物如图 3-54 所示。

样机经优化后，选用高效耐用的主要元件，确保整体设计满足空投及单兵携行要求。净水装置重 21.49 kg，最大产水量为 426 L/h，出水能耗为 0.89 (kW·h)/m^3，净水装置箱体设计、总装集成如图 3-55 所示。试验检测结果表明，净水装置的出水质量符合《生活饮用水卫生标准》(GB 5749—2022)。

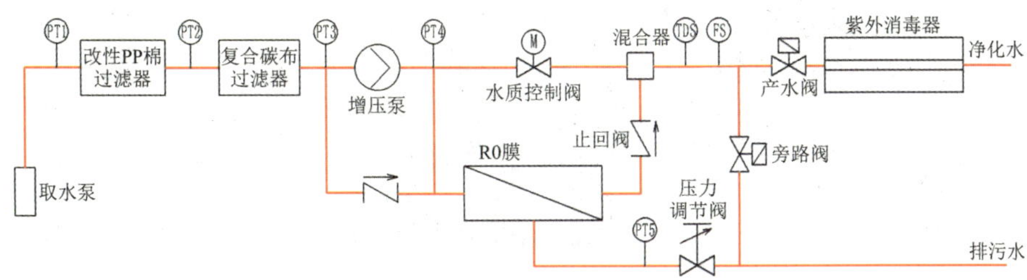

图 3-53　净水装置多级净化工艺示意图

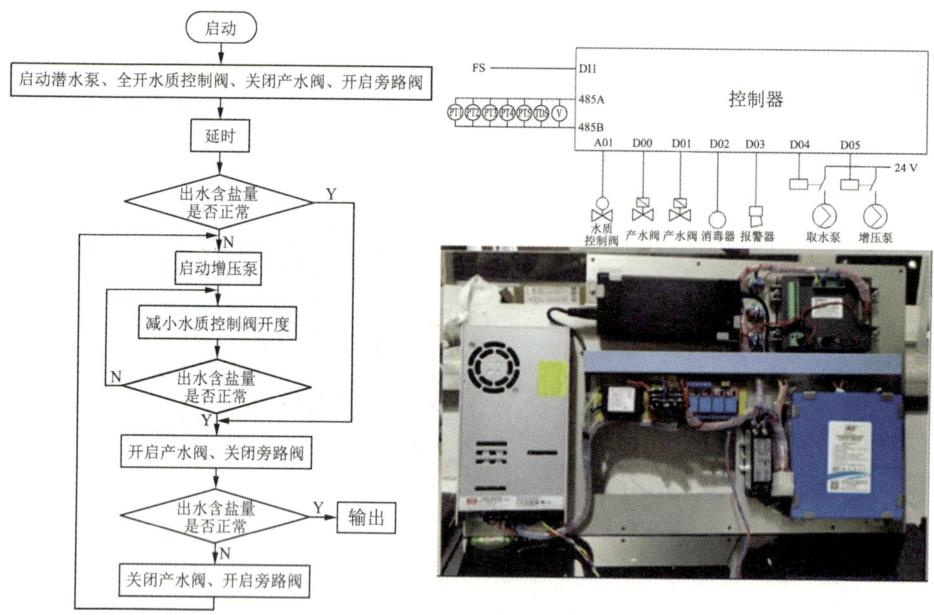

图 3-54　净水装置控制系统逻辑图、系统原理图及实物

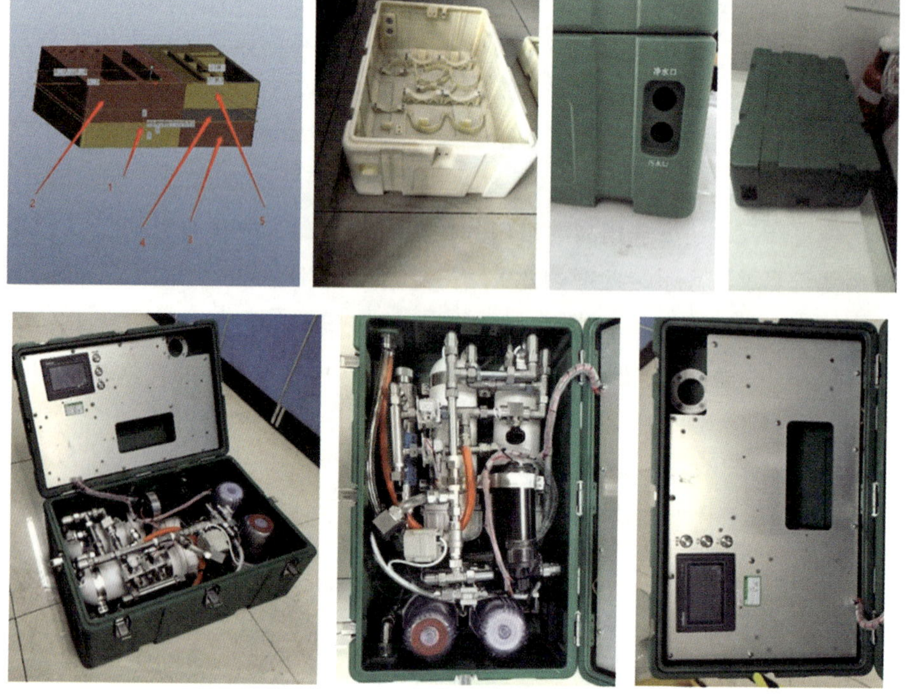

图 3-55　净水装置箱体设计、总装集成

针对山区和边远灾区应急水源保障需求，研究团队通过研究现有空投系统，设计适合净水装置的空投方案。空投方式包括有伞空投和无伞空投，根据装置质量及尺寸，选用适宜运输机型，如直-8K、米-171 等。空投过程中，装置需满足过载、冲击等安全标准。

3.2　一体化装备多功能模块化技术

针对山区和边远灾区应急供水装备功能多样、构型复杂、保障能力不足等问题，研究一体化装备的多功能模块化技术，形成适合不同灾害类型的应急供水装备体系及风险应对策略。采用三维构型、运动仿真与干涉分析相结合的研究方法，探索应急供水与净水一体化装备在集装集成中的软硬件接口标准化、多功能及模块化问题，旨在掌握“找—提—输—净”应急水源装备的集装集成设计技术。通过标准化软硬件接口连接各独立装备，构建应急供水与净水一体化装备系统（图 3-56），实现救援现场装备的快速分解与组装，从而为山区和边远灾区应急供水保障节省时间并提升供水效率。

图 3-56　独立装备系统化集装集成示意图

3.2.1　高低压供水管路接口的标准化

针对不同灾害场景的压力需求，对供水管路接头进行高压和低压供水管路的标准化规定，在应急供水装备研发过程中充分考虑设备及管路接口设计。软质管线与软质管线、软质管线与设备、设备与设备之间的连接均需参照相关国家标准进行设计。低压场合主要涉及喂水泵、潜水泵、净水器等流体输送设备与供水系统的连接，高压场合主要涉及提水泵、井泵等流体输送设备与供水系统的连接。各装备设计制造过程中参考的国家标准见附录Ⅰ。

3.2.2 电气硬件接口的标准化

在应急供水与净水一体化装备应用过程中，不仅涉及各装备间的协调调度，还需对不同设备进行动态监测与数据传输，因此必须开发相应的数据采集、传输、通信及指挥设备。鉴于当前硬件接口种类繁多，为确保开发的设备互联互通，对电气设备接口实施标准化限制。

① 视音频传输接口：为确保应用过程中视频与语音高保真同步播放，规定各电气设备须预留高清晰度多媒体接口（HDMI）、视频图形阵列（VGA）等接口，以供显示器及播放器连接。

② 信号传输接口：在供水设备运行过程中，需利用多种传感器监测所开发供水设备的状态，因此对传感器信号输出端口进行标准化规定，优先选择 USB、RS232C 串口及 BNC 接头等作为信号输出端。

③ 电源接口：对供水设备中的动力设备及高低压电气设备的电源输入端口需实施标准化规范，优先选用常见的 AC 电源接口及 Micro-A 接口等。

④ 数据存储设备接口：鉴于所开发设备中的数据存储设备主要包括硬盘、U 盘及光盘，因此对其常用接口 USB、Type-B 及 Type-C 实施标准化。

⑤ 其他设备接口：对于其他设备的关键接口，依据通用性、兼容性及易连接原则，参照国家标准进行设计或选型。参考标准见附录Ⅰ。

3.2.3 应用程序接口的标准化

应用程序主要具备监控、存储、显示等功能，但在开发应急供水与净水一体化装备的过程中，各装备使用的编程语言及功能差异较大，导致接口实现形式不一致。因此，需对应用程序接口实施标准化，以确保系统的互操作性与高效性。不同于硬件接口，应用程序接口（API）具有一定的抽象性，它主要是指程序中具体负责在不同模块之间传输或接收数据并做处理的类或者函数，程序可以利用它访问操作环境的其他部分，也就是与操作系统进行通信。但目前，由于针对应用程序接口的国家标准还较少，因此，除在软件开发过程中遵循少数的国家标准外，还需要结合程序设计“独立性、可靠性”的原则。在设计接口时，必须明确接口的职责，即接口类型，接口应解决什么业务问题等。每个接口仅负责单一功能，而非多重任务。接口协议（如 HTTP、HTTPS、FTP）应根据具体业务需求选择，兼顾安全性与稳定性。参考标准见附录Ⅰ。

3.2.4　软硬件协议的标准化

应急供水与净水一体化装备包含多种独立电气设备，每种设备由多个模块组成，各模块间需通过数据通信实现有效连接。为确保设备间的协调运行与信息传递，必须规范各设备间的数据通信协议。不同类型的硬件模块（如传感器单元、存储单元、显示单元等）需采用统一通信协议进行数据交换。此项标准化工作涉及音视频通信协议、网络通信协议及超文本传输协议等领域，以确保不同设备与系统无缝对接及协同工作。参考标准见附录Ⅰ。

3.3　不同灾害场景下装备集装集成方案

采用数值仿真与场景模拟试验相结合的方法（图 3-57），研究一体化装备集装集成方案，探索装备快速分解与组装技术，形成越野型管线作业车、越野型泵站车及液压快速随钻成井钻机等装备的集装集成方案，实现救援现场一体化装备的快速分解组装及多功能协同作业。本节针对不同灾害类型的供水需求，提出基于灾害场景的应急供水与净水一体化装备集装集成方案。

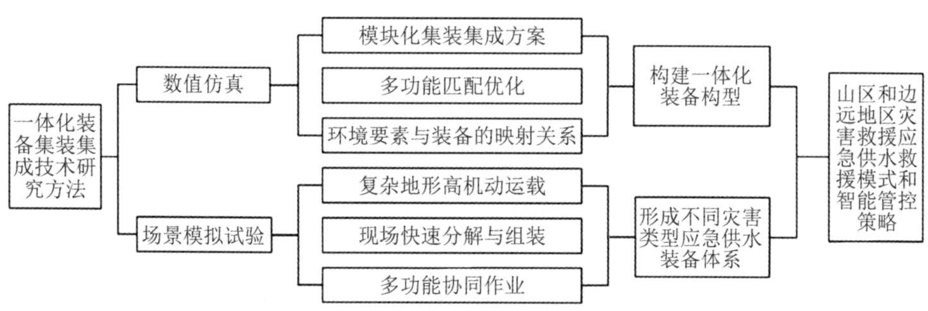

图 3-57　一体化装备集装集成技术研究方法

3.3.1 地震灾害场景一体化装备集装集成方案

地震发生后，地震等级不同，山区和边远灾区供水系统将受到不同程度的影响。为保障震后山区和边远灾区的应急供水及水质安全，针对地震灾害提出应急供水与净水一体化装备集装集成方案。

针对地震灾害场景，首先利用智能勘测与快速分析系统寻找周边水源。根据水源状况，若周边水库、湖泊、河流等地表水源无污染且水量充足，则优先采用“地表水源”供水模式进行应急供水，打井装备无须进场；若地表水源受污染或水量不足，则采用“地下水源”供水模式，打井装备进场实施打井成井。实施技术路线如图 3-58 所示。

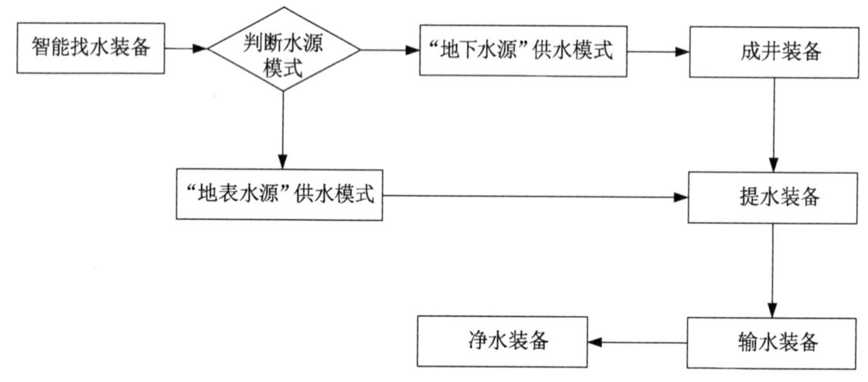

图 3-58 地震灾害场景实施技术路线

① 找水团队使用无人机进行前期勘察，并快速定位地表水源与地下水源。

② 找水团队到达灾害现场后，立即架设无线基站及天线，部署相关网络设备，快速构建无线 MESH 通信网络，同时在现场部署数据中心、水井快速定井与动态监测装备及辅助决策支持系统。

③ 找水团队接收找水指令后启动找水操作。首先，对比数据中心预存的应急水源数据库及山区和边远灾区水文地质图数据库，查询水源数据；然后，通过辅助决策支持系统初步判断应急水源点，在系统内标注选点，规划无人机飞行路线并传输路径数据至无人机。

④ 找水团队根据上述分析初判应急水源点，同时分析无人机实时定位信息、规划点位置及影像数据，决策取水位置，确定首选及备选水源位置。

⑤ 找水团队将首选及备选的地表水或地下水打井位置立即报告后方应

急供水指挥部，由指挥部决策。

⑥ 若存在地表水源，提水团队可直接前往水源地进行取水与提水操作；若无地表水源，则由打井团队进入地下水源地附近实施打井，随后提水团队进行井下提水操作。

⑦ 输水净水团队利用机动式应急管网铺设车在山区和边远灾区布设管路，监测出水水质，并使用净水设备对未达标水质进行反渗透过滤。

3.3.2　地质灾害场景一体化装备集装集成方案

针对地质灾害场景，因其供水管路无大范围破坏，供水环节中最关键的是判断原有水源地是否受污染。若水源地受污染，则利用智能勘测与快速分析系统寻找现场周边水源，决定是否需要进场打井，其余步骤与地震灾害场景相同，但可利用当地原有供水管网进行供水。实施技术路线如图 3-59 所示。

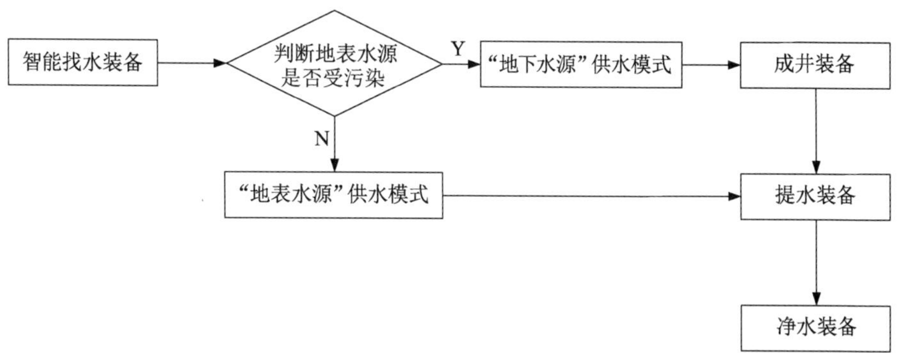

图 3-59　地质灾害场景实施技术路线

3.3.3　水旱灾害场景一体化装备集装集成方案

针对水灾与旱灾场景，提出应急供水与净水一体化装备集装集成方案，实施路线如图 3-60 所示。

对于水灾场景，首先利用智能勘测与快速分析系统勘测周边水源，若地表水源无污染且水量充足，则优先采用"地表水源"供水模式进行应急供水；若地表水源受污染或水量不足，则采用"地下水源"供水模式实现应急供水。其余步骤与地质灾害场景相同，此处不再赘述。

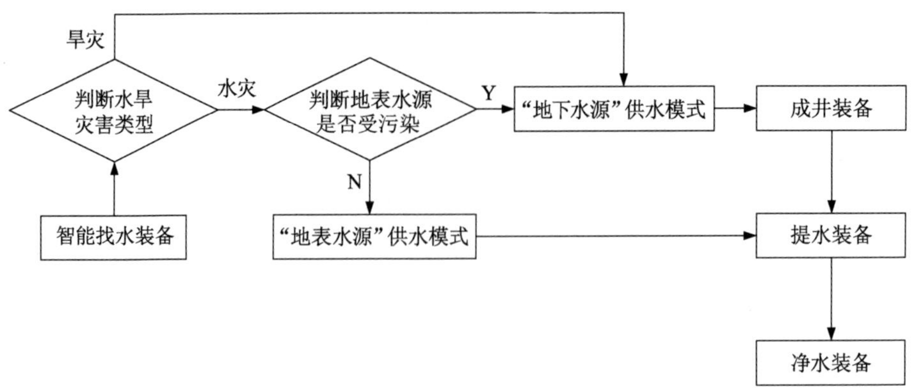

图 3-60　水旱灾害场景实施技术路线

对于旱灾场景，由于地表水源水量不足，因此主要利用智能勘测与快速分析系统勘测现场周边地下水源，采用"地下水源"供水模式进行应急供水，打井团队需进场打井。其余步骤与地质灾害场景相同，此处不再赘述。

第 4 章　应急供水与净水一体化装备的数字孪生

4.1　一体化装备的数字孪生建模

数字孪生（Digital Twin，DT）是一种通过数字模型映射与实时数据反馈，实现物理实体与虚拟世界深度融合的技术。其概念最早源于美国国家航空航天局（NASA）的太空任务，用于模拟和监控航天器及其组件的运行状态。目前，数字孪生已广泛应用于工业制造、城市建设、交通管理及能源管理等领域[17]。

数字孪生理论的核心在于通过实时数据将物理对象、过程或系统的数字模型与物理世界同步，从而实现对其状态、行为、环境的全面感知与分析。数字孪生的基本组成要素包括物理实体、虚拟模型、数据流、分析与优化等。物理实体即需要被映射和监控的真实世界的物体或系统。虚拟模型即物理实体的数字化代表，通常通过计算机模拟或三维建模技术实现。虚拟模型不仅可以显示物理实体的外观，还能准确描述其状态、运行参数、历史数据等。数据流通过传感器、物联网（IoT）技术或其他数据采集手段，实时将物理实体的状态数据反馈给虚拟模型，保证虚拟模型与物理实体之间的同步性。分析与优化，虚拟模型可以模拟、预测和优化物理实体的行为，通过大数据分析、机器学习等技术对系统进行预测与控制。

4.1.1　一体化装备数字孪生运行环境搭建

利用 TerraBuilder 软件，基于前期获取的高程 DEM 数据和卫星图像，在 25 min 内构建目标地域周边 840 km^2 的三维地形。初始步骤为导入数据，如图 4-1 和图 4-2 所示。

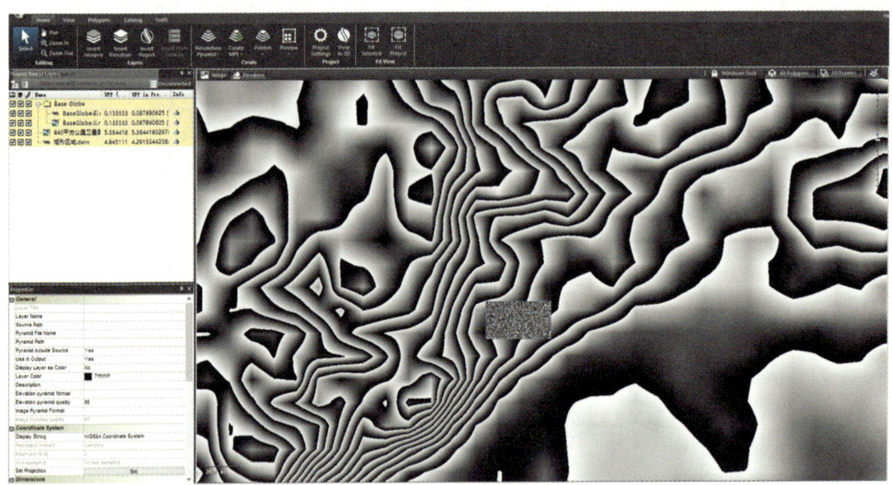

图 4-1　在 TerraBuilder 中导入高程 DEM 数据

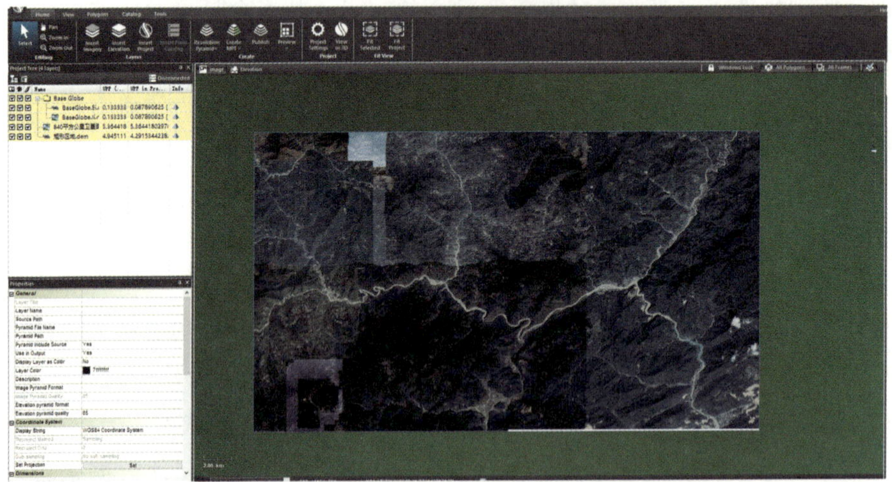

图 4-2　在 TerraBuilder 中导入卫星图像

数据导入后，创建金字塔文件，此步骤耗时约 23 min，如图 4-3 所示。

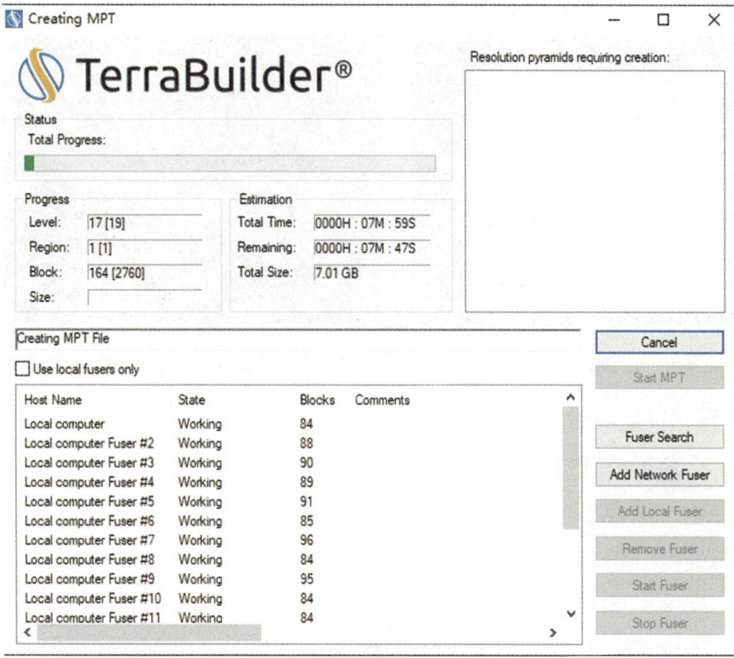

图 4-3　创建金字塔文件

将创建好的金字塔文件导入 TerraExplorer Pro 软件，生成目标地域基本三维地形，如图 4-4 及图 4-5 所示。

图 4-4　三维地形俯视图

图 4-5　目标地域俯视图

利用 TerraExplorer Pro 数字孪生管理软件，对重构三维地形进行场景搭建，进一步修正高程数据精度不足导致的地形误差。构建数据库，包括源数据、路径、文件存放位置、属性列表、常规数组及 API 接口等，集成三维地形、矢量图层、CAD 数据、物联网信息及导航信息，实现多源数据融合，如图 4-6 及图 4-7 所示。

图 4-6　三维地形场景

图 4-7　三维静态场景

利用地下模式可实时展示井下设备及井内状况，实现打井过程的可视化，并支持地形修改与开挖，此功能是其他数字孪生平台不具备的。地形可实时变化，满足一体化装备运行环境模拟需求，如图 4-8 所示。

利用坡度分析功能可分析三维场景，通过辅助决策系统对车辆路径进行规划，剔除山区和边远灾区因坡度过大导致车辆无法通行的区域。同时，可对特定地点进行多方向坡度提取，精确确定车辆不可通行区域，如图 4-9 所示。

图 4-8　地下模式

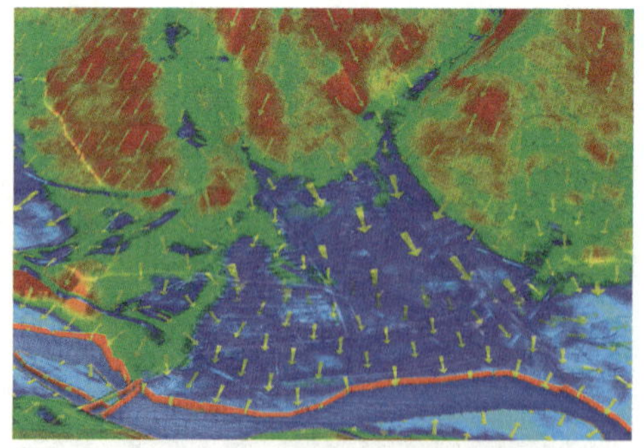
图 4-9　三维场景坡度分析图

4.1.2　一体化装备数字孪生体三维模型构建

首先获取各装备三维模型，利用 3d Max 和 TerraExplorer Pro 软件对不同格式的三维模型进行标准化处理；然后对模型进行修改，对需要反映设备状态变化的装备模型进行拆解，构建分离模型；最后整理所有三维模型后导入数字孪生管理系统，如图 4-10 至图 4-12 所示。

图 4-10　提水泵车整车模型

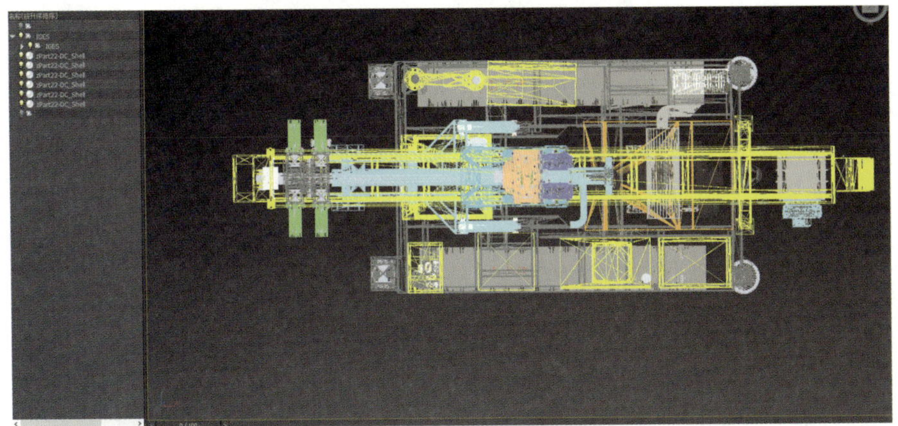

图 4-11　钻机模型

图 4-12　移动泵站车模型

4.1.3 一体化装备数字孪生体语义设置

对系统中数字孪生体进行语义设置，依据设备功能配置孪生体语义，包括数据栏、阈值、颜色、路线、运动速度、转弯速度及模型状态等设置，如图 4-13 至图 4-16 所示。

图 4-13 模型列表

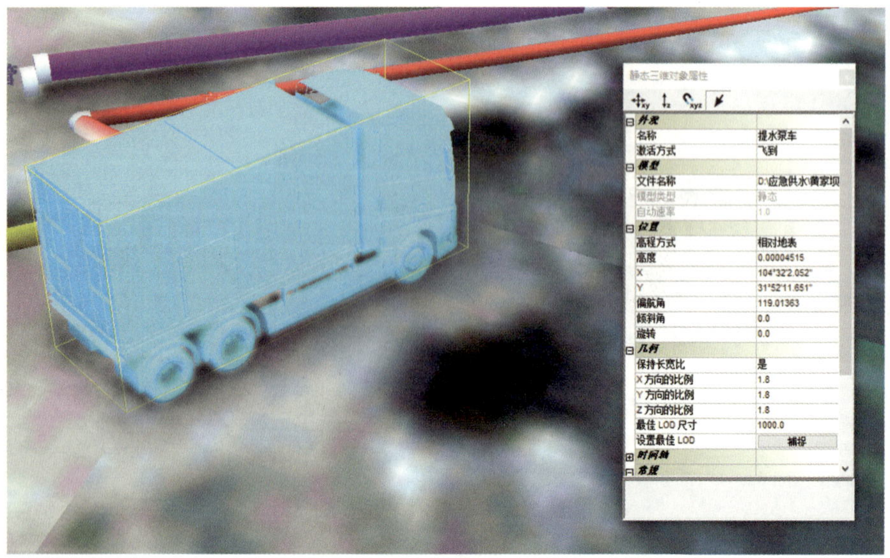

图 4-14 地面装备语义设置

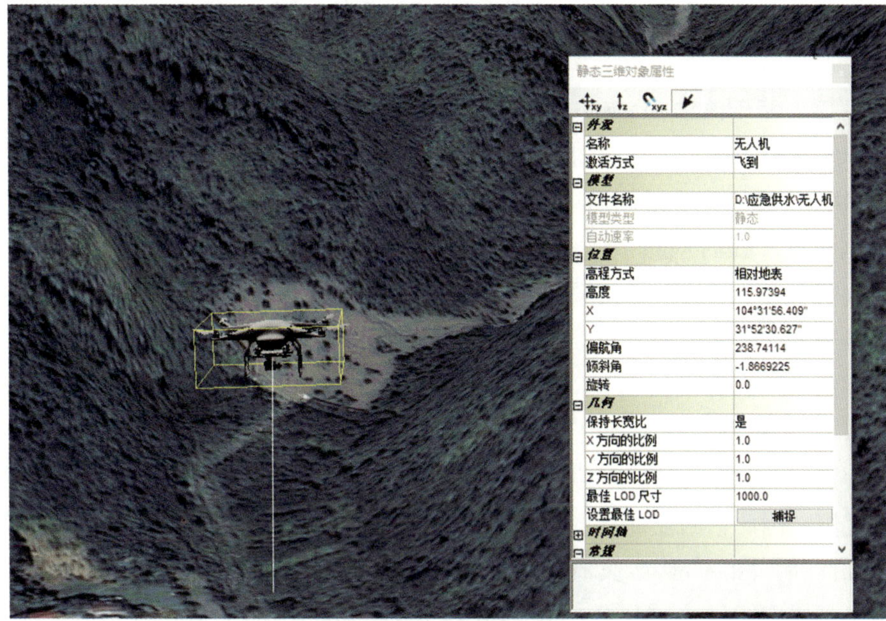

图 4-15　空中装备语义设置

图 4-16　整体实现效果预览

4.1.4 山区应急供水系统工作环境遥感图像处理

（1）基于改进 Mask2Former 分割模型的遥感图像处理方法研究

本研究提出一种遥感图像处理方法，在 Mask2Former 模型中将主干网络从 ResNet 替换为 EfficientViT，以适应山区和边远灾区灾害场景的遥感图像分割任务。EfficientViT 是一种基于 Transformer 的模型，它采用了可变形注意力机制，能够有效捕捉图像中的全局和局部信息。这对于应急场景遥感图像分割任务来说非常重要，因为这类任务通常需要对图像中的各种不同尺度的目标进行准确分割。相比之下，ResNet 是一种基于卷积神经网络（CNN）的模型，它通过引入残差连接来解决梯度消失/爆炸的问题，从而使得训练非常深的神经网络成为可能。然而，由于 CNN 模型通常采用局部感受野，因此它们在捕捉图像中的全局信息方面不如基于 Transformer 的模型。此外，EfficientViT 具有吞吐量大和可以轻量化部署的特点，在山区灾害场景遥感图像分割任务中比其他基于 Transformer 的模型更合适。同时，在 Mask2Former 模型中引入 Deformable DETR，重点是通过考虑不同偏移和采样点数量对模型分割性能的影响来改进采样点，提升其在山区和边远灾区灾害场景下的分割性能。可变形注意力机制能更高效地处理图像数据，使模型更好地捕获图像全局与局部信息，这对准确分割山区和边远灾区灾害场景中不同尺度的物体至关重要。通过优化采样点的偏移量与数量，改进模型性能，旨在构建更强大、高效的山区和边远灾区灾害场景遥感图像分割模型。

在山区和边远灾区灾害场景中，计算资源有限，需对图像中不同尺度的目标进行地物分割。为此，提出采用 EfficientViT 主干网络提取特征。如图 4-17 所示，使用级联分组注意力模块，将完整特征的不同切分输入不同注意力头部，既降低计算成本，又提升注意力的多样性，使提取特征更具有表征性和鲁棒性。EfficientViT 的可变形注意力机制支持高效处理不同尺度图像数据，且具备高吞吐量与轻量化部署特性，更适于山区和边远灾区灾害场景的分割任务。

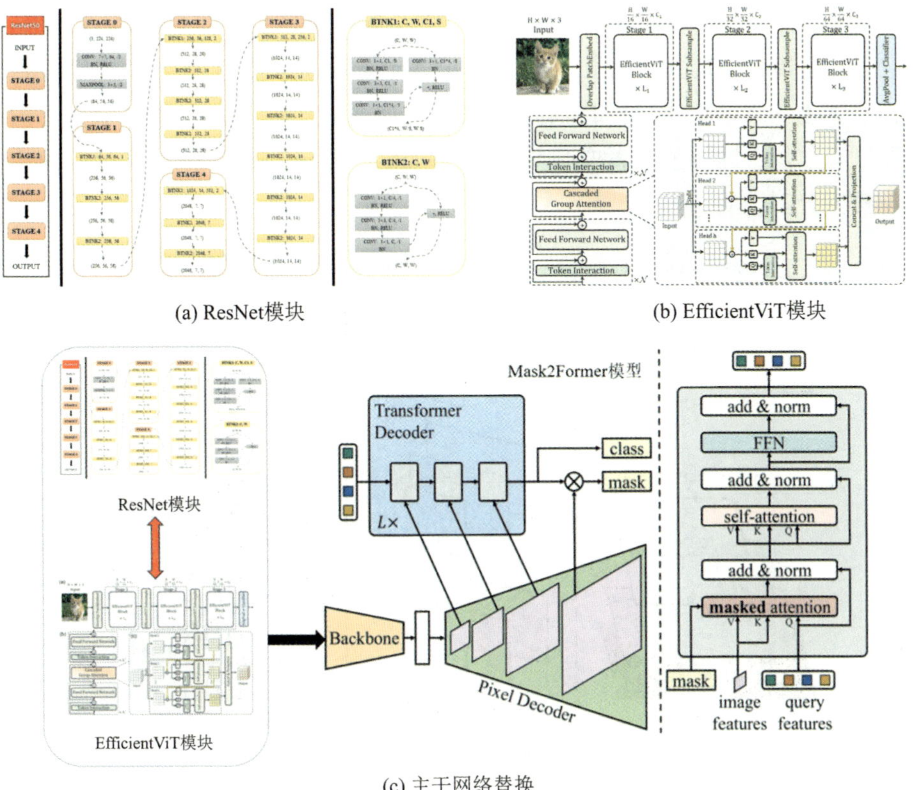

(a) ResNet模块　　(b) EfficientViT模块

(c) 主干网络替换

图 4-17　主干网络模块网络结构与改进

本研究使用 mmdetection 的整体框架结构，通过 config 配置文件参数的形式进行导入。首先加入 EfficientViT 特征提取模块，选用 Efficient-B1 网络结构，在确保特征提取能力的同时尽量减轻计算负担，并将其注册为可引用模块，与框架格式统一。随后在 config 配置文件中，将 Backbone 类型写入“EfficientViT”，同时使用经过预训练的文件作为初始化网络结构的文件，以加速收敛并提升主干网络特征提取效果。在特征融合方面，选用已注册的“Mask2FormerHead”网络结构，其输入通道数为 32、64、128、256，需与 EfficientViT 四个阶段的输出特征通道数一致，否则网络计算无法进行。Head 结构输出通道数统一设为 256，在保障特征提取能力的同时减少计算量。若通道数过大，计算冗余增加；若通道数过小，特征提取能力不足，难以向下游任务提供优质输入特征。

在分割任务的像素级解码阶段，本研究将注意力机制替换为可变形注意力（Deformable Attention）机制，提升 DETR 范式检测器的效率，如

图 4-18 所示。Deformable Attention 通过将小规模采样位置集作为预过滤器，突出所有特征图的关键特征，并自然扩展至融合多尺度特征，无需 FPN 操作。为了使分割主体目标物及分割边缘更加准确，本研究增加每个目标的关键点数量，即调整配置文件中 num_points 的数量，在确保计算量的前提下提升分割性能。

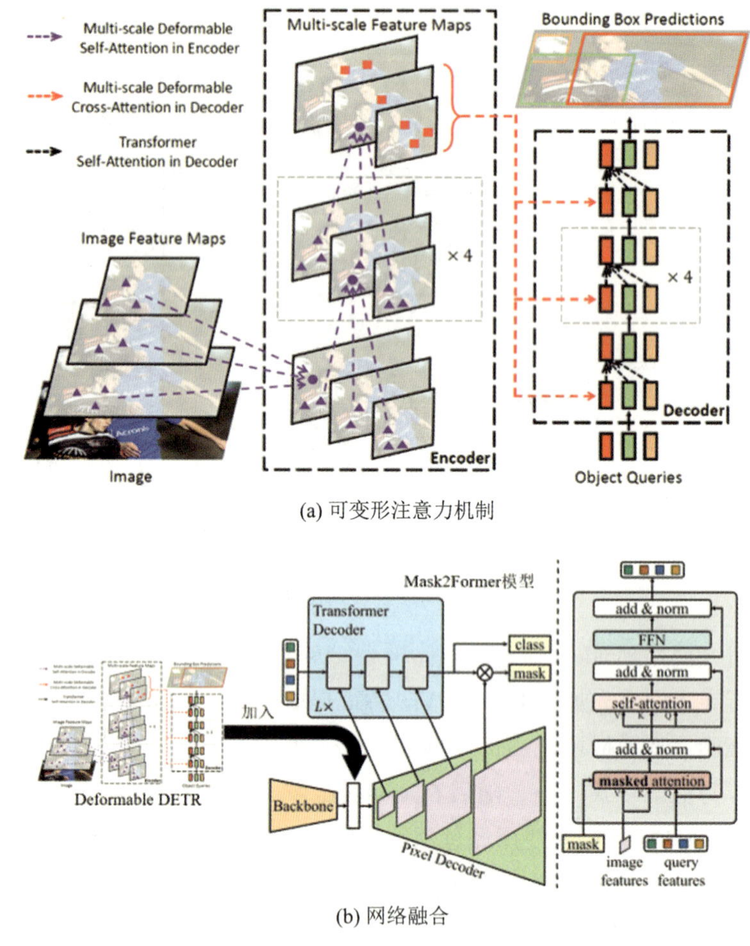

(a) 可变形注意力机制

(b) 网络融合

图 4-18 可变形注意力机制结构与网络融合

加入可变形注意力机制后，可通过参数调整优化模型性能。增加采样点数量可以提升模型捕获图像中详细信息的能力，但也可能增加计算复杂性。因此，本研究需在保障模型性能的同时平衡计算复杂性与收敛速度。所有配置参数及网络结构均通过与框架格式统一的 config 配置文件定义，操作简单便捷。通过上述改进，引入 Deformable DETR，优化偏移量与采样点数量，提升模型性能。

（2）实验设置

为提升模型性能与泛化能力，需采取多种措施，包括选用适宜的操作系统、内存及 GPU 设备，采用主流深度学习框架与工具箱，应用先进的优化器及学习率策略，以及实施多样化数据增强操作等。这些措施为本研究构建更准确、泛化能力更强的分割模型提供了有力支持。

实验在 Windows 10 64 位操作系统下进行，配备 16 GB 内存和 24 GB 图形处理器（GPU）。实验采用 Python 3. 8. 16 训练环境，在深度学习框架 PyTorch2. 0. 1 下运用 mmdetection2. 28. 2 工具箱来训练分割模型，使用 Adam 优化器迭代更新参数，并通过 TensorBoard 可视化平台监控实验进展。为提升模型的泛化能力，对输入图像进行翻转、旋转及缩放等数据增强操作。此外，采用动态调节的学习率策略以适应不同训练阶段的需求。实验参数设置见表 4-1。

表 4-1　实验参数设置

实验参数	参数值	实验参数	参数值
Backbone	ResNet/EfficientViT	power	0. 9
num_things_classes	8	warmup_iters	9000
num_stuff_classes	0	warmup_by_epoch	False
checkpoint	resnet50/b1−r256. pt	warmup_ratio	1e−06
lr	0. 0001	max_epochs	200
weight_decay	0. 05	image_size	(256, 256)
eps	1e−8	samples_per_gpu	64
betas	(0. 9, 0. 999)	workers_per_gpu	4

实验数据集包含山区和边远灾区灾后遥感图像数据，涵盖裸地、农田、建筑物、道路、植被、水源、山体及河滩等 8 类地貌。数据集包括 5000 张遥感影像及相应地物分割标注，其中 4500 张用于训练，500 张用于测试。

数据集使用 Labelme 工具标注数据，采用 COCO 格式以丰富标注信息，支持局部分割与全景分割任务，每项任务均配有相应标注信息。数据集支持多种目标及场景类别，每类均有对应编号与名称。标注信息详尽，包括目标位置、大小、形状，以及目标间联系与层次关系，并可根据任务需求自定义分割类别。标注文件为 JSON 格式，包含以下内容：info（描述数据集的整体信息，如创建年份、数据集大小等），images（描述数据集中所有图像的信息，包括图像的路径、大小、拍摄时间等)，annotations（描述数据集中所有标注信息，包括分割任务的标注信息)，categories（描述数据集中所有目标类别的信息，包括类别的编号、名称、颜色等)。部分实验数据集如图 4-19 所示。

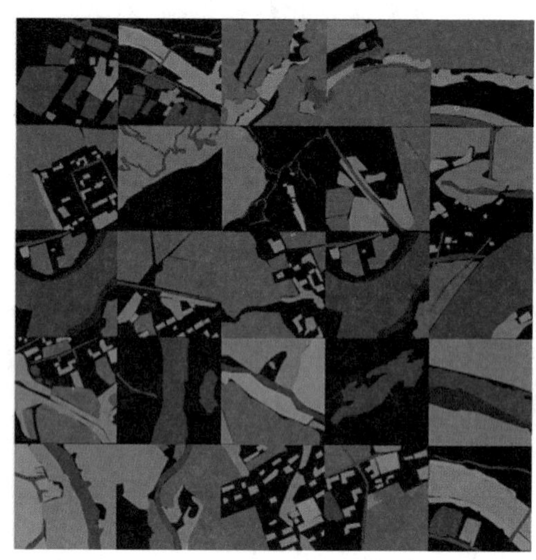

图 4-19 部分实验数据集

(3) 性能指标

本研究采用的评价指标为平均精度均值 mAP（mean Average Precision)。mAP 为各类别 AP（Average Precision）的平均值，AP 是一种用于衡量目标检测模型在特定类别上性能的指标，综合了精确率（Precision）与召回率（Recall)，以评估模型在检测特定类别目标时的准确性与完整性。由于多标签图像分类任务的特性，单标签评价标准不适用，而 mAP 作为广泛应用的目标检测评价指标，能更准确地反映模型在多标签图像分类任务中的性能表现。

精确率与召回率分别称为查准率与查全率，其中精确率指模型正确预测的正例占所有预测正例的比例，召回率指模型正确预测的正例占所有真实正例的比例。其数学定义如下：

$$\text{Precision}=\frac{\text{TP}}{\text{TP}+\text{FP}} \tag{4-1}$$

$$\text{Recall}=\frac{\text{TP}}{\text{TP}+\text{FN}} \tag{4-2}$$

式中，TP（True Positive）表示正确预测为正例的样本数；FP（False Positive）表示错误预测为正例的样本数；FN（False Negative）表示错误预测为负例的样本数。AP 值是精确率与召回率的调和平均值，综合反映模型在特定类别上的性能。在计算 mAP 时，通常采用不同交并比 IoU（Intersection over Union）阈值判断预测的正确性[18]。IoU 用于衡量预测边界框与真实边界框的重叠程度，作为评估目标检测模型性能的指标，其定义为预测结果与真实值交集（Area of Overlap）和并集（Area of Union）的比值，比值越高，模型性能越优。

当 IoU 值高于预设阈值时，视为预测正确。例如，设定 IoU 阈值为 0.5 时，仅当预测边界框与真实边界框的 IoU 值≥0.5 时，预测才被判定为正确。

本研究采用 MaskFormer 系列模型普遍使用的 bbox_mAP 和 segm_mAP 评价指标。bbox_mAP 与 segm_mAP 分别表示边界框和分割掩码的 mAP 值，用于评估目标检测模型在特定类别上的性能表现。bbox_mAP_50 和 segm_mAP_50 表示 IoU 阈值为 0.5 时的 mAP 值，而 bbox_mAP_s、bbox_mAP_m、bbox_mAP_l 与 segm_mAP_s、segm_mAP_m、segm_mAP_l 分别表示小、中、大尺寸目标的边界框与分割掩码 mAP 值，用于评估模型对不同尺寸目标的检测性能。这些指标可全面评估模型在多标签图像分类任务中的表现。

（4）分割结果对比及分析

在改进模型的基础上，调整学习策略，基于 Mask2Former 模型原有优化器，选用学习率分别为 0.001、0.0001 及 0.00001 进行对比实验，结果如图 4-20 所示。从图 4-20(a) 中可以看出，学习率为 0.001 时模型训练效果最佳，性能最优但稳定性略差；学习率为 0.0001 时模型稳定性较好但性能略差；学习率为 0.00001 时模型训练效果最差，参考价值低。结合图 4-20(b) 的训练损失分析，学习率为 0.001 与 0.0001 时训练损失均趋于平稳，表明模型收敛，其中学习率为 0.0001 时收敛效果更佳。然而，训练后期两种学习率模型均出现过拟合，学习率为 0.0001 时过拟合更严重，表明其训练效率较高，在训练过程中需关注 max_epoch 参数以优化性能。综合考虑，学习率为 0.0001 是改进模型的最优训练参数。

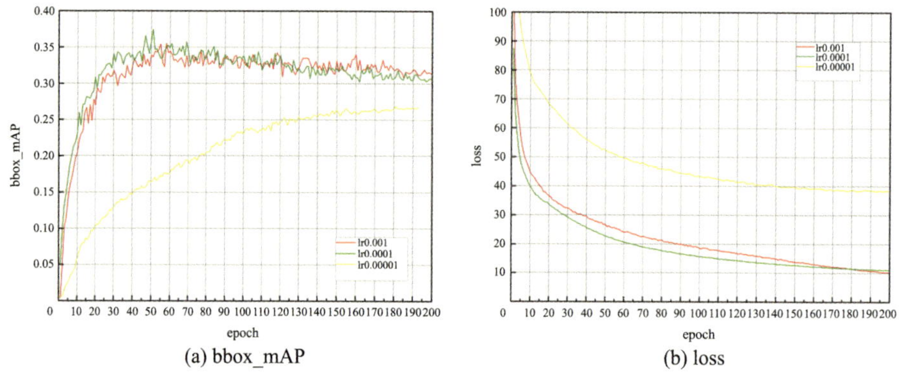

(a) bbox_mAP　　(b) loss

图 4-20　不同量级学习率对模型性能的影响

在山区和边远灾区遥感图像数据集上开展对比实验，以评估原 Mask2Former 模型与改进模型的性能。在相同实验条件下，对两种模型进行对比分析。实验结果如图 4-21(a) 与图 4-21(b) 所示，可以看出，改进模型在 mAP 指标上表现更优，尤其在 bbox_mAP 指标上性能更加突出，表明改进模型的分割精度有所提升，对大分辨率图像分割性能更强。训练后期，相较于原模型，改进模型性能更加平稳，稳定性更好。从实验曲线整体表现看，训练后期均出现过拟合现象，但改进模型过拟合现象不明显，表明其在适应小样本数据集时优于原模型，对数据量需求更低，更适用于山区和边远灾区特化任务场景。如图 4-21(c) 所示，当训练轮数（epoch）超过 150 时，采用 ResNet 模块或 EfficientViT 模块作为主干网络的 Mask2Former 模型平均损失稳定在 10 或 12 附近，此后平均损失基本不再下降，表明训练已收敛。

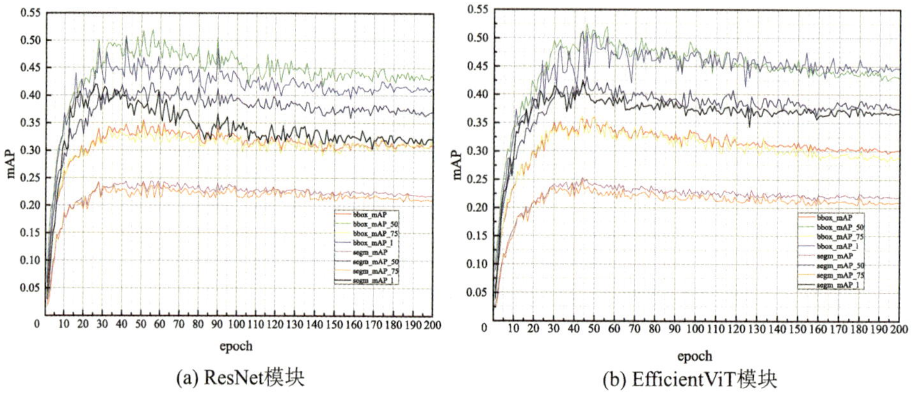

(a) ResNet模块　　(b) EfficientViT模块

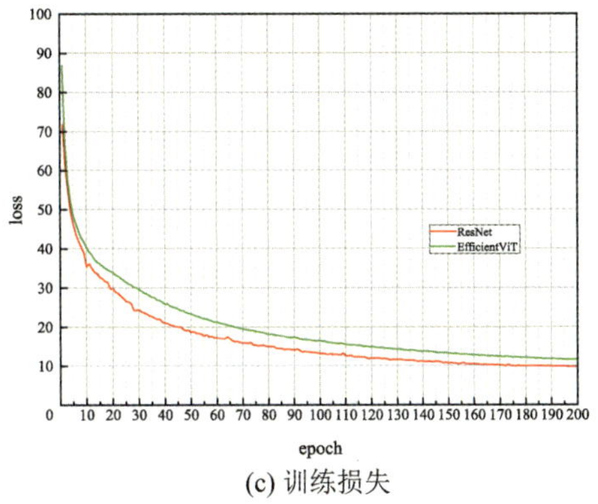

(c) 训练损失

图 4-21　采用 ResNet 模块或 EfficientViT 模块的模型性能对比

通过对比实验，本研究验证了主干网络改进措施的有效性。在山区和边远灾区遥感图像数据集上，改进模型相较于原模型表现更优，为后续模型优化提供了有力支持。

（5）采样点数量与取值范围方案寻优

为进一步优化模型，本研究针对采用 EfficientViT 模块作为主干网络的 Mask2Former 改进模型进行采样优化。在原有 4 个采样点的基础上，引入采样点偏移量约束，并调整采样点数量。具体而言，设定采样点偏移量约束为 0. 25、0. 50、0. 75，采样点数量为 4、8、12、16、20、24，共 6 种方案。在其他条件不变的情况下，对各方案开展对比实验，结果如图 4-22 所示。

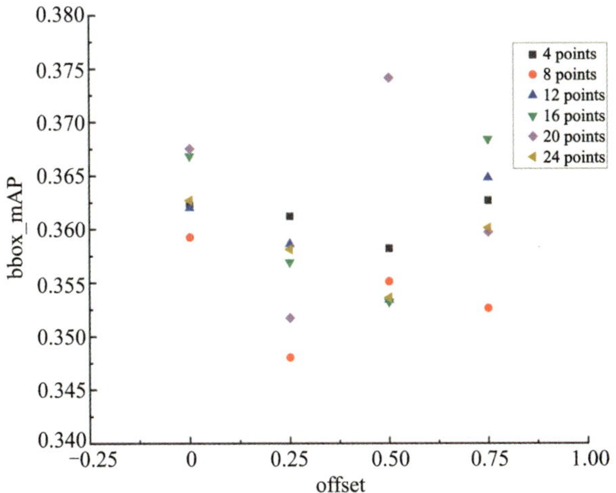

图 4-22　EfficientViT 模块采样点数量与偏移量约束对比图

对比实验表明，当采样点偏移量约束为 0. 50、采样点数量为 20 时，

bbox_mAP 达 0.3741，性能表现最佳。因此，通过精确调整采样点偏移量约束与数量，可显著优化模型，提升模型收敛速度与泛化能力。为进一步验证这一结论，分别以 ResNet 模块和 EfficientViT 模块为主干网络进行训练实验，结果如图 4-23 所示。从图中可以看出，在采样点偏移量约束为 0.50、采样点数量为 20 时，无论是采用 ResNet 模块还是采用 EfficientViT 模块作为主干网络，改进模型均较原模型表现出优越性。这进一步验证了本研究优化采样点偏移量约束与数量对模型性能的积极影响。对比实验结果表明，在 Mask2Former 模型中，以 EfficientViT 模块为主干网络的 bbox_mAP 指标全面超越 ResNet 模块。无论在采样点偏移量约束还是采样点数量上，EfficientViT 模块均表现出更好的性能，充分证明了本研究在主干网络改进上的有效性。

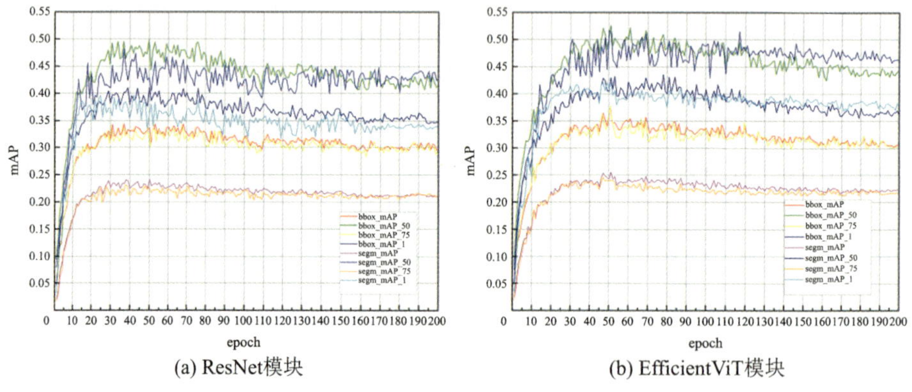

图 4-23 ResNet 模块和 EfficientViT 模块在 0.50 offset-20 points 条件下的性能对比

通过对上述多个实验结果进行综合对比分析，可以发现模型在训练后期数据均出现不同程度的下降，这表明实验设置的迭代次数过多，导致发生了过拟合现象。这一发现也进一步验证了本模型在训练过程中的高效性和快速收敛能力。

（6）模型性能结果对比与分析

为直观展示不同图像分割网络的性能差异，本研究在保持数据集及实验设备条件一致的情况下，对 DeepLabv3plus、MaskFormer、Mask2Former 及改进的 Mask2Former 四种图像分割网络进行对比实验，结果如图 4-24 所示。

从图 4-24（a）中可以看出，改进模型在性能上展现出明显优势，再次验证了本研究在主干网络、采样方案及训练策略优化上的有效性与必要性。

对同一数据集，MaskFormer 模型相较 DeepLabv3plus 模型吞吐量略高，收敛时间较短，但准确率相对较低。对比图 4-24（a）与图 4-24（c）可以发现，Mask2Former 模型相较 MaskFormer 模型收敛速度更快且准确率更高；改进的 Mask2Former 模型与原 Mask2Former 模型相比，经主干网络、采样方案及训练策略优化后，在保持吞吐量不变的情况下，收敛时间略增，但准确率显著提升。相较传统图像分割模型，改进的 Mask2Former 模型在吞吐量与收敛速度上均有大幅提升，模型吞吐量提高 426%，收敛速度提升 205%。

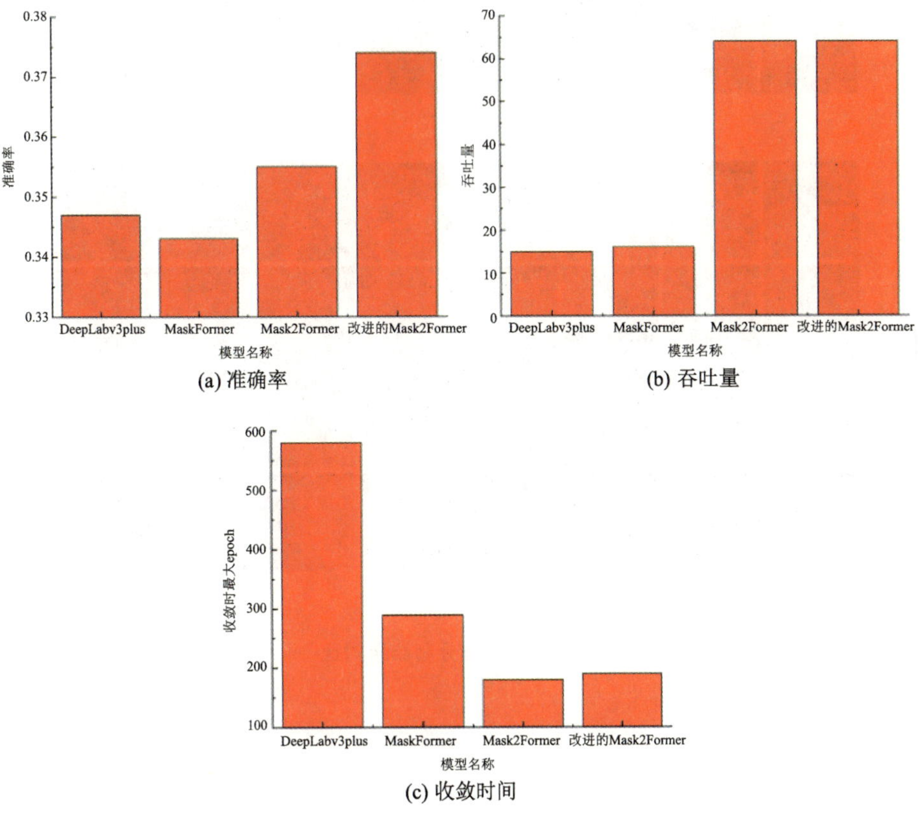

图 4-24　模型数据集对比结果

（7）改进前后模型的图像分割结果对比与分析

对原模型及改进后的模型进行测试，结果如图 4-25 所示。从图中可以看出，改进后的模型相较原模型在地物信息分割处理的完整性上更具优势，分割区域更全面，信息获取更充分，尤其在道路与植被标签识别方面表现更优异，对农田与植被标签类别的区分更精确。图像分割结果的对比证实了本研究对 Mask2Former 模型改进的有效性。

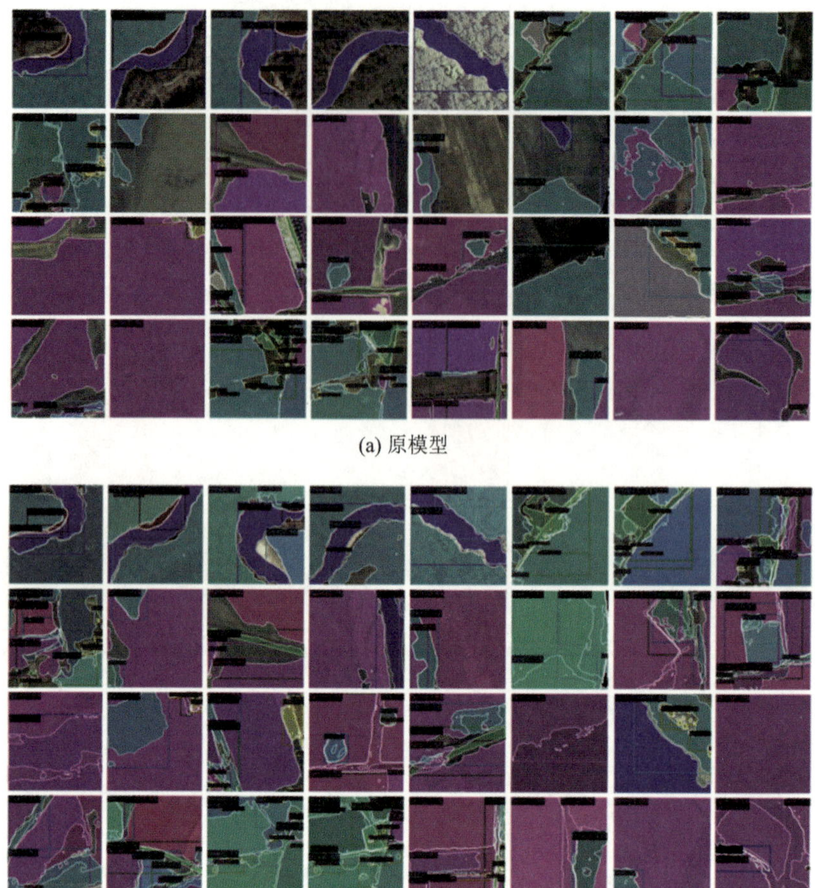

(a) 原模型

(b) 改进后的模型

图 4-25　模型分割结果对比

4.2　高扬程多级离心泵降阶模型

模型降阶旨在通过寻找物理模型关键特征，降低仿真计算数据维度，提高计算效率和预测效果，是构建数字孪生体的核心工作之一。本节利用本征正交分解方法对多级离心泵内部流动过程进行模型降阶，然后对重构后的降阶模型与全阶模型进行对比分析，验证了结果的一致性。本节为应急供水系统数字孪生体构建提供了核心设备模拟计算模块与关键部件可视化流场数据。

4.2.1　降阶模型原理

（1）降阶模型概述

数字孪生利用智能化的 CAD 和 CAE 工具，将真实世界的物理实体映射到数字化的信息空间，实现基于运行环境和自定义参数条件下可视化物理模型的实时模拟仿真，提高创新设计阶段的可靠性，缩短产品开发周期。这种对未来准确计算的模拟仿真的最大特征是实时性。传统仿真的基本路径是研究者先根据经验信息预判研究对象的潜在状态，再结合使用场景整理出设备的运行工况、系统的边界条件及模拟的初始条件，然后得到给定时间后的系统状态，是一种高度依赖主观先验信息的半经验仿真计算。而数字孪生的仿真过程则是将即时的系统变量与环境参量作为模拟的边界条件和初始条件，同步模拟真实世界的运行状态，对未来做出高可能性预测并及时反馈给设备的监测系统。对流动、传热、电磁、结构等物理场仿真，传统的迭代计算时间长、压力大，很难满足数字孪生体与物理实体的实时互动，因此需要在保留三维物理场特性的前提下，抽取特征信息与关键参数，对物理场仿真过程进行模型降阶，以实现与后续的一维系统级仿真相融合，满足数字孪生实时交互的要求。

模型降阶的核心思想是利用已知样本信息，推断目标系统的输入与输出关系，转而建立物理场、信号控制等多结构系统的复杂度较低的替代模型，实现用低维数据表示高维数据集的效果[19]。对于简单系统，如单输入单输出的线性时不变系统，可以尝试直接利用数学方法确定输入变量与输出变量间的映射；但对于高维度、多尺度的复杂系统，往往很难将系统的基本控制方程转化为输入与输出的简单关系式，尤其像湍流这类对初始条件敏感的强非线性系统，其数学本质是混沌系统，从源头上就无法实现这一目标。针对这类复杂问题，通常的方法是利用模态分解方法对目标对象进行特征提取，获得的模态特性将作为原系统的低维子空间组，使高维的复杂系统拆解为低维的子空间叠加，从而以远低于直接迭代计算的代价完成对目标问题的描述。这种低维替代模型称为降阶模型（Reduced-Order Model，ROM），与之相对的高维复杂系统称为全阶模型（Full-Order Model，FOM）。

（2）准稳态过程假设

严格来说，离心泵数字孪生体在模拟启动、过渡、变工况等过程时，需要面对输出量随时间变化的非定常问题，在时滞作用的影响下，系统的状态、控制、参数等存在显著的不确定性。这类同时具有时间和空间特征的物理问题在工业控制领域归属于复杂分布参数系统（Distributed Parameter Systems，DPS）中的时空耦合系统[20]。对于控制方程模型已知的时空耦合系统，现代运用最广泛的降阶方法是权重残差法（Weighted Residual Method，WRM），其基本思想是利用类似傅里叶展开的方式，对时间和空间分离变量，将耦合的时空变量分离为时间变量与空间基函数积的级数[21]。时空耦合系统降阶最关键的一步是找到合适的空间基函数并进行时间变量的有限截断，其实质是通过对定常模型的降阶方法施加时间影响，完成对非定常问题的降阶过程。然而，由于系统引入了时间变量，因此为了保证耦合 ROM 的准确性，时长间隔必须足够短，才能体现出系统的动态特性。考虑到离心泵瞬态计算的时间步长通常为毫秒级甚至更短，那么寻找空间基函数所需的样本快照（Snapshot）数量将成千上万倍地增加，这对于在长期运行中可能应对各种潜在工况的离心泵数字孪生体来说无疑是海量。更严重的是，对全流场进行时空耦合计算会极大地增加计算难度，即使是 ROM 也难以实现数字孪生的实时交互目标，这显然是与本书的研究目的背道而驰的。

为了保证数字孪生体实时同步计算可行稳定，研究团队决定借鉴热力学中的准静态过程的概念，将离心泵从一个稳定工况过渡到另一个稳定工况的过程视为任意时刻都无限接近稳定工况的准稳态过程。这一假设成立的前提是过渡过程进行得足够缓慢，对其进行实验或观察时，系统总有充分的时间发展至对应工况下的稳态，因而流场中每时每刻都保持着近似稳定的运行状态。对于湍流问题，系统受扰动后恢复稳定的弛豫时间应为最小尺度涡耗散为黏性流体内能的平均时间，即 Kolmogorov 时间尺度，宏观时间尺度与 Kolmogorov 时间尺度之比的数量级与 $Re^{0.5}$ 相当，考虑到离心泵内部流动的 Re 通常大于 10^5，可以认为宏观尺度与积分尺度下的涡满足假设条件。而 Taylor 尺度层面，其动能传递的时间尺度也至少高出 Kolmogorov 时间尺度 1 个数量级[22]。因此，离心泵过渡运行满足准稳态过程假设条件，且根据不同尺度下湍动能的空间分布规律可以确定，假设结果能准确判别几乎全部的湍动能及湍动能生成量。由此，准稳态过程假设避免了时间因素对模型降阶造成的巨大压力，将时间从系统的输入变量转化成了独立参量。

（3）本征正交分解

本书采用本征正交分解方法对多级离心泵内部流场进行模型降阶。本征正交分解（Proper Orthogonal Decomposition，POD）又称最佳正交分解，是一种高效的多维信息分析处理方法。该方法利用最小二乘法寻找一组最佳的基函数及其对应模态谱函数，实现用低阶表征线性组合描述高阶信息的构想。在实际应用中，基函数组的前几项基本就涵盖了原高阶对象的主要特征，因而可以以此对目标的模型进行重构，并保持较高的精度。因此，在模态分析领域，POD 常被用作分离复杂物理场特征的有效工具。在流动过程领域，研究者运用 POD 时通常先利用迭代计算获得流场完整的特性作为研究的物理模型参考，再利用样本快照数据分析并寻找脉动信息的基函数组，然后利用插值法或投影法计算各模态的谱函数，最终将基函数与谱函数对应线性组合并叠加时均信息重构得到目标流场 ROM。

本征正交分解的数学描述为任意函数都可以分解为正交基函数的线性叠加：

$$f(x,t)=\sum_{k=1}^{N}a_k(t)\varphi_k(x) \tag{4-3}$$

式中，$f(x,t)$ 为关于空间与时间的场函数，在流动问题中为湍流脉动物理量；$\varphi_k(x)$ 和 $a_k(t)$ 分别为表示空间信息的基函数和表示时间信息的谱函数；N 为基函数的个数。

场函数的分解方式不唯一确定。为了保证能最高效体现函数 $f(x,t)$ 的性质，应选择经最小二乘法检验能量最优的基函数组，此时的分解方式称为本征正交分解，见式（4-4）。

$$e=\left\langle \left\| f(x,t)-\sum_{k=1}^{M}a_k(t)\varphi_k(x)\right\| \right\rangle,M\ll N \tag{4-4}$$

式中，$\|\cdot\|$ 为 L2 范数，$\|v\|=\sqrt{(v,v)}$；$\langle\cdot\rangle$ 表示平均值运算；M 为近似模拟 $f(x,t)$ 所使用的基函数个数，称为模式数（mode）。

满足式（4-4）的充分条件是基函数符合式（4-5）的积分方程。

$$\int_{\Omega}\langle f(x)f(x')\rangle\varphi(x')\,\mathrm{d}\Omega'=\lambda\varphi(x) \tag{4-5}$$

式中，Ω 为 $f(x,t)$ 的空间域；Ω' 为 x' 的积分域。

式（4-5）描述的是一个以 $K=\langle f(x)f(x')\rangle$ 为核的积分特征值问题。在数值离散计算中，若 $x\in\{x_1,x_2,\cdots,x_{N_t}\}$，则可根据已知样本数据得到自相

关矩阵 $\boldsymbol{K}$，即

$$\boldsymbol{K}=\begin{bmatrix} K(x_1,x_1) & \cdots & K(x_1,x_{N_t}) \\ \vdots & & \vdots \\ K(x_{N_t},x_1) & \cdots & K(x_{N_t},x_{N_t}) \end{bmatrix} \tag{4-6}$$

对矩阵 $\boldsymbol{K}$ 进行正交分解即可得到基函数的特征向量 $\boldsymbol{\varphi}=[\varphi(x_1),\varphi(x_2),\cdots,\varphi(x_{N_t})]^{\mathrm{T}}$。

基函数的含能是 POD 方法的重要概念。在湍流运动中，若 $f(x,t)$ 表示湍流的脉动速度，则流场的平均湍动能为

$$K=\int_{\Omega}\langle f(x,t)f(x,t)\rangle \mathrm{d}\Omega=\int_{\Omega}\sum_{k=1}^{N}\sum_{l=1}^{N}\langle a_k(t)a_l(t)\rangle \varphi_k(x)\varphi_l(x)\mathrm{d}\Omega \tag{4-7}$$

引入谱函数和基函数特征值后，式（4-7）可以简化为

$$K=\sum_{i=1}^{N}\lambda_i \tag{4-8}$$

式中，λ_i 为基函数的特征值，$i=1,2,\cdots,N$。

式（4-8）表明，全流场的平均湍动能等于所有特征值之和，特征值 λ_i 代表其对应的基函数的含能。通常前几组基函数相加就涵盖了全物理场绝大部分能量，因此函数 $f(x,t)$ 只需要少数几项就能得到高精度 ROM，如式（4-9）所示。

$$f(x,t)=\sum_{k=1}^{N}a_k(t)\varphi_k(x)\approx\sum_{k=1}^{M}a_k(t)\varphi_k(x),M\ll N \tag{4-9}$$

对于时空耦合系统，谱函数 $a_k(t)$ 即前文所述的分离变量后的时间变量，其求解方法或是通过对已知物理场的谱函数进行插值，或是对已知物理场的控制方程进行投影[23]。在本书假设的准稳态过程中，谱函数仅以参量的形式出现，因此不做过多讨论。

4.2.2 多级离心泵模型降阶技术路线

由式（4-5）和式（4-6）可知，POD 法生成准稳态 ROM 需要获得物理场控制方程及样本数据基函数两部分信息。本书采用迭代计算的方法获取流场控制方程信息，重点是通过样本数据参数化训练与 ROM 构建实现基函数求解，图 4-26 所示为多级离心泵准稳态模型降阶技术路线图。

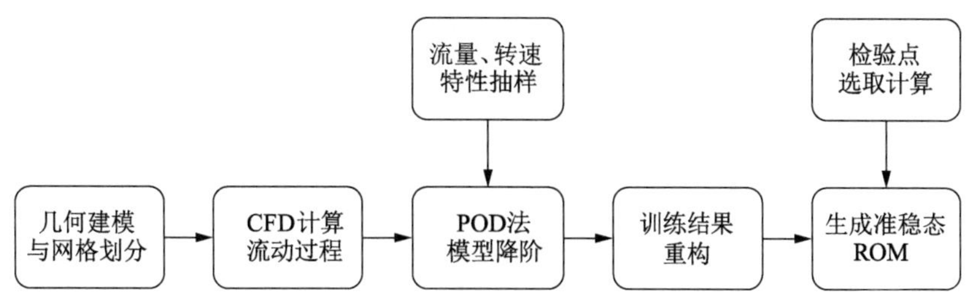

图 4-26　多级离心泵准稳态模型降阶技术路线

4.2.3　多级离心泵模型降阶流程

（1）输入变量选取

离心泵模拟计算时一般会将流量、转速、压力、湍流强度等流场不同方面性质的运行参数作为边界条件和初始条件。进行单工况计算时，往往将其统一视为该工况下的已知条件，不加以区分。而在考虑本书研究的多工况与变工况问题时，首先就需要明确关键的输入变量与次要的条件参量，避免陷入各变量线性无关而相互组合引发的样本点指数爆炸灾难中。

本小节的研究对象是柴油机驱动的多级离心泵，应用场景是山区和边远灾区应急供水保障。受灾地区情况相对复杂，为确保灾后群众生活生产用水安全稳定，并适时地加以调整，应将流量设置为研究首要变量。模型泵设计流量 $Q_d = 36\ m^3/h$，参考离心泵运行相关经验并结合现场可能突发次生灾害等现实问题，选取 0 作为流量区间下限，1.4 倍设计流量作为流量区间上限，确定 $Q \in [0,\ 50.4]$。模型泵以柴油机为动力源，近年来中重型柴油机多与离合器和变速箱集合为动力总成，本身就具备转速调节功能[24]。而且灾区地形较为复杂且存在很大的不确定性，如果山区长距离供水时一味地追求末端稳定而使离心泵长期处于高速运行工况下，当流量需求下降时就可能造成压力浪费。因此，设置模型泵设计转速 $n_d = 3800\ r/min$ 为转速区间上限，0.5 倍设计转速为转速区间下限，经圆整确定 $n \in [2000,\ 3800]$。应急状态下可以忽略空化对流动的干扰，在准稳态过程中进出口压力等参数对内部流场特征的影响也相对有限，且引入过多变量也不利于对 ROM 的分析与重构，因此本书选取流量和转速作为输入变量并进行参数化设置。

（2）样本数据生成

流量和转速由阀门和柴油机分别控制，可以认为是相互独立的变量。在 $Q \in [0,\ 50.4]$，$n \in [2000,\ 3800]$ 上构建样本空间并进行二维拉丁超立方抽样。拉丁超立方抽样是一种基于分层思想的随机抽样，弥补了简单随机抽样因满足正态分布而难以覆盖极端情况的缺陷，基于拉丁超立方抽样的蒙特卡罗模拟能够以较小的样本规模获得较高的采样精度，从而有效地实现高效性、平衡性、可控性的统一。本书设置抽样样本数量为 100，考虑到抽样时边界处可能有遗漏，额外引入 4 个样本空间端点，最终的样本点分布如图 4-27 所示。

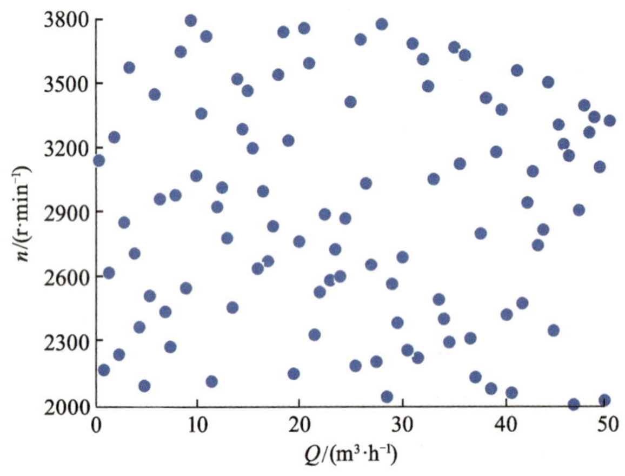

图 4-27 拉丁超立方抽样样本点分布

输出变量选择空间流场的静压、总压、速度、湍流强度、Q 准则以及平面流场的壁面切应力等信息。需要说明的是，由于这里的输出变量分别对应着不同物理量形式下式（4-4）中的函数 $f(x,t)$，因此即使是对于同一工况点的 ROM，其不同物理场信息也是分开保存的。各样本计算的终止条件为迭代次数达到 2000 或除连续性方程外其他方程解的残差小于 10^{-4}。样本计算结果（即快照训练数据）由四部分组成：

① 样本快照结果信息，存储该样本工况每一个网格节点的输出变量数据。

② 试验设计样本信息，存储输入、输出变量名称与各快照结果文件编号顺序及相应取值。

③ 数值计算设置信息，存储输入、输出变量之外的求解器参数等必要内容以及 ROM 可视化相关内容。

④ 网格节点位置信息，存储数值计算模型的网格节点数量与坐标。

（3）模型降阶重构

由式（4-9）可知，模式数 M 越大，ROM 越准确，但重构计算难度也越大。所以重构模型前应先对样本数据信息进行误差分析与敏感性分析，确定实际应用时可接受的误差范围，以选取不同物理量的模式数，实现可行与可靠的平衡。

采用折减相对均方根误差（Reduction Relative Root-Mean-Square Error，RRRMSE）评估模型的预测精度，分析样本数据的误差情况。RRRMSE 是一种用于衡量预测模型在预测目标变量时相对于基准模型性能改进的指标，常用于比较模型预测结果的准确性，并评估模型改进的幅度。具体计算方法为

$$\mathrm{RRRMSE} = \sqrt{\frac{\sum_{i=M+1}^{n} \sigma_i^2}{\sum_{i=1}^{n} \sigma_i^2}} \tag{4-10}$$

式中，σ_i 为样本自相关矩阵 $\boldsymbol{K}$ 的特征值。

本研究样本数量相对较少，可以逐个样本单独训练和预测，因此，采用留一法（Leave-One-Out，LOO）交叉检验进行样本数据敏感性分析。留一法交叉检验的基本过程包括每次先使用除一个样本以外的所有其他样本对模型进行训练，接着对留出的样本进行预测并计算预测误差。该过程会持续进行，直至每个样本都被留出一次。最后，计算所有样本的平均预测误差，从而评估模型对输入参数变化的敏感性。留一法均方根误差（Leave-One-Out Root-Mean-Square Error，LOORMSE）的具体计算方法为

$$\mathrm{LOORMSE} = \frac{1}{N}\sum_{n=1}^{N} e_n = \frac{1}{N}\sum_{n=1}^{N} \overline{E}_{\mathrm{out}}(N-1) = \overline{E}_{\mathrm{out}}(N-1) \tag{4-11}$$

利用随机数表，随机选取样本空间内不同于数据生成样本的 4 个工况点及设计工况点作为验证降阶模型准确性的检验点，检验工况点运行参数如表 4-2 所示。

表 4-2　检验工况点运行参数

检验点	额定点	1	2	3	4
$Q/(\mathrm{m^3 \cdot h^{-1}})$	Q_d	$0.976Q_\mathrm{d}$	$1.222Q_\mathrm{d}$	$0.535Q_\mathrm{d}$	$0.138Q_\mathrm{d}$
	36	35.14	44.00	19.26	4.97

续表

检验点	额定点	1	2	3	4
$n/(\mathrm{r\cdot min^{-1}})$	n_d	$0.671n_d$	$0.826n_d$	$0.676n_d$	$0.899n_d$
	3800	2550	3140	2569	3417

为确保降阶模型与全阶模型的模拟条件具有一致性，在检验点数值计算方法的整体框架保持不变的前提下，仅对 FOM 压力和转速进行相应调整，湍流模型、壁面函数和求解方法等参数设定均保持不变。由于文件格式兼容性问题，ROM 的分布与 FOM 模拟结果在后处理渲染效果上存在显示差异，后文叙述时不再展开讨论。

4.2.4 多级离心泵降阶模型内部流场分析

（1）压力分布

对比分析离心泵的降阶模型和全阶模型的压力分布，有助于明确降阶模型在捕捉离心泵内部压力变化方面的准确性，揭示降阶模型的有效性和准确性，对于理解和利用降阶模型，以及进一步提升模型的精确性和实用性都具有重要的作用和意义。

图 4-28 所示为不同模式数下，ROM 的静压 RRRMSE 与 LOORMSE 折线图。综合计算效能与误差情况，选定 $M=7$。

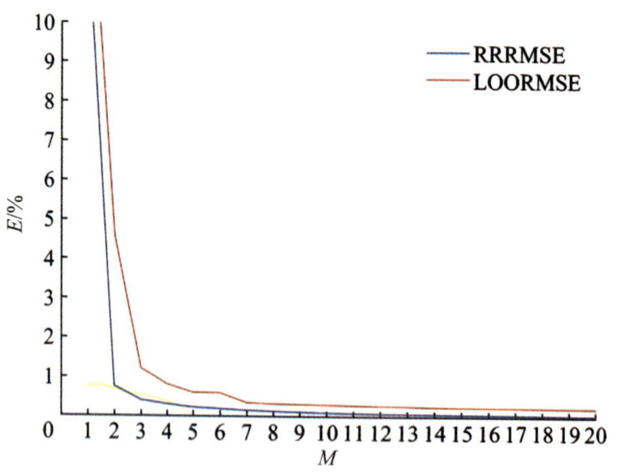

图 4-28　不同模式数下 ROM 静压分布平均误差

图 4-29 所示为 FOM 与 ROM 在不同流量、转速条件下多级离心泵整机内部流场压力分布。从泵整体来看，内部压力沿着叶轮和导叶流道逐级上

升，与 CFD 迭代计算得到的全阶模型结果保持一致。在调节阀门开度和改变转速等实际应用场景下，ROM 能够实时同步模拟泵内部准稳态流场的变化过程，实现数字孪生可视化实时仿真计算目标。

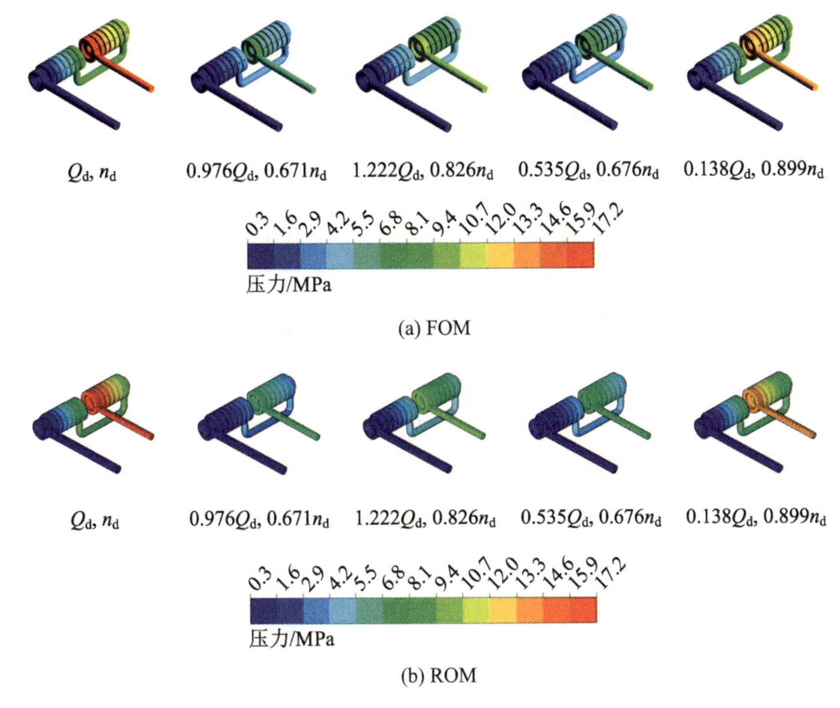

图 4-29　多级离心泵静压分布对比

以首级叶轮为例，对 ROM 与 CFD 仿真计算得到的 FOM 进行对照检验。图 4-30 展示了在不同流量、转速下首级叶轮流道压力分布情况。由于旋转参考系速度的叠加影响，高压区从叶尖的压力面沿着叶片向叶根减小，等压线从高到低逐渐倾向于与叶片的切线方向平行。在叶顶间隙处，高压从叶片的压力面侧向吸力面侧递减，并沿着叶尖的垂直方向扩散延伸。

为便于检验 ROM 流道内部压力计算结果的准确性和一致性，选取首级叶轮轴向过中心线的截面作为流场定量分析对象，如图 4-31 所示。用探针测量单侧截面平行于叶轮进口直线排列点的压力值，设置相邻点间距为 4 mm，相关性结果如表 4-3 所示。

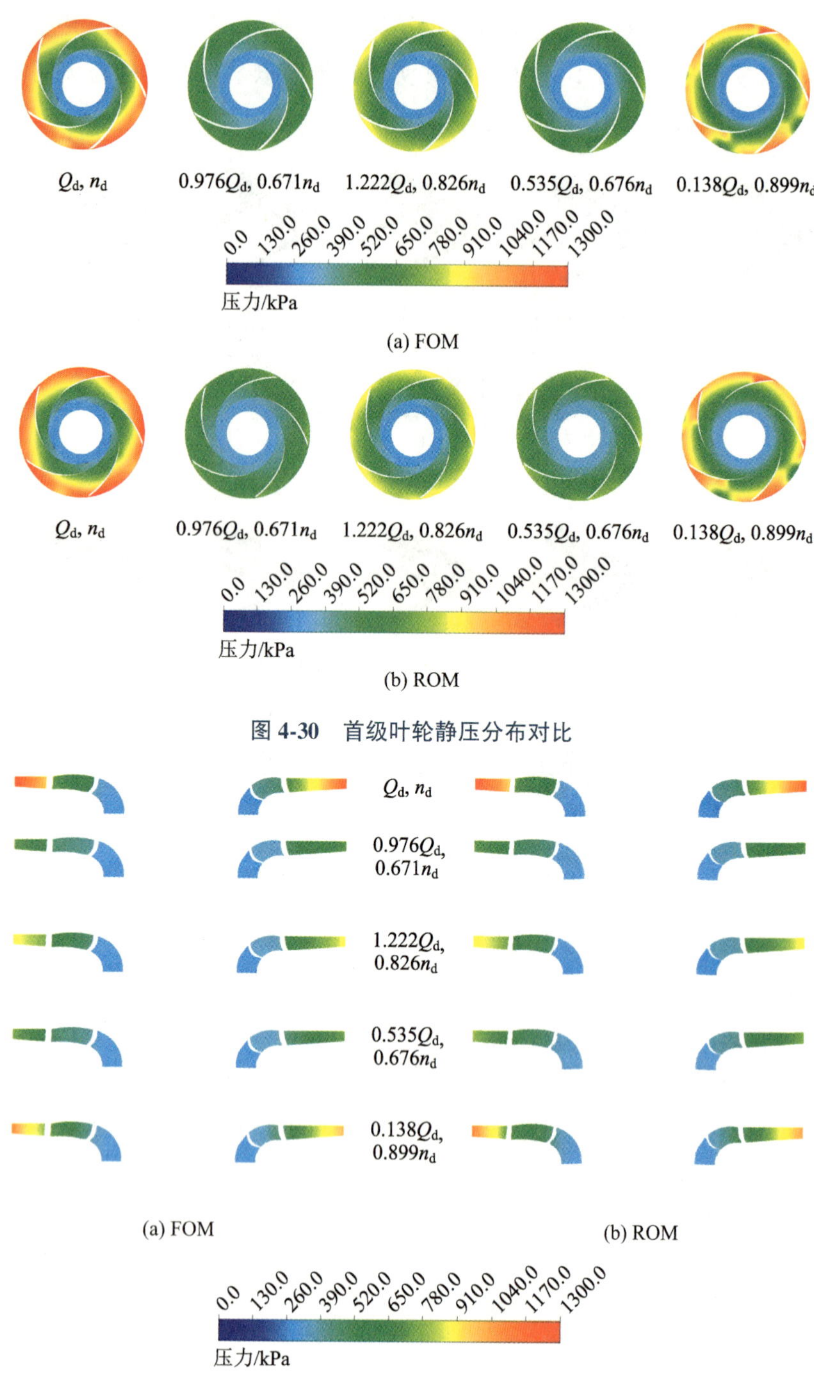

图 4-30　首级叶轮静压分布对比

图 4-31　叶轮轴向截面静压分布对比

表 4-3　各检验工况下首级叶轮降阶模型压力检验

检验点	额定点	1	2	3	4
相对误差	0.64%	−0.75%	−0.14%	1.15%	−2.18%
相关系数	0.9998	0.9987	0.9999	0.9995	0.9981

经计算，不同检验工况中 ROM 流道内部各点的压力平均相对误差绝对值最大为 2.18%，具有良好的准确性；各检验工况 ROM 与 FOM 内部压力相关系数 $r>0.998$，二者数据强线性相关，满足一致性要求。表 4-4 所示为设计工况下叶轮轴向截面压力值的逐点对照情况，结果表明，该截面下相对误差绝对值均小于 2%，标准差 $s=0.81\%$，各点压力误差分布均匀稳定，未见明显的分布规律和极端情况。

表 4-4　叶轮轴向截面压力对比

探针点	FOM p/kPa	ROM p'/kPa	相对误差	探针点	FOM p/kPa	ROM p'/kPa	相对误差
1	1253.5	1268.0	1.15%	9	674.1	664.3	−1.45%
2	1190.6	1203.0	1.04%	10	650.8	659.6	1.36%
3	1140.7	1146.0	0.46%	11	630.6	638.3	1.22%
4	1096.6	1102.0	0.50%	12	612.3	617.9	0.91%
5	1053.4	1059.0	0.53%	13	594.2	600.4	1.04%
6	1009.3	1007.0	−0.22%	14	575.1	579.9	0.83%
7	973.1	970.0	−0.32%	15	341.9	342.3	0.12%
8	701.6	715.5	1.98%	16	333.0	336.5	1.04%

图 4-32 所示为不同模式数下，ROM 的总压 RRRMSE 与 LOORMSE 折线图。综合计算效能与误差情况，选定 $M=5$。

静止参考系下，离心泵叶轮处的静压分布与总压分布存在一定差异。静压主要反映了流体静止时的压力状态，而总压则包含了流体的静压和动压，即考虑了流体动能对压力的影响。对于离心泵叶轮而言，流体在叶轮内部旋转并沿径向移动，这使得叶轮处的静压分布与总压分布存在差异。

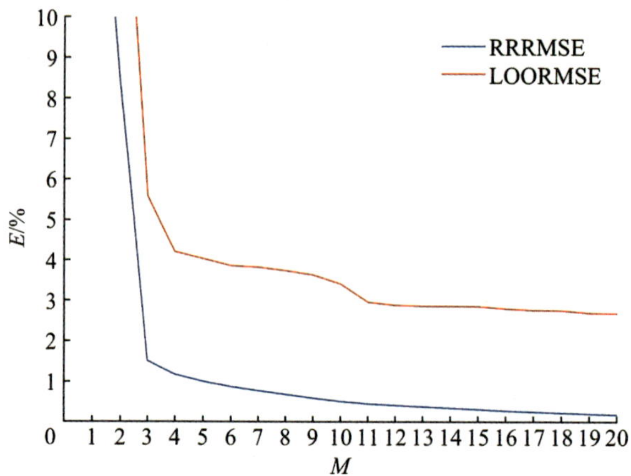

图 4-32　不同模式数下 ROM 总压分布平均误差

图 4-33 所示为不同流量和转速下，静止参考系中首级叶轮流道的总压分布。计算结果表明，当泵运行在小流量工况，如工况 3 和工况 4 时，相邻两组叶片间的叶轮出口附近会出现一个椭圆形的低压区，其产生可能与叶片的几何形状、相对位置及流体在叶片间的相互作用等因素有关。在低压区域内，流体的旋转流动以及叶片间的相互作用可能导致局部的压力波动，流体的动能部分转化为热耗散。这种波动在静压分布上并不明显，但在总压分布上相对突出。

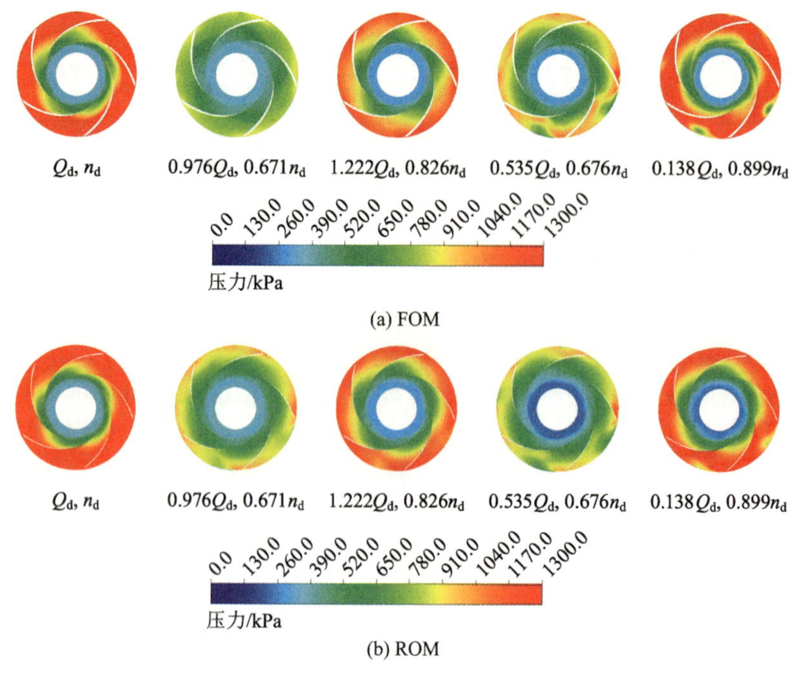

图 4-33　首级叶轮总压分布对比

静压与总压的分布结果表明 ROM 在处理压力相关物理量时具有很好的准确性，在一些工程应用场景下可以直接替代 FOM 计算方法获得全流场高精度压力分布。在本书研究的多级离心泵多工况运行问题中，ROM 可以实时模拟计算出任意流量和转速下的扬程，这对于应对灾后未知工况有着重要意义。

通常绘制不同转速下的流量-扬程曲线的方法是先将转速等差分段，然后将相应转速下的流量-扬程曲线重叠在同一张表里，这样既保证了结果相对准确，又避免了实验或计算工作过于繁重的现实问题。而 ROM 的最大优势就在于实时模拟计算，同时具备准确性与高效性，因此将转速引为性能曲线的独立坐标轴，绘制流量-转速-扬程（$Q-n-H$）曲面就成为可能。

为尽可能均匀地填充曲面空间，采用最优空间填充设计（Optimal Space-Filling Design，OSF）方法设计曲面工况分布，采样工况点分布如图 4-34 所示。该方法可以帮助研究者在有限的预算和时间条件下进行高效的实验设计，提高实验的代表性和可靠性，在计算机模拟、响应曲面建模、工程优化和设计等领域具有广泛的应用价值。将各点的 ROM 计算结果导入 MATLAB 进行函数拟合，根据相似定律设置拟合函数幂次为二次，最终得到拟合函数式（4-12）及拟合后的 $Q-n-H$ 特性曲面（图 4-35）。

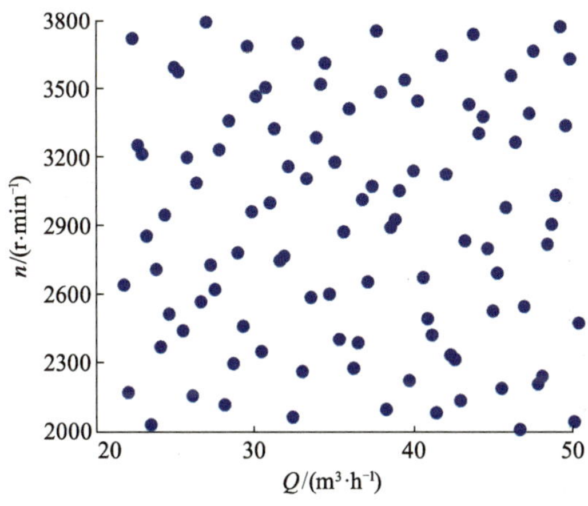

图 4-34　最优空间填充设计采样工况点分布

$$H(Q,n)=-27.5836-5.4053Q+0.0807n-0.3835Q^2+0.0072Qn+0.0001n^2 \tag{4-12}$$

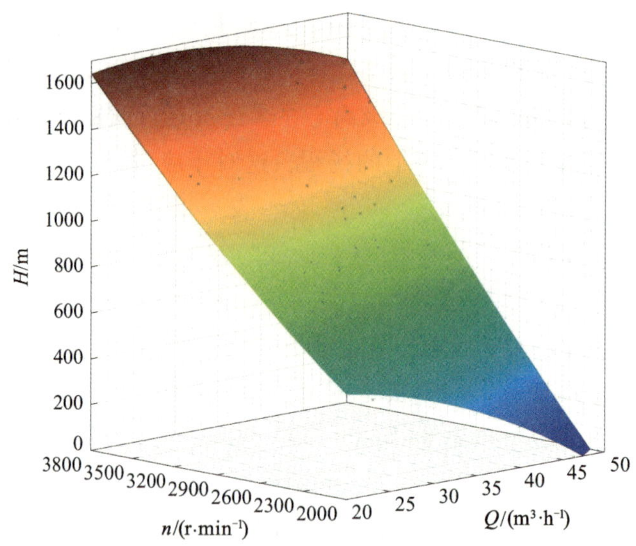

图 4-35　多级离心泵 Q–n–H 特性曲面

经验证，上述各点 ROM 计算结果均位于拟合曲面 95%置信区间内，且大流量工况区域基本位于 99%置信区间内，可以认为 Q–n–H 特性曲面具有良好的一致性，能够反映多级离心泵 ROM 外特性规律。

（2）速度分布

图 4-36 所示为不同模式数下，ROM 的速度 RRRMSE 与 LOORMSE 折线图。综合计算效能与误差情况，选定 $M=5$。

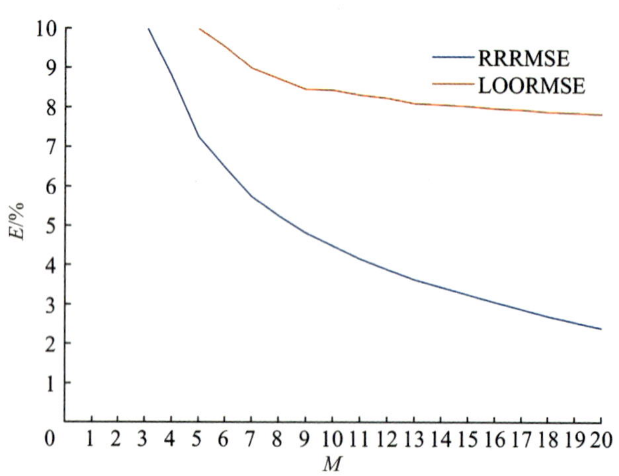

图 4-36　不同模式数下 ROM 速度分布平均误差

叶轮及其他过流部件表面受壁面无滑移条件限制，各点速度均为零。

因此，在比较 ROM 与 FOM 叶轮流道内流体速度分布时，应选择远离壁面的进出口或中间截面作为研究对象。由于二维平面不便于展示复杂的三维矢量场速度分布，因此计算首级叶轮各点速度大小并绘制标量场速度云图，参考系为静止参考系。

图 4-37 所示为首级叶轮中间截面的速度大小分布。流体进入叶轮后，随着与旋转中心距离的增加，叶轮旋转带动的牵连速度不断增大，使得流体的绝对速度总体呈现从内向外逐渐增大的趋势。在速度云图上，表现为中心低、边缘高的分布规律。叶片压力面侧的流体动能被转化为压势能，使得压力面侧相对于同一位置的吸力面侧流体微团压力升高、速度降低，叶片两侧呈现明显的不对称特征。在叶尖处，流体受叶轮出口和导叶静止流道的影响，叶片吸力面与相邻叶片之间的区域会产生一个低速区，特别是当泵在小流量高转速工况运行时，叶尖低速区与周围区域的速度分布差异明显。

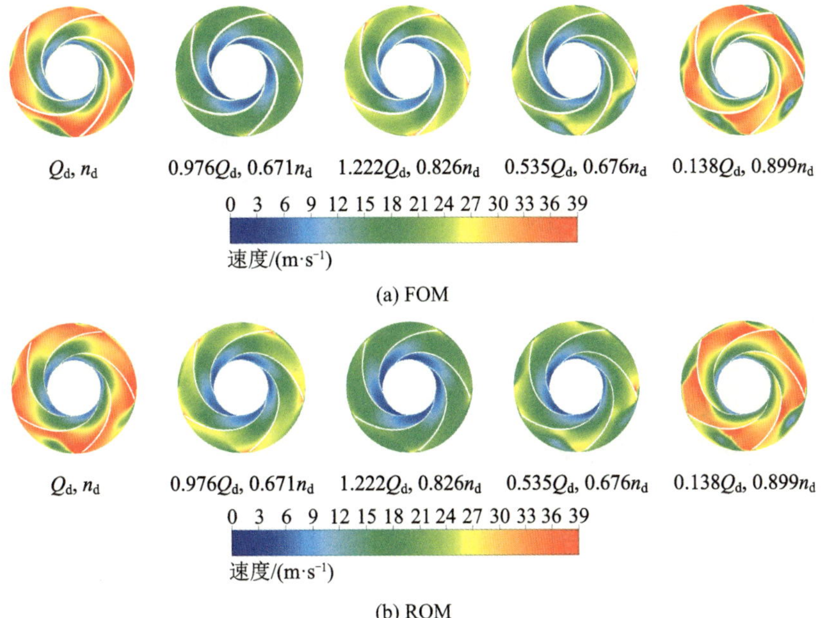

图 4-37　首级叶轮中间截面的速度分布对比

图 4-38 所示为首级叶轮出口处速度分布图。由于叶轮的三维叶片具有一定程度的扭曲，动静交界面速度场不完全沿中线对称。在空间分布上，低速区逐渐延伸，并在局部存在边缘明显的低速区。由于 ROM 忽略了高阶

项信息中局部速度场细节的影响，其对速度分布局部变化不敏感。因此，ROM 的速度分布呈现出平缓均匀的形态，低速区形态模糊平坦。叶轮前缘侧的局部低速区向后缘侧扩散（非预期），不同于 FOM 中叶轮出口处速度分布具有前侧快、后侧慢的特点，ROM 呈现出前后对称的趋势。

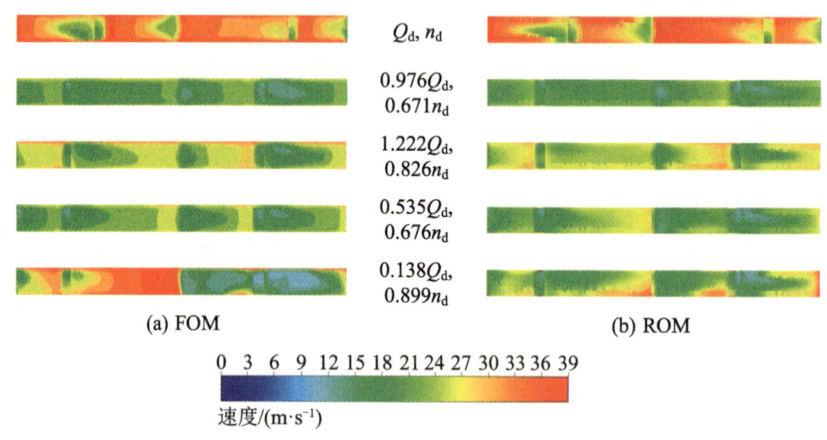

图 4-38　首级叶轮出口处速度分布对比

总体而言，多级离心泵 ROM 内部流动速度分布与迭代计算得到的 FOM 模拟结果基本一致。然而，需要注意的是，在某些速度变化较大的局部位置，由于忽略高阶项信息，ROM 对速度波动的敏感性不足，所估计结果相较于 FOM 模拟更倾向于呈现均匀平稳的特征。尽管 ROM 在局部速度分布方面与 FOM 存在一定差异，但其整体趋势仍具有较高的参考价值。因此，在实际应用中，根据具体问题和要求，合理选择降阶模型和全阶模型模拟方法，可以更好地理解和分析泵内部的流动特性，为泵的优化设计和性能提升提供有力支持。

(3) 壁面切应力分布

图 4-39 所示为不同模式数下，ROM 的壁面切应力 RRRMSE 与 LOORMSE 折线图。综合计算效能与误差情况，选定 $M=9$。

壁面切应力分布是与流体在叶轮内的传动效果密切相关的重要力学表征性，对叶轮的传动性能、能量损失及壁面磨损等具有一定的影响。图 4-40 所示为首级叶轮壁面切应力分布。在叶片吸力面和压力面之间，壁面切应力分布表现出较大差异。流体通过叶轮时，叶片之间形成的流道导致流体速度发生变化，流体速度较高的区域产生的切应力相对较大，而速度较低的区域切应力相对较小，其速度场分布通过黏性应力张量与速度梯度直接影响壁面切应力。叶片吸力面侧流体受到叶片曲率的引导，形成一个较低压力区，而在叶片压力面侧，流体动能部分转化为压势能，因而壁面切应力相对较高。

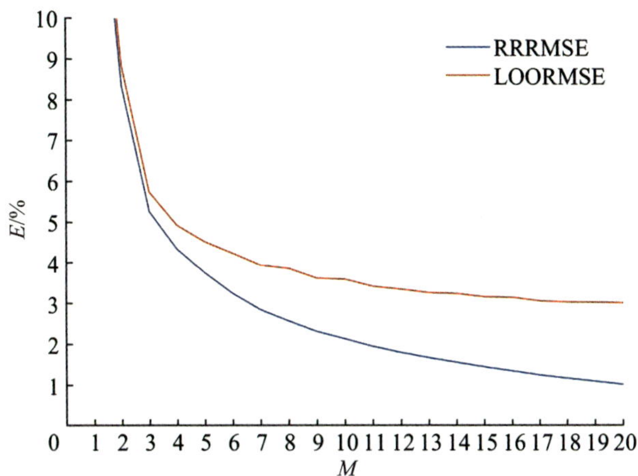

图 4-39　不同模式数下 ROM 壁面切应力分布平均误差

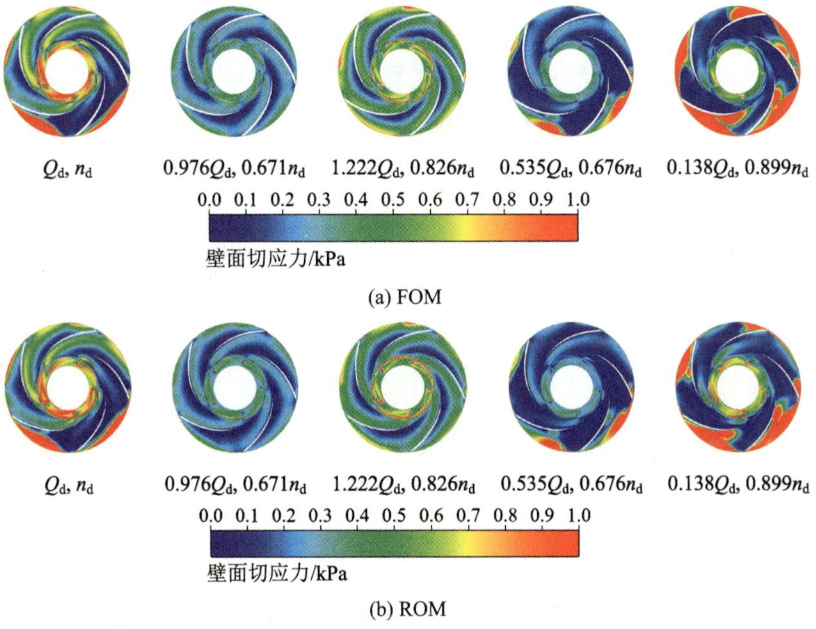

图 4-40　首级叶轮壁面切应力分布对比

在小流量高转速工况下，壁面切应力可能出现较大波动，离心泵内部流场随之表现出较大的不稳定性。这些非线性因素导致的不稳定性可能会产生涡流、流动分离等现象，而 ROM 由于其固有的简化特性，难以准确捕捉这些不稳定性，从而影响了壁面切应力分布的准确性。

（4）湍流强度分布

图 4-41 所示为不同模式数下，ROM 的湍流强度 RRRMSE 与 LOORMSE 折线图。综合计算效能与误差情况，选定 $M=7$。

湍流强度是评估湍流脉动尺度效应的重要参数，通常以相对湍流度百分比表示，较大的湍流强度意味着较大的湍流空间尺度和时间尺度。如图 4-42 所示，叶轮区域的湍流强度总体呈现进出口处较高，而叶片两侧相对较低的特点。由于流体在进入和离开叶轮时会受到叶片的影响，因此叶轮进出口区域的湍流强度相对较高。进口区域可能由于受到非均匀流态的影响表现出较高的湍流强度，而出口区域则由于叶片间的干扰和动量传递产生高湍流区。ROM 可能无法充分捕捉到这些湍流结构复杂的流动现象，从而导致计算出的湍流强度局部略低于实际值。

叶片的压力面和吸力面在几何形状和角度上存在差异，会对湍流强度分布产生显著影响，叶片的压力面湍流强度低于吸力面，且流量越大，两者之间的差值越大。叶片在压力面与吸力面之间形成的通道相对曲折，流体在叶片间的流动变得更复杂，进而导致流道内湍流强度分布不均匀。叶片表面所承受的压力梯度越大，湍流强度也就越大。描述叶片两侧的湍流强度分布时，降阶过程会忽略一部分高阶项，使得计算结果更为平滑。

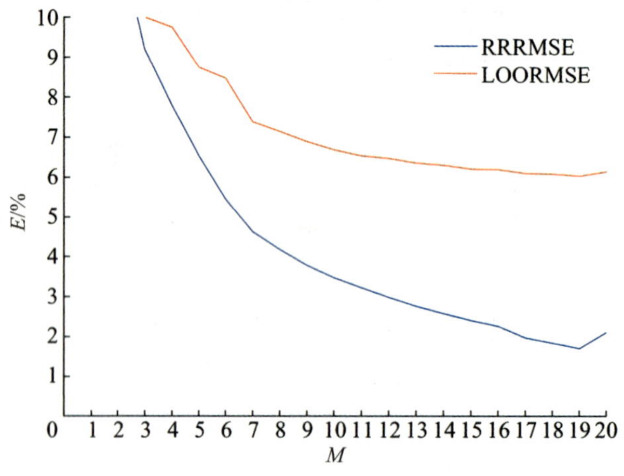

图 4-41　不同模式数下 ROM 湍流强度分布平均误差

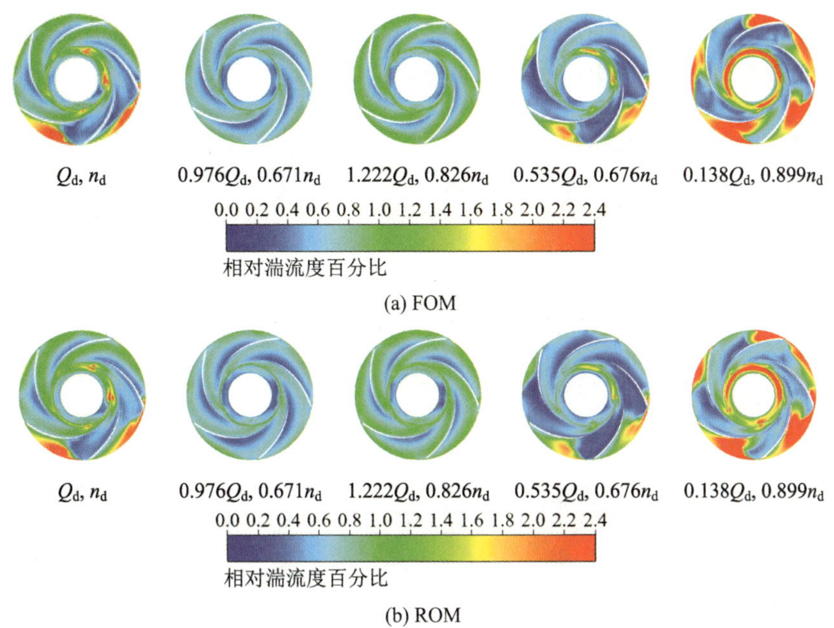

图 4-42　首级叶轮湍流强度分布对比

（5）Q 准则分布

图 4-43 所示为不同模式数下，ROM 的 Q 准则 RRRMSE 与 LOORMSE 折线图。综合计算效能与误差情况，选定 $M=6$。

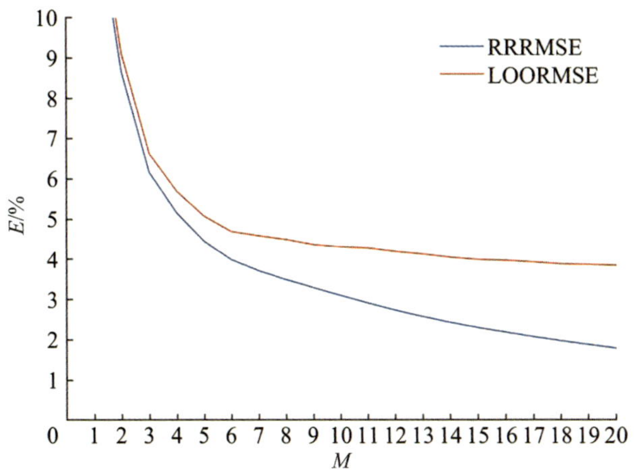

图 4-43　不同模式数下 ROM 的 Q 准则分布平均误差

叶轮处流动变化大，涡结构层次相对复杂，通过对比叶轮处降阶模型与全阶模型的涡形态分布，可以定性地分析降阶模型预测湍流特性的准确程度，验证模型降阶方法实时仿真内部流场的可行性。本书选取多级离心泵首级叶轮对降阶模型涡分布进行分析，如图 4-44 所示。

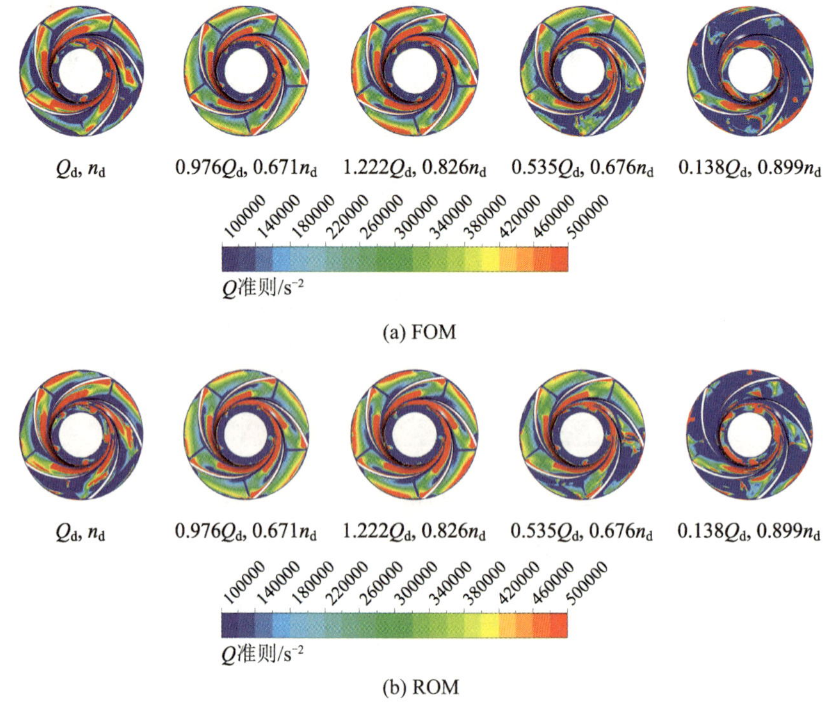

(a) FOM

(b) ROM

图 4-44　首级叶轮 Q 准则分布对比

从图 4-44 可以看出，叶片根部附近进口因受到壁面旋转剪切作用，产生明显的涡区，且沿叶轮旋转方向存在细长拖尾。叶片吸力面涡发展充分，但在叶片中部存在一段狭窄的低涡量区；受轴向力作用，叶轮正面侧压力面涡量沿叶片方向逐渐降低，在约叶长 1/3 处，图中红色大涡区域消失。同一工况下，压力面流动稳定性整体好于同一位置吸力面。吸力面叶梢附近受叶片吸力面和叶轮出口两大涡区影响，沿相邻叶片的压力面法线方向形成较规则的流动通道，涡量方向基本与轴向一致。

表 4-5 为首末级叶轮 Q 准则取值区域体积对比。由表可以看出，降阶模型各检验工况的首级叶轮涡区域体积明显小于全阶模型计算结果，平均相对误差的绝对值约为 7. 8%。这是因为模型降阶处理会忽略非线性高阶项，造成部分流场信息丢失，所以对叶轮吸入口等区域涡估计不足，导致全阶模型中流动相对复杂的涡区边缘被降阶成更稳定更光滑的形态。

表 4-5　首末级叶轮 Q 准则取值区域体积对比

检验点	额定点	1	2	3	4
首级 FOM/($10^{-5}m^3$)	7.91	3.69	3.89	7.14	7.79
首级 ROM/($10^{-5}m^3$)	7.27	3.46	3.56	6.87	7.62
首级平均相对误差	-8.2%	-6.2%	-8.4%	-3.8%	-2.1%
末级 FOM/($10^{-5}m^3$)	8.37	3.69	4.08	8.16	8.16
末级 ROM/($10^{-5}m^3$)	8.10	3.31	3.55	6.84	7.63
末级平均相对误差	-3.3%	-10.3%	-13.0%	-16.1%	-6.5%

4.2.5　多级离心泵降阶模型数据封装

为便于后续跨平台 1D-3D 联合仿真应用，对多级离心泵降阶模型数据进行封装，以实现模型交换和仿真协同。选择 FMI（Functional Mock-up Interface）接口作为封装协议，并采用 FMU（Functional Mock-up Unit）文件作为数据格式。FMU 是一种基于跨平台开放标准 FMI 的封装软件模块，其文件内部集成了模型、算法、求解器等功能，通常以 .fmu 作为文件扩展名。一个 .fmu 文件包含一个或多个描述模型的 XML 文件，以及实现模型功能的源代码或二进制文件。这使得在不同建模工具和仿真平台之间实现模型共享和交换成为可能，从而打破了不同工具和平台之间的信息壁垒。

选取流量和转速作为多级离心泵 ROM.fmu 文件输入变量。ROM.fmu 文件包含多级离心泵 ROM 内部流场完整的数据信息，因此选取泵进出口压力作为输出变量，同时以首级叶轮出口和中间管为例设置监测点探针。模型初始变量参数为泵设计工况参数。

4.3　应急供水系统 1D-3D 联合仿真

灾后山区地形复杂，供水点相对距离较远且往往存在较大高差，管网系统内部各种水力损失无法忽略，因此泵出口压力与供水点出口压力存在较大差距，需要整合泵与管路进行系统分析。通过耦合山区应急供水管网 1D 模型与多级离心泵 3D 模型，为应急供水系统数字孪生提供全要素实时仿真计算平台。

4.3.1 仿真方法

供水管网一维系统级仿真（1D 仿真）是一种分析和预测管道流动特性的有效方法，能够在短时间内模拟复杂管道系统的流动现象。在 1D 仿真中，管道系统组件被简化为一系列连续的一维元素，假定流体沿管道轴线流动，忽略径向与切向分量，速度、压力、密度等参数仅沿轴线方向变化，因此称为一维仿真。

1D 仿真的基础是一组流体力学控制方程，包括质量守恒方程、动量守恒方程和能量守恒方程，这些方程描述了流体在一维元素中的宏观行为。在确定描述管道系统与外部环境之间相互作用的边界条件和描述管道系统在仿真开始时状态的初始条件之后，通过对管道系统进行简化，并将管道系统的各个组件（如阀门、泵、换热器等）表示为经验模型或半经验模型，1D 仿真能够在保证一定准确性的同时，降低计算复杂度，从而在较短的时间内实现对复杂管道系统的流动现象的高效模拟。1D 仿真常常采用特征线法求解流动控制方程。特征线是一组与流场中速度矢量平行的曲线，沿着特征线方向流体参数保持不变。由于沿着特征线进行求解时流体参数保持不变，因此特征线法计算效率高且稳定性好，能够避免流体参数在计算过程中产生数值振荡，并且在处理非线性问题和不可压缩流动问题时具有较好的适用性。

对于流动参数发生变化的过渡过程，特征线法求解流动控制方程的过程如下。

动量方程：

$$L_1 = \frac{\partial Q}{\partial t} + gA\frac{\partial H}{\partial x} + \frac{f}{2DA}Q\,|\,Q\,| = 0 \tag{4-13}$$

连续方程：

$$L_2 = a^2\frac{\partial Q}{\partial x} + gA\frac{\partial H}{\partial t} = 0 \tag{4-14}$$

令 $L=L_1+\lambda L_2$，可得

$$\left(\frac{\partial Q}{\partial t} + \lambda a^2\frac{\partial Q}{\partial x}\right) + \lambda gA\left(\frac{\partial H}{\partial t} + \frac{1}{\lambda}\frac{\partial H}{\partial x}\right) + \frac{f}{2DA}Q\,|\,Q\,| = 0 \tag{4-15}$$

Q 与 H 是 x 与 t 的二元全导数方程：

$$\frac{\mathrm{d}Q}{\mathrm{d}t} = \frac{\partial Q}{\partial t} + \frac{\partial Q}{\partial x}\frac{\mathrm{d}x}{\mathrm{d}t} \tag{4-16}$$

$$\frac{\mathrm{d}H}{\mathrm{d}t}=\frac{\partial H}{\partial t}+\frac{\partial H}{\partial x}\frac{\mathrm{d}x}{\mathrm{d}t} \tag{4-17}$$

由式（4-15）、式（4-16）和式（4-17）可得：

当$\frac{\mathrm{d}x}{\mathrm{d}t}=a$，取 $\lambda=\frac{1}{a}$时，

$$\frac{\mathrm{d}Q}{\mathrm{d}t}+\frac{gA}{a}\frac{\mathrm{d}H}{\mathrm{d}t}+\frac{f}{2DA}Q|Q|=0 \tag{4-18}$$

当$\frac{\mathrm{d}x}{\mathrm{d}t}=-a$，取 $\lambda=-\frac{1}{a}$时，

$$\frac{\mathrm{d}Q}{\mathrm{d}t}-\frac{gA}{a}\frac{\mathrm{d}H}{\mathrm{d}t}+\frac{f}{2DA}Q|Q|=0 \tag{4-19}$$

特征线法示意图如图 4-45 所示，由于特征线上流体参数保持不变，因此若已知 $t=t_0$ 时刻的流动状态，则可将特征线 AP 作为积分路径对式（4-18）进行积分，获得 $t=t_0+\Delta t$ 时刻的流动状态：

$$Q_P-Q_A+\frac{gA}{a}(H_P-H_A)+\frac{f}{2DA}Q_A|Q_A|=0 \tag{4-20}$$

同理，将特征线 BP 作为积分路径对式（4-19）进行积分，可得

$$Q_P-Q_B+\frac{gA}{a}(H_P-H_B)+\frac{f}{2DA}Q_B|Q_B|=0 \tag{4-21}$$

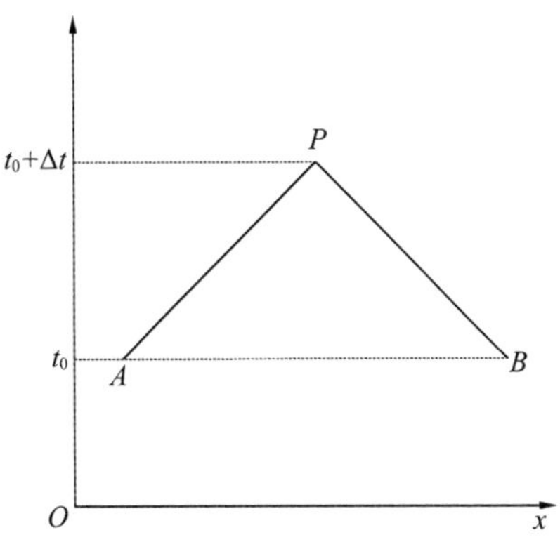

图 4-45　特征线法示意图

4.3.2　供水管网 1D-3D 耦合策略

1D-3D 联合仿真是一种结合一维（1D）与三维（3D）数值模拟方法的仿真技术，通过耦合 1D 与 3D 模型，以工程实际需求为导向，平衡计算效率

与精度，实现对复杂工程系统流动现象的全面分析。为提升计算效率并降低成本，联合仿真过程通常采用分区建模策略，将系统中的一维部分（如长管道）采用1D模型，复杂的三维部分（如阀门、泵等）采用3D模型。1D与3D模型间通过保证质量守恒的流量参数和保证动量守恒的压力参数进行耦合。

1D与3D模型参数耦合时，需协调时间步长与迭代方法，确保1D和3D模型之间的信息传递和更新。不同应用场景下，耦合策略差异较大，常见方法如下。

（1）子循环迭代法

在每个时间步长内，首先使用较大的时间步长进行1D模型的计算，然后将计算结果（如流量、压力等）传递给3D模型。接着，在3D模型中使用较小的时间步长进行计算，直至3D模型在当前时间步长内收敛。最后，将3D模型计算出的压力信息传回1D模型，更新1D模型的参数。

（2）松弛迭代法

在每个时间步长内，首先根据1D模型的流量信息预测3D模型的压力信息。接着，在3D模型中进行计算，并根据计算结果修正预测的压力信息。然后，将修正后的压力信息传回1D模型，并更新1D模型的参数。通过多次迭代，逐渐缩小1D和3D模型之间的信息差异，直至满足收敛条件。

（3）同步迭代法

在同步迭代法中，1D和3D模型在同一时间步长内进行计算。首先，使用1D模型计算流量信息，然后将流量信息传递给3D模型。接着，使用3D模型计算压力信息，并将压力信息传回1D模型。这种方法需要1D和3D模型使用相同的时间步长，虽然可能导致计算效率较低，但能保证较高的准确性。

（4）多尺度耦合法

多尺度耦合法考虑到1D和3D模型之间的尺度差异，在时间和空间尺度上进行自适应调整。在时间尺度上，可以采用动态时间步长，使得1D和3D模型在不同阶段使用不同的时间步长。在空间尺度上，可以根据流场特性动态调整1D和3D模型之间的耦合边界，以优化计算效率和准确性。

（5）基于预测-校正的耦合法

在这种方法中，首先根据1D模型的初始条件预测3D模型的流场参数，然后进行3D模型的计算。接着，根据3D模型计算结果对1D模型的初始条件进行校正，并再次进行1D模型的计算。通过多次迭代，逐步缩小1D和3D模型之间的信息差异，直至满足收敛条件。这种方法在计算资源充分的情况下具有较高的准确性。

(6) 基于代理模型的耦合法

代理模型是一种简化的模型，用于近似描述 3D 模型的复杂行为。在基于代理模型的耦合方法中，首先通过有限次数的 3D 模型计算得到一组训练数据，然后基于这些数据构建代理模型。接着，在 1D-3D 联合仿真过程中，使用代理模型替代 3D 模型进行计算，以提高计算效率。这种方法在保证一定准确性的同时，显著降低了计算成本。

对于计算资源有限或者对计算效率要求较高的场景，可以考虑采用基于代理模型的耦合法或多尺度耦合法，这两种方法能在提高计算效率的同时，仍然保证一定程度的准确性；对于准确性要求较高的场景，可以考虑采用同步迭代法或基于预测-校正的耦合法，但这两种方法在保证较高准确性的同时，需要较多的计算资源和时间。

4.3.3 应急供水系统设计方案

(1) 供水点位选取

选定北川老县城地震遗址周边的黄家坝村为项目应用示范地点，黄家坝村实地卫星照片如图 4-46 所示。黄家坝村位于北川老县城曲山镇，地势总体呈西北高、东南低分布，最大高差约 800 m，为典型的西南山区村落。

图 4-46　黄家坝村布局

根据村内房屋布局及道路走向，将黄家坝村划分为7个供水区域，通过计算选定区域内房屋总距离最小点作为集中供水点，并结合实地情况，选定果园、村委会、加油站及公共厕所等为单独供水点。各点位置示意图及高斯坐标分别如图4-47和表4-6所示。

图 4-47 供水点位分布

表 4-6 供水点位坐标

集中供水点	X/m	Y/m	Z/m	单独供水点	X/m	Y/m	Z/m
1	36887320	3545932	669	加油站	36887368	3545511	603
2	36887321	3545841	657	公共厕所	36887562	3545724	620
3	36887419	3545898	653	村委会	36887538	3545839	634
4	36887434	3545812	638	果园	36887706	3545779	613
5	36887422	3545701	626				
6	36887555	3545787	628				
7	36887506	3546048	659				

（2）管网水力设计

山区和边远灾区地形复杂，地势高低不平，直接影响水流流动与输送。通过划分不同供水区域，可分别选用适宜管道，克服地形对供水的影响。由于现场空地狭小，不具备设置水塔或水箱等大型储水设施的条件，只能将处理后的生活用水直接输送至用户端，从而避免二次污染。因此，本研究采用压力式分区直接供水模式。

考虑到灾后存在较大的不确定性，设计时应简化管网系统结构，提升应急响应速度与可靠性。应急供水管网总体采用枝状结构，局部重点线路可改为环状以增强供水的安全性和稳定性。枝状管网结构相对简单，易于设计与施工，水流方向明确，可根据用水需求及水源条件直观规划布局并实施监测与管理。枝状管网总长度短、接头少，能显著缩短敷设时间，在最短时间内恢复灾区生产生活用水供应，也便于故障发生后的维护。

根据管网设计普遍原则及灾区特殊需要，设计应急供水管网定线时，应遵循以下原则[25]：管网应在用水区域内合理分布，线路应简短且与村镇建设规划相符；管线应沿现有或拟定道路规划布置，尽量避免穿越污染或具腐蚀性的地段；管路设计应追求线路简短、地势起伏小、造价低廉，并尽可能减少对农田的占用；综合考虑具体地形、地质和水源条件，灵活调整和优化管网定线方案有助于实现应急供水系统的高效、经济和环保运行，满足山区和边远灾区居民的用水需求，同时减轻对土地资源的影响。

黄家坝村供水密度低，地势高差大，若采用单一主干系统，则不利于整体安全。因此，根据供水点分布及道路地形特点，将各供水点大致分为两条支线，如图 4-48 所示。

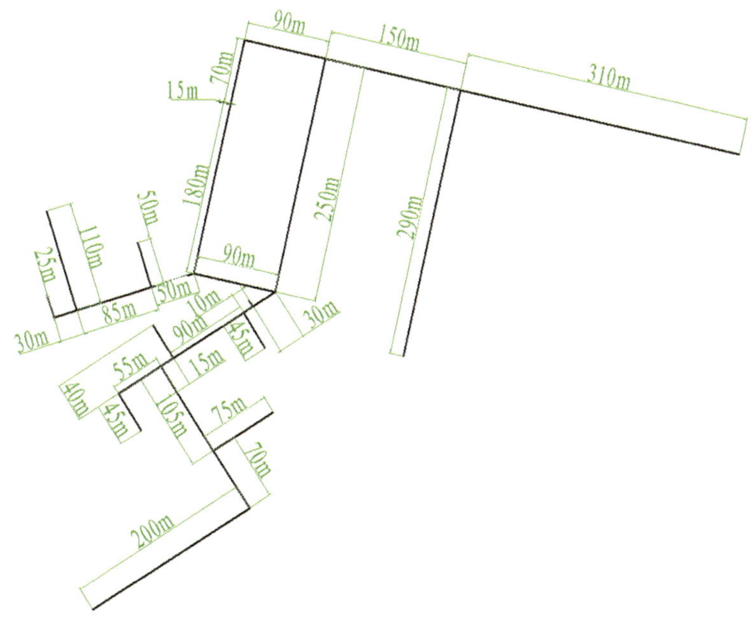

图 4-48　黄家坝村应急供水管线分布

输水管道设计流量与调节构筑物的设置相关。根据《村镇供水工程技术规范》（SL 310—2019），若管网系统无水塔或水箱等调节构筑物，输水管道设计流量应按最高日最大时用水量计算[26]。最高日平均时用水量为设计供水规模与供水时间的比值，最高日最大时用水量为最高日平均时用水量与小时变化系数 K_h 的乘积。24 小时连续供水时 K_h 的取值范围为 1.6~3.0，对于定时供水工程，K_h 的取值范围为 3.0~4.0，且用水人口越多、用水条件越好、供水时间越长，K_h 取值越低。

最高日最大时用水量 Q_h：

$$Q_h = Q_p K_h \tag{4-22}$$

式中，Q_h 为最高日最大时用水量，L/h；Q_p 为最高日平均时用水量，L/h；K_h 为小时变化系数，本书选取 $K_h = 2.5$。

最高日平均时用水量 Q_p：

$$Q_p = \frac{Q_d}{T} \tag{4-23}$$

式中，Q_d 为最高日用水量，L/d；T 为用水时间，h，本书选取 $T = 15$ h。

最高日用水量 Q_d：

$$Q_d = m_r q \tag{4-24}$$

式中，m_r 为用水单位数；q 为生活用水定额，L/d，本书参考《2021 年四川省水资源公报》选取 $q = 120$ L/d。

将各供水区域户数及人口代入上述公式，计算各集中供水点最大时用水量，即管道设计流量，详见表 4-7。

表 4-7　集中供水点设计流量

集中供水点	供水点 1	供水点 2	供水点 3	供水点 4	供水点 5	供水点 6	供水点 7
设计流量 Q_h/(L·h^{-1})	3.6	2.25	3	5.25	5.25	3	3

加油站、村委会、公共厕所等单独供水点参照《建筑给水排水设计标准》（GB 50015—2019）确定最大时用水量[27]。果园用水计算受气候、土壤、树龄、栽培技术等多种因素的影响，因此难以给出一个准确数值，只能根据一些统计数据和经验值来估算。实际耗水量可能因当地气候、土壤条件、果树生长需求、灌溉技术等变化而有所不同，需要根据具体条件进行调整。经计算整理，得到单独供水点最大时流量，详见表 4-8。

表 4-8　单独供水点设计流量

单独供水点	加油站	公共厕所	村委会	果园
设计流量 $Q_h/(L \cdot h^{-1})$	0.01	2	0.04	12

管网设计应依据用水区域实际需求和地形地貌进行合理布局，尽量降低材料成本和减少水流压力损失。然而，管路材料成本与压力损失间存在明显矛盾。大管径有助于减小沿程阻力损失，但会增加建设成本；小管径则会显著增大摩擦阻力，且可能因流速过高产生明显的流动噪声，甚至因过流截面过小导致堵塞风险。因此，设计管路水力计算时，需综合流量需求、压力损失及经济性确定各过流段管径。

区段管路初算直径可由式（4-25）确定[28]：

$$d_i = 0.0188(Q_0/v_0)^{0.5} \tag{4-25}$$

式中，Q_0 为设计流量，m^3/s；v_0 为设计流速，m/s，给水管道出口设计流速不宜大于 1.8 m/s[29]。

冷水塑料管道单位长度沿程阻力损失可由式（4-26）确定：

$$\Delta h_f = \frac{10.67 Q_0^{1.852} L}{C_h^{1.852} d_i^{4.87}} \tag{4-26}$$

式中，Δh_f 为单位长度沿程阻力损失，kPa/m；L 为管长，m；C_h 为海澄-威廉系数，塑料管材的 $C_h = 150$。

经计算得出标准管径序列，各区段管径如图 4-49 所示。

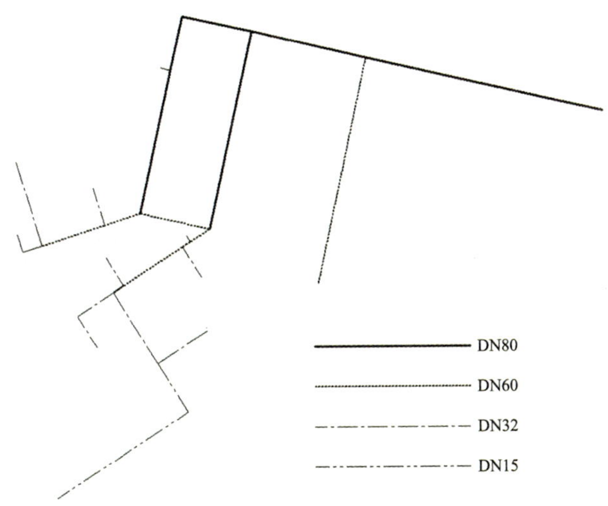

图 4-49　供水管网管道直径分布

（3）管网模型验证与校核

利用 COMSOL Multiphysics 管道流模块对上述管路建模并验证水力特性。研究对象定义为三维稳态问题，根据各供水点坐标构建管路并分段设置对应管径。摩擦模型选用科尔布鲁克-怀特（Colebrook-White）公式，该模型综合考虑壁面粗糙度与流动雷诺数对达西摩擦因子的影响，精度较高。因公式为隐式方程，无法直接解析，故需迭代计算。进口水头设为 100 m。

图 4-50 所示为黄家坝村应急供水管网压力分布。经计算，静水头最低点为供水点 1，$H_1=14.7$ m；静水头最高点为果园，$H_{果园}=15.5$ m。根据要求，管路出口静水头应满足 10 m<H<40 m，加油站、果园等处高于标准，因此需要在这些点位设置减压阀或其他减压装置，以满足供水点出口压力要求。

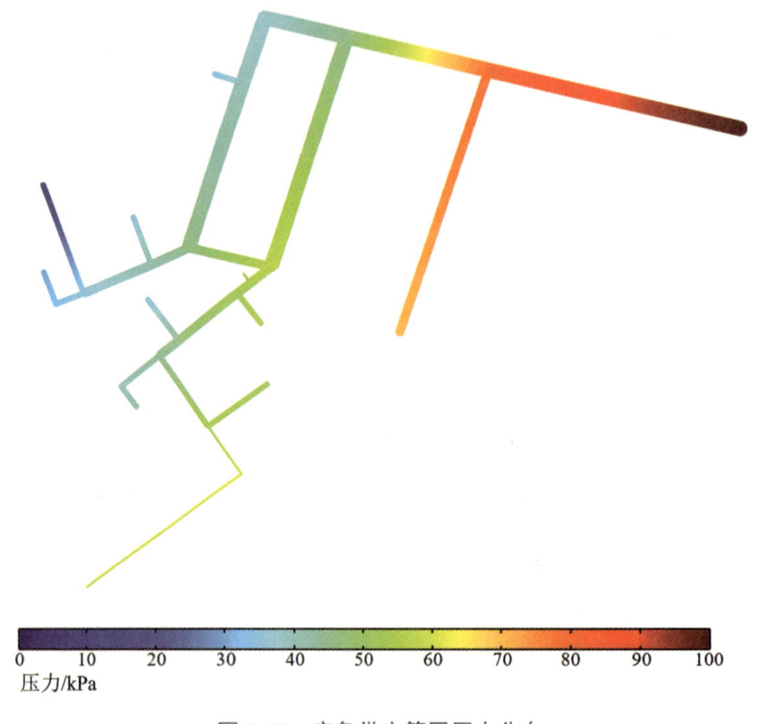

图 4-50　应急供水管网压力分布

黄家坝村应急供水管网流速分布如图 4-51 所示。从图中可以看出，末端供水支路流速均未超过设计流速，输水干线最大流速为 2.23 m/s，符合推荐标准，水力计算满足设计要求。

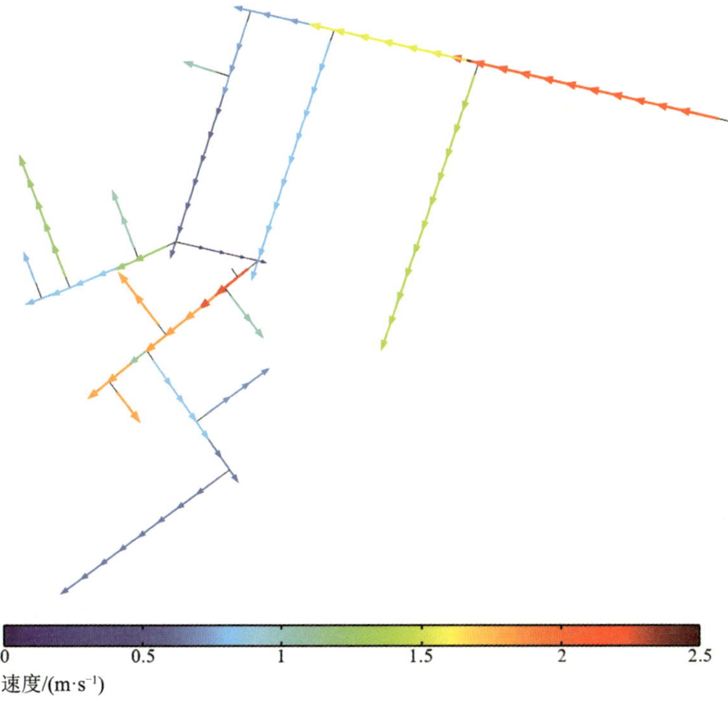

图 4-51　应急供水管网流速分布

4.3.4　应急供水系统模型

（1）仿真平台

Simscape 是 MathWorks 公司推出的一款基于 MATLAB 和 SIMULINK 平台的物理建模与仿真软件，提供涵盖机械、电气、液压及热力学等领域的丰富组件库。其中，Fluids 模块包含描述液压和绝热流动的组件库，包括泵、阀门、缸、管道、储罐等元件及常用工质材料库，能满足山区和边远灾区应急供水管网系统的建模与仿真需求。

（2）仿真流程

① 模型构建：导入离心泵 ROM. fmu 文件，选取管道、弯头、三通、阀门及流量出口等应急供水管网组件并布置至模型编辑器。依据水力设计所得管网拓扑结构及元件特性，通过连接线表示实体间的物理连接，构建完整的多物理场系统模型。

② 参数设置：为贴近实际系统，根据研究对象设定边界条件，并为管网组件配置参数，包括管路几何参数、摩擦阻力模型，以及离心泵转速、

阀门局部阻力系数等模拟参数。

③ 集成控制系统：在系统关键位置设置传感器与参数探针，模拟物理实体的测量过程，将监测数据作为调节参数输入系统，实现闭环控制。

④ 仿真：完成模型搭建与参数设置后，选择适宜求解器启动仿真，观察管网系统中压力、流量、转速等关键参数的动态响应。

⑤ 结果分析：利用内置可视化工具绘制关键参数随时间变化曲线，通过分析仿真结果，评估管网性能与控制算法效果，分析可能导致结果误差的主要原因。

⑥ 优化与调整：根据仿真结果，优化模型，调整组件参数、改进控制算法或修改管网结构，经重复修改迭代，获得与三维 CFD 计算结果一致的一维管网系统。

多级离心泵 ROM 应急供水系统 1D-3D 联合仿真技术路线见图 4-52。

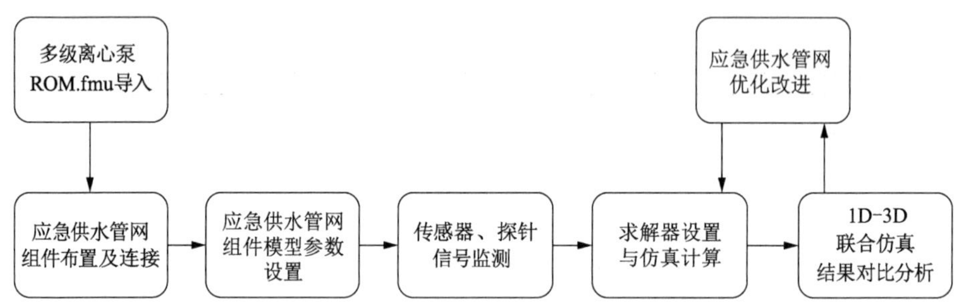

图 4-52　多级离心泵 ROM 应急供水系统 1D-3D 联合仿真技术路线

（3）仿真模型

1）管道模型

管道为供水管网基本单元，是决定流场压力与速度分布的关键因素。相较于三维模型仿真通过管内流体域网格逐点迭代，一维系统仿真采用函数求解法计算管道两端压降。在给定临界雷诺数与表征摩擦相关参数后，管道压力损失仅与长度和管径相关。对于非水平布置管道，进出口高差将影响流体压力水头。

假设每条管道为均匀长直管线，管道段数设为 1，A、B 分别为进、出口。管道截面为圆形，管壁刚性，忽略水锤效应等冲击影响。摩擦损失模型选用哈兰德公式，对于长距离圆截面直管内充分发展的湍流，摩擦阻力损失为

$$\Delta p_{\mathrm{f},A} = \frac{f}{2\rho A^2}\frac{L}{2}\dot{m}_A \mid \dot{m}_A \mid \tag{4-27}$$

$$\Delta p_{\mathrm{f},B} = \frac{f}{2\rho A^2}\frac{L}{2}\dot{m}_B \mid \dot{m}_B \mid \tag{4-28}$$

式中，ρ 为管内流体密度，kg/m^3；A 为管道截面积，m^2；L 为管长，m；$\dot{m}_A$ 为 A 点质量流率，kg/s；$\dot{m}_B$ 为 B 点质量流率，kg/s；f 为达西摩擦因子，由哈兰德公式近似为

$$f = \left\{-1.8\lg\left[\frac{6.9}{Re} + \left(\frac{\varepsilon_f}{3.7D_\mathrm{h}}\right)^{1.11}\right]\right\}^{-2} \tag{4-29}$$

式中，ε_f 为表面绝对粗糙度，mm，对于塑料管线，$\varepsilon_f = 0.00152$ mm；D_h 为管道内径，mm。

2）管网进出口模型

管网进口为流动动力源，本研究中为多级离心泵 ROM。泵出口压力为扬程与进口压力之和，当流量与转速输入变量已知时，扬程唯一确定。但进口压力受水池、水箱、自吸泵等泵前设备布置方式及当地温度、气压等环境参数影响，难以在实地测量前确定。因此，模拟计算 ROM 时预设进口压力并不能直接作为管网仿真计算的参数，而是需要换算为当地大气压修正。

将多级离心泵 ROM、进口压力源及数据格式转换接口等组件连接，创建子系统（Subsystem）并整合为独立模块，如图 4-53 所示。其中，P1 为流量输入接口，P2 为转速输入接口，P5 为预设泵进口压力端口，P6 为预设泵出口压力端口，C 为当地输入压力。子系统对外保留多级离心泵 ROM 的输入输出变量接口，同时将进口压力值常数传递为子系统设置参数，当试验环境改变时，修改子模块参数即可获得准确的泵出口压力。本研究默认进口条件为标准工况。

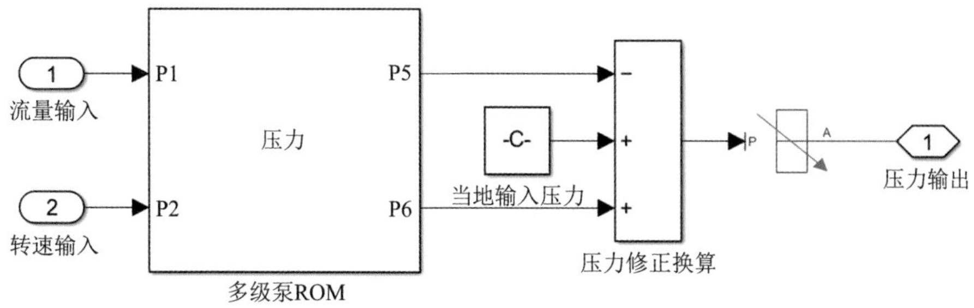

图 4-53　管网进口子系统示意图

管网出口为各供水点供水终端。开放出口视为体积无限大的水池，出口流量受用户需求影响，为变量。出口处需配置压力表以监测管道压力变

化并计算水头高度，从而确保地势较高处压力稳定，地势较低处管道安全。整合出口水池、质量流量源及压力表等组件为子系统，保留外部流量为输入，设置出口压力水头为输出。管网出口子系统如图 4-54 所示，其中流量源 A 端口为流入端，B 端口为流出端，M 为流量参数端口。

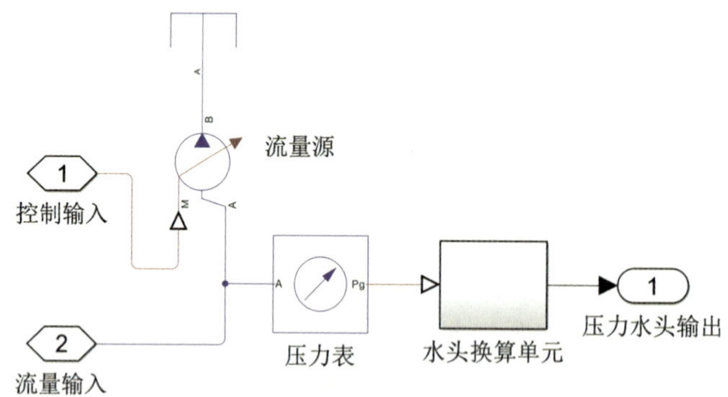

图 4-54　管网出口子系统示意图

创建子系统不仅便于构建仿真模型，还能使仿真框架结构清晰易懂，并可直观实时观测仿真数据。此外，搭建子系统模块库有助于在其他仿真建模过程中方便地使用这些模型，从而大幅提高仿真的实用性。

3）供水系统模型

根据水力设计结果，将管网组件及子系统依次组合为管网系统，如图 4-55 所示。系统模拟运行时设定环境温度为 293. 15 K，环境压力为 101325 Pa，求解器计算容差因子为 0. 001，采用向后欧拉法进行计算。

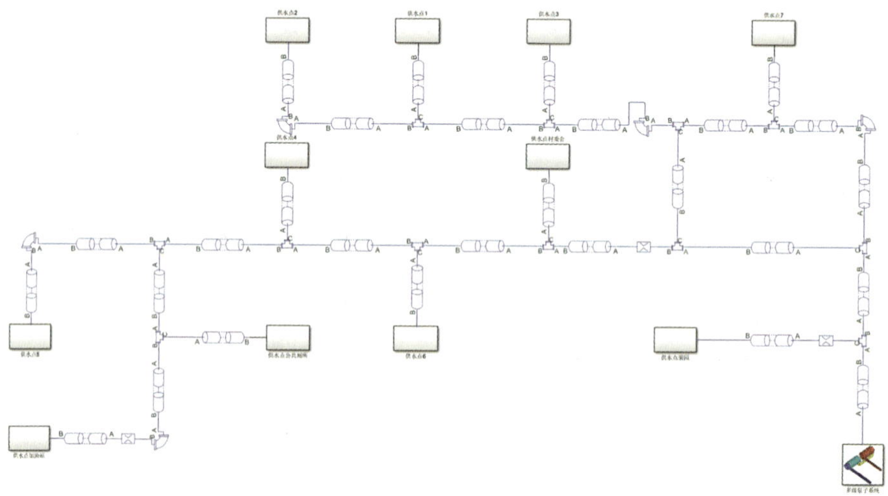

图 4-55　供水系统模型示意图

将水力计算得到的各供水点最大时用水量作为检验管网系统仿真准确性的流量参数。系统输入变量为多级离心泵 ROM 扬程，参考校核计算时的进口水头设置，扬程 $H=100$ m，此时 $Q=37.4$ m^3/h，$n=1926$ r/min。经仿真计算，各供水点出口压力水头符合设计规范要求，且各点相对误差绝对值均小于 5%，能满足系统级仿真实际精度要求，具体数据见表 4-9。

表 4-9　1D-3D 模拟供水点出口压力水头对比

供水点	1	2	3	4	5	6	7	加油站	公共厕所	村委会	果园
三维计算/m	14.76	30.60	35.43	15.00	23.56	34.99	32.85	29.49	39.55	34.69	33.09
系统仿真/m	15.09	30.96	35.27	15.21	23.44	35.08	33.32	29.66	39.22	34.78	33.06
相对误差	2.2%	1.2%	-0.5%	1.4%	-0.5%	0.3%	1.4%	0.6%	-0.8%	0.3%	-0.1%

4.4　山区应急供水装备多智能体路径规划

多智能体路径规划旨在通过强化学习方法，采用集中式训练与分布式执行方式训练智能体，使其各自完成任务，是数字孪生的重要功能。本节基于山区任务场景及应急供水装备特性，设计多智能体强化学习路径规划方法，实现算法适应与网络设计。以 MAPPO 算法为基础，完成路径规划系统设计，并通过仿真与可视化验证其可靠性。

4.4.1　山区应急供水装备与路径规划

山区应急供水装备包括钻机、高压提水泵车、蓄水池、越野型泵站车及越野型管线作业车，如图 4-56（a）所示。钻机负责成井作业，作业位置为地下水源点；高压提水泵车为系统核心设备，连接两个蓄水池；越野型泵站车（简称泵站车）搭载两个移动式泵站，任务是将泵站放至指定位置；越野型管线作业车（简称管线车）负责铺设蓄水池 2 后的管线。路径规划整体目标为实现应急供水设备及管路的进场与铺设路径最短，缩短进场作业时间，如图 4-56（b）所示。

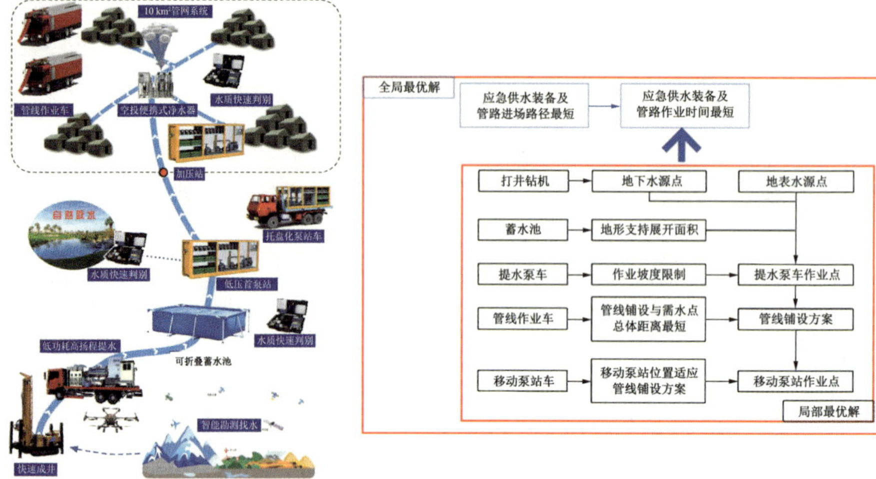

(a) 山区应急供水装备　　　　(b) 路径规划整体目标

图 4-56　山区应急供水装备与路径规划整体目标

山区应急供水装备路径规划方法包括环境与车辆数据导入、管线连接方案设计、各车辆路径规划、管线车铺管、路径规划结果可视化输出及外部平台集成应用。

4.4.2　路径规划相关方法

(1) 多智能体强化学习方法

多智能体强化学习方法通过让多个智能体在复杂环境中合作竞争，共同进化，来寻找最优路径。其中一种方法是将传统路径规划算法（例如 A*）与强化学习相结合。在这种方法中，强化学习用于决定执行传统路径规划算法的动作还是其他动作。例如，可以使用强化学习来学习六个离散动作：执行 A*算法、前进一格、后退一格、左转、右转和停止。另外一种方法是使用多智能体强化学习来直接学习最优路径。在这种方法中，每个智能体都有自己的状态、动作和奖励函数，通过不断与环境交互来更新自己的策略，从而找到最优路径。

(2) 马尔可夫决策过程

马尔可夫决策过程（MDP）是用于模拟决策情境的一种数学模型，包含状态集、动作集、转移概率和奖励函数。决策者在每个时间点选择动作，根据转移概率进入新状态并得到奖励。

MDP 的目标是最大化预期累积奖励，可通过动态规划、蒙特卡洛方法及时序差分学习等多种算法实现。动态规划通过逐步解决子问题构建解，适用于状态空间较小的场景；蒙特卡洛方法通过大量模拟估计状态值函数或动作值函数，适合大规模或连续状态空间；时序差分学习（如 Q 学习）通过增量更新状态-动作值函数迭代优化策略，无需模型知识，适于复杂或未知环境的 MDP。

（3）DQN 算法

DQN（深度 Q 网络）算法是一种结合了深度神经网络和 Q 学习的强化学习算法，用于解决 Atari 游戏中的决策问题。DQN 算法的核心思想是使用深度神经网络来近似 Q 值函数，即状态-动作值函数。Q 值函数表示在给定状态下执行某个动作所能获得的最大累积奖励。通过不断更新神经网络的参数，DQN 算法可以逐渐学习到最优的 Q 值函数。

如图 4-57 所示，Q-Learning 通过不断的学习，最终形成一个存储状态和动作的矩阵。首先初始化矩阵，然后根据贪婪策略随机选择动作。例如，在选择 action2 后进入状态 2（$\alpha=0,\gamma=0$）时，奖励 1，则 $Q(1,2)=1, Q(s_t, a_t) \leftarrow r_t + \max_{\pi} Q(s_{t+1}, a_t) = 1+0=1$。同理，直到所有值函数都是最优的，得出一个策略。

	$a1$	$a2$	$a3$	$a4$
$s1$	$Q(1,1)$	$Q(1,2)$	$Q(1,3)$	$Q(1,4)$
$s2$	$Q(2,1)$	$Q(2,2)$	$Q(2,3)$	$Q(2,4)$
$s3$	$Q(3,1)$	$Q(3,2)$	$Q(3,3)$	$Q(3,4)$
$s4$	$Q(4,1)$	$Q(4,2)$	$Q(4,3)$	$Q(4,4)$

图 4-57　Q-Learning 存储矩阵

确定算法的值函数过程：在算法中输入训练环境中的三维地形信息和装备信息，即输入图像，给出训练环境初始参数，并以初始图像连续 m 帧作为算法输入信息。经过卷积和池化后得到 n 个状态，最终输出 K 个离散的动作，即 Q 值函数。值函数 Q 是一组向量，在神经网络中权重为 θ，值函数表示为 $Q(s,a,\theta)$，最终神经网络收敛后的 θ 即为值函数。

在强化学习过程中，将训练四元组存入重放存储器 D，并在学习阶段以 mini-batch 方式读取数据训练网络结构，如图 4-58 所示。

$\langle s_1, a_1, r_2, s_2 \rangle$
$\langle s_2, a_2, r_3, s_3 \rangle$
$\langle s_3, a_3, r_4, s_4 \rangle$
$\langle s_4, a_4, r_5, s_5 \rangle$
$\langle s_5, a_5, r_6, s_6 \rangle$
⋮

图 4-58 重放存储器 D

在强化学习过程中，经验回放与目标网络是提升性能的关键技术。经验回放存储智能体与环境交互的经验，并随机抽取这些经验来训练神经网络，以打破数据间的相关性，提高数据利用率并降低学习过程中的变异性。目标网络则通过维护一个独立的网络来提供稳定的目标值，这个目标网络定期更新，以保证目标值的准确性和算法的稳定性。两者协同作用，使智能体更高效地学习与适应环境，如图 4-59 所示。

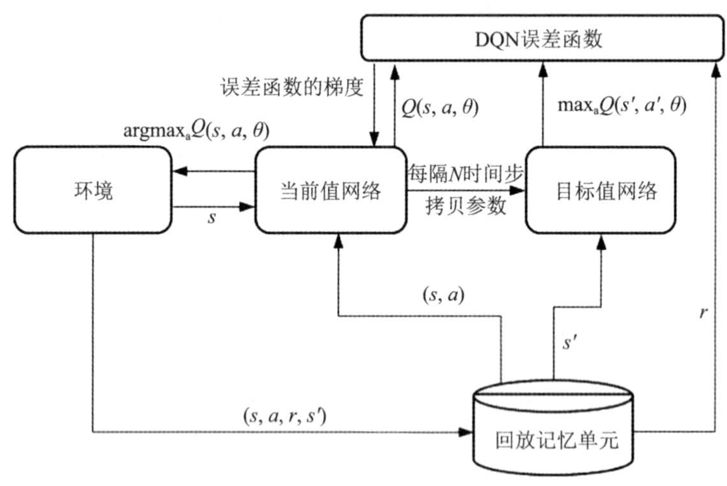

图 4-59 目标网络

（4）Actor-Critic 算法

Actor-Critic 算法结合策略梯度与值函数近似方法的优势，包括 Actor 和 Critic 两部分。Actor 负责学习策略，即在给定状态下选择动作的概率分布，通过与环境交互生成数据，并依据 Critic 给出的价值函数来更新策略，通常采用策略梯度法计算策略对累积奖励的梯度。Critic 负责学习价值函数，即在给定状态下执行最优策略的最大累积奖励，通过分析 Actor 与环境交互产生的数据更新价值函数，常采用时序差分学习法比较当前与下一时间步价值函数之间的差异。Actor-Critic 算法通过持续更新 Actor 与 Critic 来逐步学习最优策略与最优价值函数，具有较快的收敛速度与良好的稳定性，广泛应用于各类强化学习问题。

（5）**PPO 算法**

PPO 算法由 OpenAI 开发，是当前强化学习领域最先进的算法之一。它改进了传统的策略梯度（PG）方法，通过引入近端优化的约束来确保策略更新的稳定性，采用了一种称为重要性采样（Importance Sampling）的技术来估计目标函数的梯度。策略梯度损失可描述为价值网络的输出的对数概率乘以行动的估计优势，公式如下：

$$L^{\mathrm{PG}}(\theta)=\hat{E}[\ln \pi_{\theta}(a_t \mid s_t)\hat{A}_t] \tag{4-30}$$

式中，$\hat{E}$ 表示数学期望；π_{θ} 表示策略；a_t 表示动作；s_t 表示状态；$\hat{A}_t$ 表示优势函数。

PPO 算法采用 Clip 损失函数限制更新幅度，避免策略变动过大或过小，通过约束旧策略与新策略的差异实现近端优化并简化计算。Clip 损失函数的公式如下：

$$L^{\mathrm{Clip}}(\theta)=\hat{E}\{\min[r_t(\theta)\hat{A}_t,\mathrm{clip}(r_t(\theta),1-\varepsilon,1+\varepsilon)\hat{A}_t]\} \tag{4-31}$$

式中，θ 表示策略参数；$r_t(\theta)$ 表示新策略相对于旧策略的概率比值；$\hat{A}_t$ 表示行动的估计优势；ε 为一个超参数，clip（·）函数会将 $r_t(\theta)$ 限制在 $[1-\varepsilon,\ 1+\varepsilon]$ 的范围内。这个损失函数的含义是，如果新策略相对于旧策略的概率比值 $r_t(\theta)$ 较小，那么限制行动优势增加，以避免过大的策略更新；反之，如果概率比值较大，那么限制行动优势减小，以防止过度保守更新。

与 DQN 不同，PPO 基于 Actor-Critic 框架，Actor 负责生成策略，Critic 负责评估策略的好坏。PPO 通过交替执行 Actor 的探索与 Critic 的学习来提升效率，并使用代理目标与重要性采样技术增强算法稳定性，如图 4-60 所示。

PPO 采用的标准策略梯度方法，在 Actor（从环境中采样以收集数据并计算估计优势）与 Critic（对 Clip 损失函数运行随机梯度下降以更新参数）间交替执行，如图 4-61 所示。

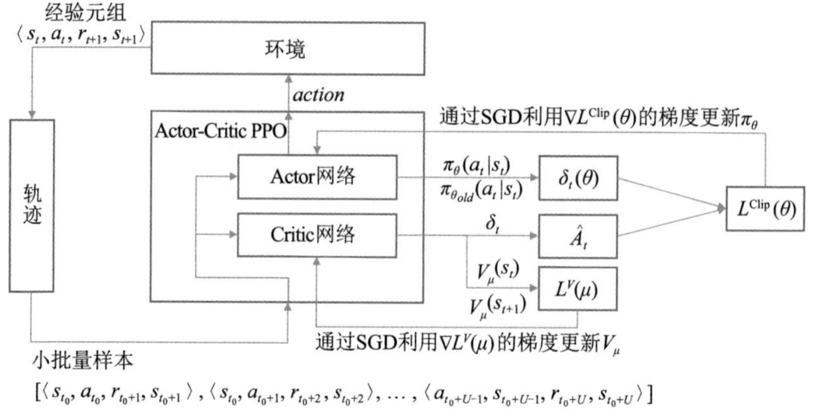

图 4-60　PPO 算法

Algorithm 2 PPO algorithm

for *iteration* $= 1, 2, \ldots$ **do**
　　for *actor* $= 1, 2, \ldots, N$ **do**
　　　　Run policy $\pi_{\theta_{old}}$ in environment for T time steps
　　　　Compute advantage estimates $\hat{A}_1, \ldots, \hat{A}_T$
　　end for
　　Optimize surrogate L wrt. θ, with K epochs and minibatch size $M \leq NT$
　　$\theta_{old} \leftarrow \theta$
end for

图 4-61　PPO 策略梯度方法

（6）MAPPO 算法

MAPPO 算法是一种多智能体强化学习算法，它扩展了单智能体 PPO 算法以适应多智能体环境。与 PPO 算法类似，它采用近端目标函数限制策略变化量，并引入截断重要性采样（Truncated Importance Sampling）技术来稳定学习过程，通过截断重要性比率来避免梯度爆炸，提升学习稳定性。该算法在多智能体环境中展现出较快的收敛速度与较好的稳定性，广泛应用于多智能体强化学习问题。山区应急供水装备至少包含四辆功能车辆，构成多智能体环境，集中式训练与分布式执行是解决合作问题的关键，因此适宜选用 MAPPO 算法作为基础算法。

4.4.3　多智能体路径规划算法设计

（1）算法结构与功能说明

算法总体结构分为环境与车辆数据导入、管线连接方案设计、各装备寻径就位、布管方案设计、输入数据可视化修改调试、算法结果可视化输出与外部平台连接等模块。核心参数设置项如图 4-62 所示。

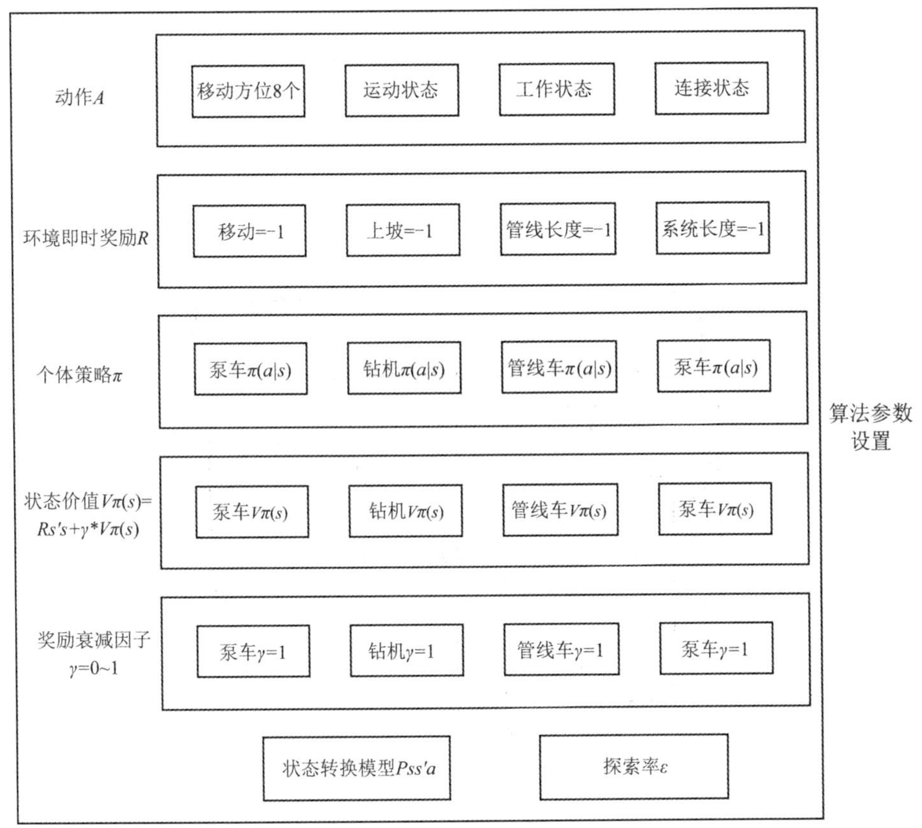

图 4-62　算法核心参数设置项

输入信息修改：算法中有各车辆的长、宽、转弯半径及越野能力的数据输入，所有建筑物（群）位置坐标、地表水源位置坐标和道路位置坐标从地面类型分割结果中获得，操作者可以自主修改它们的位置坐标或者在某一区域新建地面类型及坐标。

环境限制判定：根据车辆转弯半径和道路宽度判断该车辆能否通过路段；根据地面坡度判断该车辆能否通过或装备是否适合在此地工作（装备有工作坡度限制）；根据地面类型分割结果，在算法中对智能体的行动范围进行限制，以缩短算法收敛时间（比如需要寻径，只将道路区域作为智能体寻径范围，降低计算复杂度）。

装备工作位置判定：钻机位置与水源点位置一致；提水泵车位置满足

车辆工作坡度要求且空间满足车辆停放位置要求；蓄水池地面空间达 30 m^2 或 50 m^2，位置尽量靠近前端或后端连接装备，以缩短管线长度；泵站位置则需靠近提水泵车，以满足工作要求；环形管线铺设方案则与管线高程变化值有关，根据高程变化一次性选择移动泵站 1 位置和移动泵站 2 位置；树形布管的集散点位于末端管线最佳的三通管位置，其高程值应大于末端支管任意高程，且使管线总长度尽可能短。

（2）多智能体强化学习方法

多智能体强化学习（MARL）是一种解决多智能体环境下智能体间相互作用、博弈或合作问题的方法，相较于单智能体强化学习，涉及多智能体的策略学习与决策制定、应对动态交互环境，多智能体系统如图 4-63 所示。

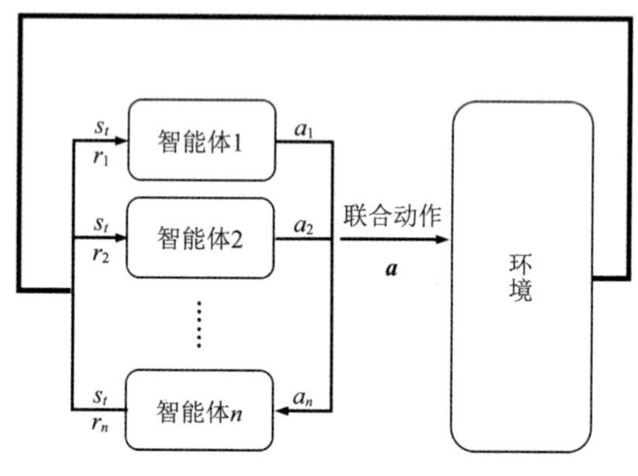

图 4-63　多智能体系统

在山区和边远灾区应急供水任务中，多智能体环境为完全合作环境，所有智能体目标一致，通过协作完成供水任务，每项任务需多个智能体共同执行特定动作，无冲突存在。在此框架下，智能体遵循完全合作的 MDP，如图 4-64 所示。

在山区和边远灾区应急供水任务中，智能体间可共享所有观测结果，并需通过有效通信与协调实现共同决策与任务执行。为此，集中式训练与分布式执行是解决完全合作任务的有效方式。在集中式训练中，所有智能体共享中心化的学习模型，通过观察团队行为与环境反馈更新模型，实现经验共享与全局优化。在分布式执行中，各智能体根据自身观测与个体奖励进行决策与行动，但仍需通信与协调以确保合作。为促进协作，奖励函数采用共享机制，当某智能体完成供水任务时，整个团队获得奖励，而非仅奖励个体，从而激励智能体合作，提升团队整体表现。

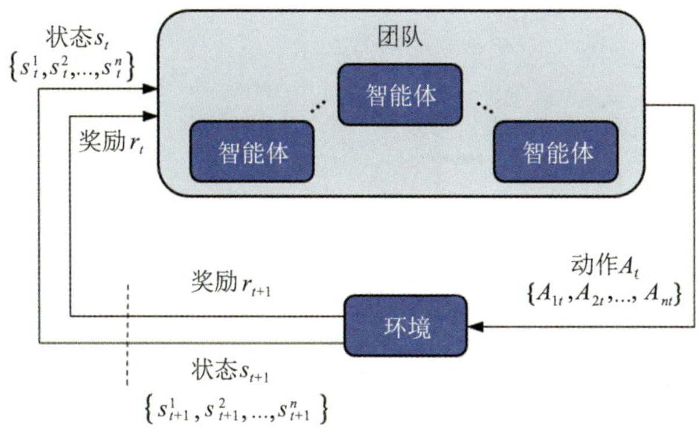

图 4-64　完全合作 MDP

MARL 的关键在于应对环境的非平稳性，即多智能体环境中策略交互导致的环境不稳定。智能体决策与行动可能引发环境变化，智能体需持续适应环境变化，且受其他智能体部分可观测性的影响，策略学习的复杂性增加。

（3）MAPPO 算法实现

MAPPO 算法在训练阶段将所有智能体信息集中到中央化的训练模型，捕捉智能体间的交互与合作信息。在每个训练步骤中，将各智能体的观测信息与其他智能体信息一同输入中央化的训练模型，以优化价值函数与策略梯度，提升协作效率。在执行阶段，各智能体使用自身策略进行决策与行动，仅基于自身观测信息操作。

在算法实现中，本研究采用并行化 Actor 进行采样。在传统强化学习中，智能体需在每个时间步都与环境进行交互以收集经验样本并更新策略，此串行采样过程因智能体之间需要等待而有大量空闲时间。为了解决此问题，本研究采用并行化技术，使各智能体并行与环境交互，显著提升了采样效率。MAPPO 因此能同时收集多智能体经验样本，充分利用计算资源，加速训练。

（4）算法适应与网络设计

采用 MAPPO 来解决山区和边远灾区应急供水系统路径规划问题。从实现层面来看，网络设计对算法性能影响显著。在状态设计中，因状态包含地图信息与离散信息，直接展平地图信息并与离散信息合并会导致输入特征维度过高，使计算复杂度增加并影响深度网络训练。为解决此问题，需对地图信息进行特征提取，通常使用卷积和池化实现，如图 4-65 所示。

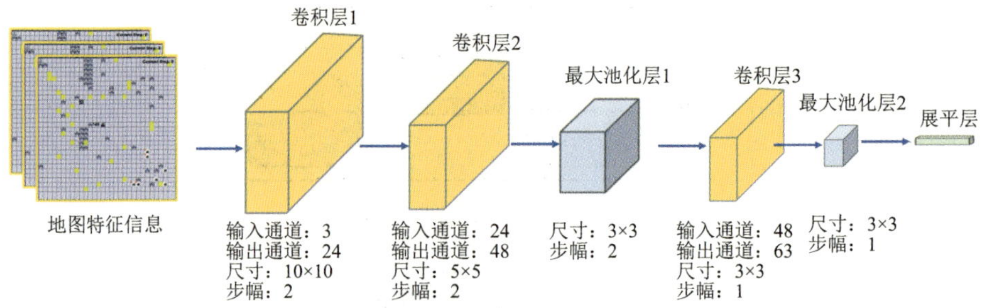

图 4-65　地图特征的编码器

卷积神经网络（Convolutional Neural Network，CNN）能有效提取图像特征。在处理山区和边远灾区应急供水系统路径规划的地图信息时，卷积层通过滑动卷积核在地图上提取局部特征，并传输至下一层做进一步处理。卷积核大小与数量可根据问题复杂度和训练数据特点进行调整。池化层采用最大池化方法，通过取各窗口最大值降低特征图维度，减少冗余信息并提升模型鲁棒性与计算效率。需注意的是，与监督学习不同，本研究未采用批标准化（Batch Normalization）或层标准化（Layer Normalization）。批标准化和层标准化虽能加速网络的收敛并提高模型的泛化能力，但在强化学习动态环境与非固定样本分布中可能导致训练不稳定或性能下降。因此，在山区和边远灾区应急供水系统路径规划问题中，本研究选择不使用批标准化或层标准化来训练深度网络，而是使用卷积与池化提取地图特征，并与离散信息合并，这样能够将地图信息维度降至合理范围，确保输入特征的维度不会过高并保留有效表示。

为提升网络性能并适应山区和边远灾区应急供水系统路径规划的时序依赖特性，本研究在网络中增加循环神经网络（Recurrent Neural Network，RNN）以提升算法对历史数据的记忆能力。同时，因环境动态性与角色连续操作，网络需记住过去状态与行动序列以优化决策。为此，将 RNN 作为卷积神经网络的一部分，用于处理序列数据。

RNN 作为具有循环连接的神经网络，可以在输入序列的每个时间步骤中保持一定的状态信息，并将其传递到下一个时间步骤。这种记忆机制在处理时序数据时非常有用。在山区和边远灾区应急供水问题中，将过去地图状态与操作序列作为输入，使 RNN 能够记忆过去的状态并在当前状态下做出更准确的预测。实际应用中，采用长短期记忆网络（LSTM）作为网络层的一部分，其结构如图 4-66 所示。通过神经元隐藏单元状态，LSTM 能够实现对输入数据的记忆功能。

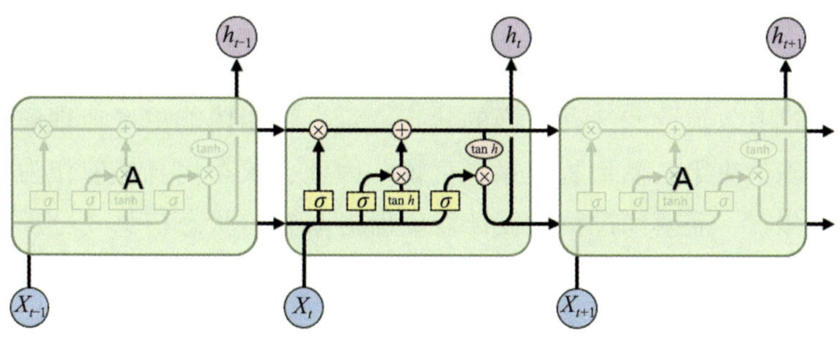

图 4-66　LSTM 单元

在山区和边远灾区应急供水问题中，本研究将地图状态和离散信息作为输入，提升算法解决问题的能力；通过结合卷积神经网络与循环神经网络，有效应对复杂地图任务，提升时序依赖性，提高模型性能与泛化能力。算法网络结构如图 4-67 所示。

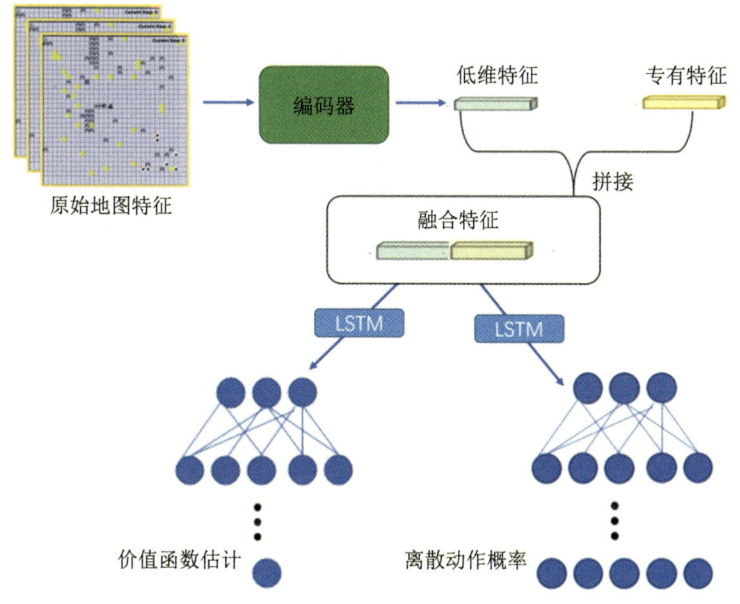

图 4-67　算法网络结构

4.4.4　基于 MAPPO 算法的多智能体路径规划系统设计

（1）状态设计

在强化学习中，状态信息提取涉及描述路径规划环境的全局与局部特征，状态空间定义为所有可能状态的集合。决策时，智能体需依据状态变量描述的系统局部与全局特征信息做出判断，这些变量是路径规划决策的关键，直接影响系统效率。因此，提取系统状态信息对优化路径规划至关重要。通过有效提取和选择适当的状态变量，智能体能更好地理解环境并做出更准确的决策，从而提高系统性能。因此，状态信息提取作为强化学习的关键步骤，需要经过精心设计以确保提取到的状态信息充分反映环境特征并支持智能体决策。

在多智能体问题中，状态设计的关键是平衡全局与局部信息。全局信息涵盖所有智能体的相关数据，局部信息关注个体特征和周围环境。在集中训练阶段，智能体通过经验数据更新全局策略或价值函数，良好的状态设计能够提供丰富的信息，帮助智能体理解环境和其他智能体状态，生成准确的行为与决策。此外，适当的状态设计还能使智能体观测到与决策相关的局部和全局特征，从而更好地适应环境与任务要求，直接影响集中训练效果。在分布式执行阶段，智能体依据集中训练的策略或价值函数在实际环境中决策和交互，状态设计决定智能体的感知与决策能力，影响分布式执行的效率与性能。同时，集中训练和分布式执行也会反过来影响状态设计。集中训练帮助智能体学习更全局和综合的状态表示，减少信息冗余。分布式执行让智能体在真实环境中获得反馈和经验，验证和调整状态设计的有效性。通过迭代集中训练和分布式执行，逐步改进和优化状态设计，智能体能适应复杂的多智能体环境。

在山区和边远灾区应急供水环境中，单个智能体的观察结果分为地图信息与离散信息两部分，如图 4-68 所示。地图信息为所有智能体共享，由形状为［3，10，10］的矩阵组成，从 30×30 环境中提取泵站位置、管道位置及有效管道位置 3 个不同类别信息。为区分不同类别对象，创建单独的特征图存储这些信息，对于单通道数据形式，当该位置存在相应的类别时设为 1，否则为 0。此编码类似独热编码（One-Hot Encoding），易于被神经网络识别。

地图状态信息设计反映了智能体所处环境的空间特征。例如，智能体在执行系统的策略时，泵站和管道的位置可以提供给智能体必要的空间位置信息，帮助智能体顺利执行当前的行动，使智能体本身能够规划出行动路径并影响智能体的决策。智能体自身位置信息用于确认位置，在路径规划与决策时需实时获取，因对所有智能体均有价值而设为共享信息，在

Actor 网络输出策略时作为各智能体的输入。Critic 网络需观测所有智能体的状态，因此地图信息作为共有部分仅保留一个，其余信息进行合并处理。

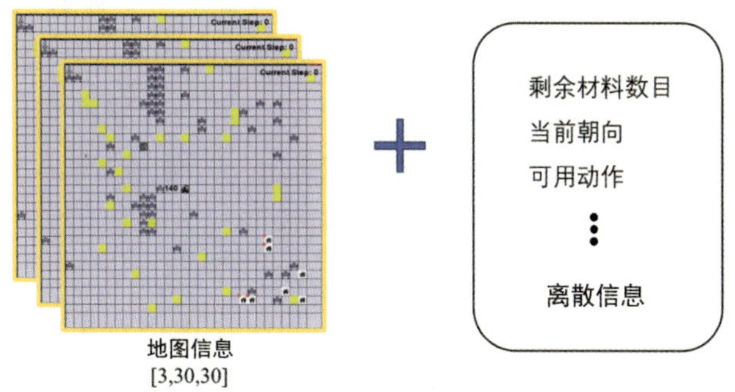

图 4-68　环境观察

离散信息包含单个智能体的状态，具体如表 4-10 所示。

表 4-10　智能体离散信息

观测变量名称	维度	类型
智能体是否可移动	1	Bool
智能体当前剩余材料	1	Float
智能体当前位置	2	Int
智能体当前朝向	4	Int
智能体允许动作	5	Bool
智能体与各房屋距离	7	Float
智能体周围有无管道	4	Bool
房屋是否被管道连通	1	Bool
有效管道最长距离	1	Float
各房屋有效管道距离	7	Float

将连续特征值转换到［0，1］范围内，统一比例和缩放标准，以便于神经网络理解与处理。地图位置坐标根据最大尺寸缩放转换为［0，1］范围内的数值。当前朝向状态采用独热编码转换为长度为 4 的二进制向量，其中只有一位代表当前的朝向是有效的，其他位则为零。离散特征（如动作选择、管道存在状态）以 0 和 1 表示，例如管道存在为 1，不存在为 0；连通性和有效管道距离特征亦用 0 和 1 表示（其中 0 表示没有，1 表示存在）。

这些转换后的特征作为观测变量输入神经网络，用于决策与路径规划。神经网络接收观测变量，生成基于当前环境状态的策略与动作。地图状态信息提供空间特征（泵站与管道位置、智能体位置及房屋连通状态），为决策提供必要的上下文信息，帮助神经网络理解环境布局并选择适当的行动。

综上，地图状态信息设计旨在提供智能体所处环境的空间特征（如泵站与管道位置、智能体位置及房屋连通状态），从而为决策提供必要的空间位置信息。离散观测变量经归一化处理后作为输入，以更好地适应神经网络训练，在行动规划与决策中起到关键作用。

从实现层面，为更好地进行数据组织，将地图信息先展平为一维并与离散信息合并，在网络前向传播阶段通过 split_vector 方法重组织数据。Numpy 矩阵展平与重组织遵循一定规则，具有可逆性。输入 Actor 网络的数据被函数拆分为地图信息 x1 与离散信息 x2；输入 Critic 网络的数据则通过 split_vector_critic 函数进行拆分，仅保留一份地图信息并合并其他离散信息。处理好的信息被拆分为 x1 与 x2 两部分，其中 x1 经 CNN 提取特征后与离散信息合并，再输入后续网络层。

（2）动作空间设计

多智能体动作空间设计为各智能体定义适当的动作范围，以帮助其有效做出决策与行动。设计考虑智能体目标、动作类型、动作空间维度、动作约束、协作与竞争以及学习和适应性等方面。设计通过确定动作类型、维度和约束，确保智能体可以执行合理的行动，并考虑协作与竞争的交互作用，使智能体能够做出适当的决策。此外，为提高学习和适应能力，动作空间的设计应允许智能体在环境交互中进行探索和优化。因此，多智能体动作空间的设计需要综合考虑多个因素，以促进智能体系统的高效运行。

在山区和边远灾区应急供水场景中，每个智能体都有相同的动作空间设计，包括上、下、左、右和交互（钻井、启动、下泵、铺管）五个离散动作。动作表达格式为［向 X 方向走，向 Y 方向走］，具体动作与动作表示如表 4-11 所示。

表 4-11　动作与动作表示

动作	左	右	上	下	交互
动作表示	[−1，0]	[1，0]	[0，1]	[0，−1]	INTERACT

根据上述分析，单个智能体动作空间为 5。本研究调用 Gym 库的离散空

间设置智能体的动作空间，网络设计中输出头为 5 个节点，分别对应每个动作执行的概率值。在采样与训练阶段，智能体根据这些概率值进行采样动作或输出最大概率动作。

（3）奖励设计

在山区和边远灾区应急供水环境中，各智能体拥有独立奖励，且同一智能体可能因行动不同而奖励不同，因为每个智能体的行动会影响环境状态的变化，从而影响其他智能体的行动，因此需分别计算各智能体行动的奖励。奖励函数设计需考虑环境复杂性与智能体目标。在山区和边远灾区应急供水环境中，智能体的主要目标是通过水管与泵站将水源送至房屋完成供水。因此，奖励函数应对正确完成供水的智能体给予正向奖励，但只设置单一目标将使得奖励变得十分稀疏，导致任务难以学习。

为了进一步设置更多可能的奖励，以更好地引导智能体，本研究还设置了一些中间奖励，具体如下：对于钻机车和提水泵车，计算智能体当前位置到水源的距离 cur_pos。如果当前位置比上一次位置更接近水源，奖励值增加 0.005。对于水泵站车的智能体，获取智能体剩余的材料数量 materials_left。如果智能体的位置与水源位置的水平和垂直距离都小于 8，奖励值增加 0.001。如果上一次材料数量 self. last_material[agent_name]大于当前材料数量 materials_left，说明智能体使用了材料，奖励值增加 0.1。如果智能体的材料数量为 0，同时仍然有未满足需求的用户存在且 self. reward_flag[i]为 True，奖励值增加 0.5，并将 self. reward_flag[i]设置为 0，表示任务已经被奖励。对于管道车智能体，获取智能体剩余的材料数量 materials_left。调用其他函数获取管道地图的特征 map_feature_path 和智能体当前位置的周围区域信息 island_get。如果 island_get 的长度为 1 且地图上还有其他管道存在，奖励值减少 0.005。对于每个用户的位置 house，如果用户的需求已满足且 self. supply_reward_flag[j]为 True，奖励值增加 0.5，并将 self. supply_reward_flag[j]设置为 0，表示任务已经被奖励。对于用户周围的位置 surrond_pos，如果智能体的行动为 0 且智能体当前位置在用户周围，并且 self. house_pipe_flag[j]为 True，奖励值增加 0.05。

此外，调用其他函数获取最新的管道距离 update_pipe_near，奖励值增加。调用其他函数获取管道连接长度 pipe_connection_length：如果某个用户的管道连接长度小于 40 且 self. pipe_length_flag[house_id][0]为 True，奖励值增加 0.01；如果某个用户的管道连接长度小于 30 且 self. pipe_length_flag [house_id][1]为 True，奖励值增加 0.03；如果某个用户的管道连接长度小于 20 且 self.pipe_length_flag[house_id][2]为 True，奖励值增加 0.06；如果某个用户的管道连接长度小于 10 且 self.pipe_length_flag[house_id][3]为 True，奖励值增加 0.1。如果所有用户的需求都已满足且 self.connect_home_flag 为 True，奖励值增加 0.5，并将 self.connect_home_flag 设置为 0，表示任务已经被奖励。如果所有用户的需求和供应都已满足且 self.reward_flag[i]为 True，奖励值增加 0.5，并将 self.reward_flag[i]设置为 0，表示任务已经被奖励。需要说明的是，设置 flag 的目的是只让智能体获取单次奖励，以防止其重复“刷分”。

4.4.5 实验仿真

（1）实验设置

实验任务目标为控制地图中四个智能体按步骤处理并连接管路，最终将管路置于供水点，地图大小为 30×30，如图 4-69 所示。浅紫色区域为可移动区域，地图设转向阈值与坡度限制，钻车越障能力较弱，其他三辆车越障能力相同。地图图标包括地下水源、应急供水系统集结地、钻机、供水房屋、障碍物、管网、越野型管线作业车、泵站、越野型泵站车、地表水源和提水泵车，具体图标如图 4-70 所示。

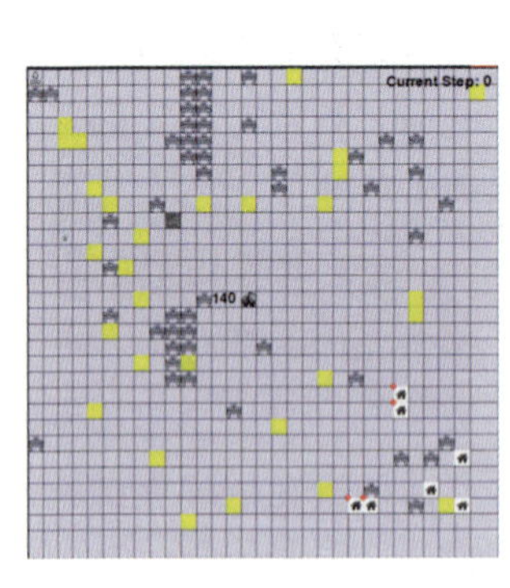

图 4-69 环境可视化

图 4-70 环境图标

执行过程中，钻机智能体首先到达水源处执行钻井命令，生成地下水源，随后提水泵车移动至地下水源附近进行抽水，越野型管线作业车铺设管线以连接水源与供水点，越野型泵站车在途中放置泵站。

任务的详细参数设置如表 4-12 所示。

表 4-12　任务的详细参数设置

设置项目	设置值	设置项目	设置值
地图大小	30×30	障碍数量	50
智能体数量	4	越野型管线作业车管线总数目	140
供水点数量	7	越野型泵站车车载泵数量	2
房屋生成范围	*X*:[20,29], *Y*:[20, 29]	智能体间碰撞	是

本设计基于 Python 环境，主要利用 NumPy、Pygame 和 Gym 三个库。NumPy 库创建地图网格并作为二维数组，每个单元表示网格上的一个位置。numpy. zeros( ) 函数初始化网格为零，表示每个单元格为空。Pygame 库创建可视化界面并在网格上绘制智能体和障碍物。pygame. init （ ） 函数初始化 Pygame 库，pygame. display. set_mode( ) 函数创建窗口。pygame. Surface 类创建背景表面，使用 pygame. display. update( ) 函数在窗口上绘制。Gym 库实现强化学习界面的设置。

（2） 超参数设置

在强化学习（RL）中，超参数为用户手动设置的参数，不是从数据中学习的参数，用于控制学习算法的行为。实验超参数设置如表 4-13 所示。

表 4-13　超参数设置

设置项目	价值设定	设置项目	价值设定
n_training_threads	10	value_loss_coef	0. 5
n_rollout_threads	8	use_max_grad_norm	True
lr	1e−4	gamma	0. 99
ppo_epoch	3	max_episode	1000
entropy_coef	0. 01		

在 MAPPO 算法中，超参数的设置对算法的性能和稳定性有很大的影响。n_training_threads 表示用于训练的线程数，数字大小通常由计算机的 CPU 核心数量决定，设置为 10 意味着在多线程的环境下并行地训练 10 个智能体。n_rollout_threads 表示执行 rollout 的线程数，即在环境中模拟智能体的运行情况，收集样本数据，这里设置为 8，通常设置为小于 n_training_threads 的数值。lr 表示学习率，在优化算法中控制参数更新速度，这里设置为 1e−4，表示每次参数更新时，参数的变化量为 0. 0001。ppo_epoch 表示在

每个训练周期中执行 PPO 算法的次数（PPO 是一种基于比例约束的策略梯度算法，通过控制目标策略和参考策略之间的 KL 散度来进行优化），这里设置为 3，意味着在每个训练周期中执行三次 PPO 算法。熵值权重 entropy_coef 表示策略的熵值，为衡量策略不确定性的指标。设置一个较小的熵值权重可以促进智能体的探索行为，这里设置为 0.01。损失值系数 value_loss_coef 表示 PPO 算法中的损失函数系数。PPO 算法的目标是最大化策略的预期累积奖励，同时还要最小化目标策略和参考策略之间的 KL 散度。损失函数系数指定了这两个目标之间的平衡点，这里设置为 0.5。use_max_grad_norm 表示是否使用最大梯度规范来限制梯度的大小。这个超参数的设置可以防止梯度爆炸的情况，即梯度过大导致的数值不稳定，这里设置为 True。gamma 表示折扣因子，即对未来奖励的折扣系数。这个超参数的设置对于控制智能体的长期决策非常重要，这里设置为 0.99。幕最大步数 max_episode 表示在每个幕（episode）中智能体最多能够执行的步数。这个超参数的设置可以避免环境的无限循环和资源浪费，这里设置为 1000。

（3）仿真与可视化实现

基于上述超参数进行智能体训练，每次采样包含 10 个过程，每次采样 10 个情节，随后更新一次，结果如图 4-71 所示。从奖励曲线可以看出，智能体可以很好地完成训练过程。在训练的早期阶段，智能体的策略水平迅速提高，进入中期阶段后，提高的速度减慢，最终随着训练的进展，逐渐收敛并趋于稳定。

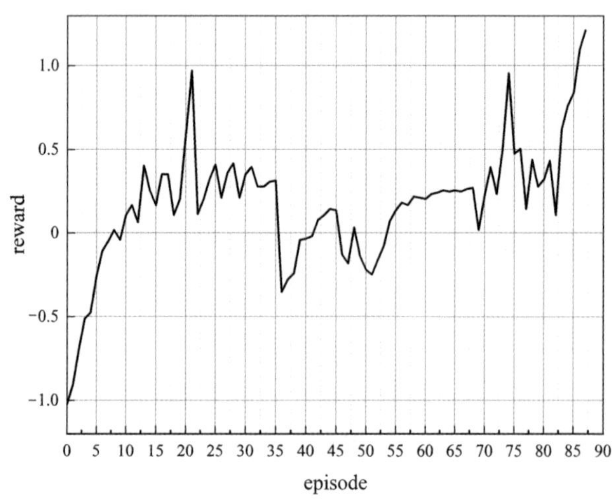

图 4-71　加入 LSTM 网络的训练奖励结果

进行对比测试，即把 LSTM 从网络中移除，在其他条件不变的情况下与原网络对比，结果如图 4-72 所示。

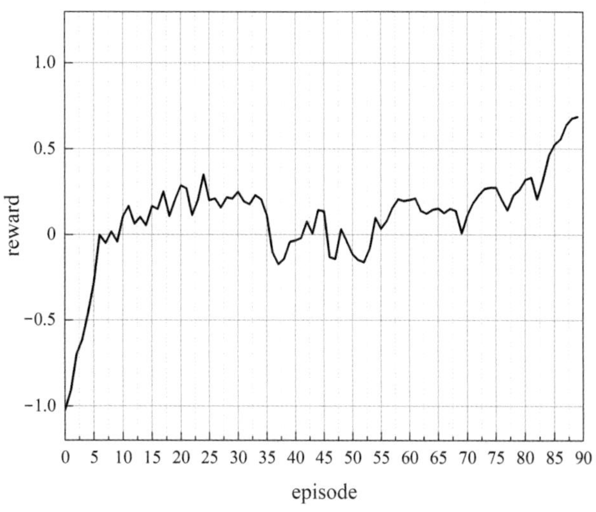

图 4-72　移除 LSTM 网络的训练奖励结果

从曲线可以看出，无 LSTM 的 PPO 在预训练期仍能进行一定程度的策略提升，但收敛水平不如有 LSTM 的 PPO，表明 LSTM 可增强网络性能，尤其是记忆能力对算法的训练和策略的提升有很大的作用。

可视化智能体的任务完成情况如图 4-73 所示。从图中可以看出，四个智能体通过协作完成了从地下水源位置铺设管道至供水点的任务。钻机与提水泵车智能体顺利完成各自任务，未出现无效动作。根据图 4-73（a）的可视化结果，越野型泵站车智能体按顺序放置泵站，但泵站位置较近，泵站作用失效，说明地图复杂度较高时，由于地表信息过多，智能体的选择限制较小，行动过于灵活，因此整个规划过程时间过长，反馈无法及时体现在泵站车的动作控制中。越野型管线作业车智能体在前半段的路径和铺管中偶尔会出现无效动作，但是基本完成了工作任务；在末端供水点的管线铺设中，右上区域出现了完全无效的铺管动作，部分区域出现铺管浪费的现象，说明越野型管线作业车智能体也无法将规划时间过长的反馈及时体现在动作控制中，浪费了管道材料。图 4-73（b）中，越野型管线作业车智能体在遇到地形限制时出现碰壁情况，并且在部分工作路径上出现同样的浪费管道材料的行为。从任务完成情况看，虽然四个智能体通过协作完成了供水任务，但受到过多、过杂的地图信息干扰，导致一些反馈难以及时对智能体的行为进行调整，部分区域出现了浪费管道材料及路径非最短的情况。从供水任务整个规划流程看，四个智能体协作给出了近似的全局最优解，表明该规划方法有效，但仍需进行信息简化，说明图像分割模型对系统完成路径规划任务是必要的。

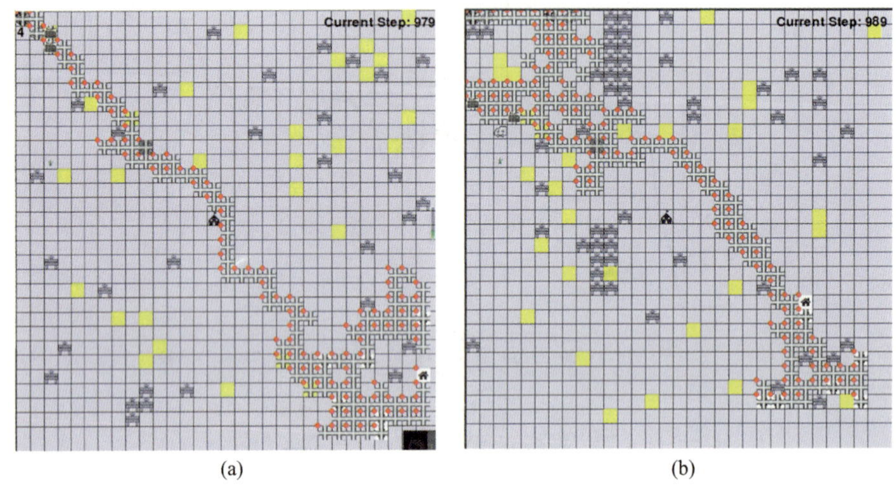

(a) (b)

图 4-73　可视化结果

4.4.6　山区应急供水装备路径规划系统改进

路径规划系统输入矩阵直接受图像质量的影响，而基于 MAPPO 算法设计的路径规划系统无法灵活调整输入矩阵，当反馈图像质量超出矩阵限制时，系统无法输出完整的路径规划结果。本小节结合优化后的 Mask2Former 图像分割模型对山区和边远灾区应急供水装备路径规划系统进行改进，将地物信息输出结果和路径规划结果相结合，避免单一路径规划算法在受到环境影响时结果波动较大。

（1）系统优化

通过对应急供水系统的路径规划模拟实验发现，智能体虽能有效完成训练并协作完成从地下水源位置铺设管道至供水点的任务，但路径规划系统仍存在不足。首先，系统缺乏灵活调整地图的能力，图像输入要求为 30×30，当图像输入为 50×50 时会导致矩阵输入前后不一致。系统输入层对图像长与宽的比例要求是 1∶1，然而在应急救援场景中，无人机反馈的灾害现场图像的长宽比大多不为 1，因此输入层会对图像进行缩放处理，这会导致部分地物信息失真，对路径规划结果和实际使用造成不可接受的结果。其次，系统未包含地表水源点及蓄水池相关设施与管线，且供水点数量优化困难，导致输入矩阵前后不一致与特征维度不协调。最后，系统的可视化程度并不能满足应急救援场景下的使用要求。虽然系统进行了遥感图像地物分割模型轻量化改进，具备了应急救援场景地物分割的能力，但是模型的地物分割结果无法直接应用到路径规划系统中，导致在路径规划系统可视化输出中无法实现图上作业，输出结果不够直观，难以满足应急救援场景下的使用要求。

针对路径规划系统存在的不足，利用 Mask2Former 图像分割模型进行改进。利用 Mask2Former 识别图像上给定区域并标记为可通行和不可通行的区域。将标记结果应用于另一图像，使用 MAPPO 算法规划两随机选择的可通行区域之间的路径。具体来说，为区分黑色与非黑色区域，加载 RGB 图像并转换为灰度格式，再进行二值化处理，将非黑色区域标记为 1（白色），黑色区域标记为 0，并采用自适应阈值处理。加载第二张图像，确保两张图像尺寸一致，将二值化处理图像应用到第二张图像上。从二值化处理图像中选取两个白色像素点分别作为起点和终点，使用 MAPPO 算法找到这两点之间的最短路径，且路径仅经过白色（可通行）区域，在第二张图像上绘制出路径结果（图 4-74）。

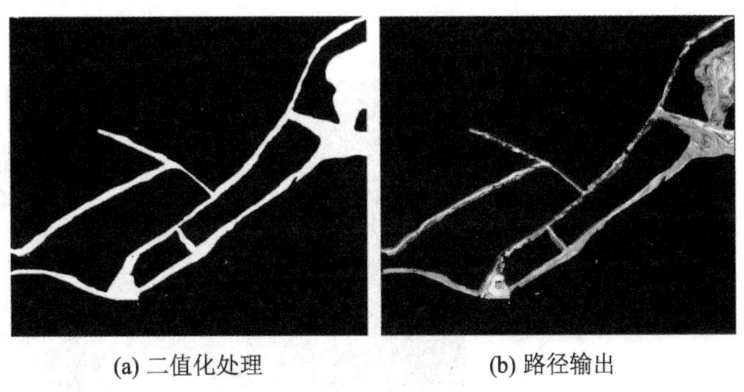

(a) 二值化处理　　(b) 路径输出

图 4-74　图像处理

通过上述步骤，在一张图像上标识可通行与不可通行区域，并应用于另一张图像，则在原始图像上可显示两点间可通行路径规划结果。本方法假定图像中的黑色区域为不可通行的区域，若不可通行区域为非纯黑色，则需调整阈值。为获得最佳处理效果，需确保两张图像尺寸一致或适当调整比例参数。实际应用中，还需考虑图像噪声、光照变化等可能影响可通行区域识别效果的因素，如图 4-75 所示。

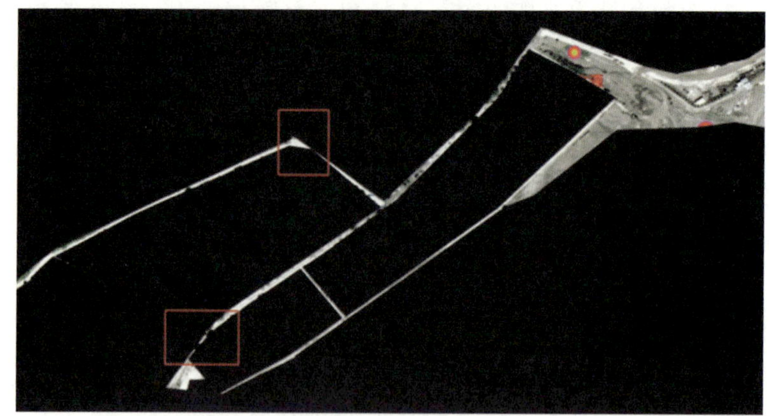

图 4-75 图像噪声

(2) 图形用户界面设计

图形用户界面（GUI）设计基于 PyQt5 库创建，利用 main_function. func 函数生成动态图。用户运行程序后显示主窗口，提供以下功能：选择背景图用于加载遥感图像；输入坐标用于添加地理勘探信息辅助决策；绘图参数与缩放因子用于调整精准度；消息框函数用于信息反馈并生成动态图，用户点击“制作动图”按钮，系统根据输入参数生成动态图并显示于 GUI 右侧。

(3) 仿真模拟

根据遥感图像加载要求，标准化处理图像，将图像调整为可以用地图相对坐标来表示对应地点的水平，精细化为 250×250，以满足后续的使用标识要求，如图 4-76 所示。

图 4-76 图像标准化输入

使用改进后的路径规划系统对输入图像应用路径规划算法进行处理，结果如图 4-77 所示。

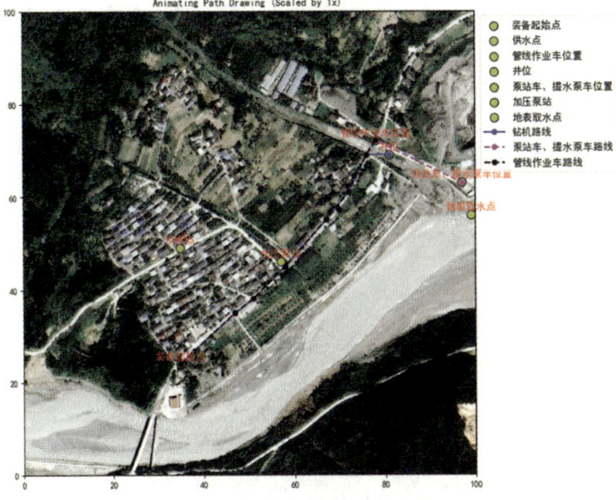

(a) 路径规划结果

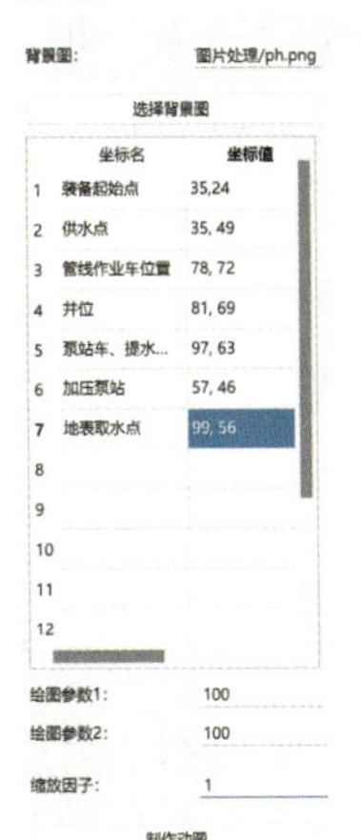

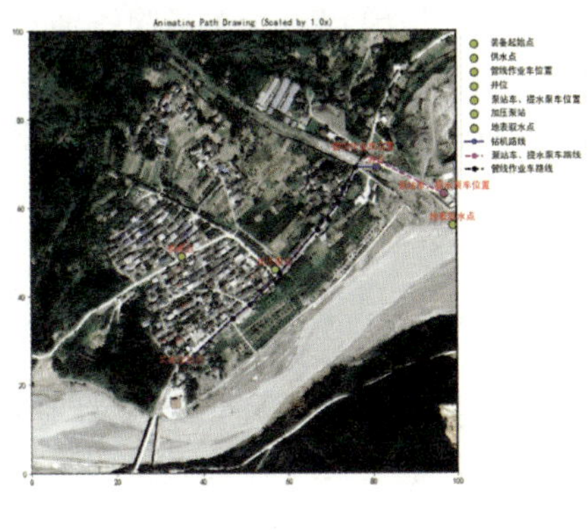

(b) 整体界面效果

图 4-77　仿真结果

第 5 章　应急供水一体化平台设计开发与集成

5.1　不同灾害场景下的应急供水救援模式

本节依据地震、地质及水旱灾害的自然特征，预先规划适当、可行且灵活的应急供水救援模式，并在实验室通过模拟仿真分析其可行性，确定最优方案。随后在示范场地实地演练，检验装备在不同灾害场景下的功能作业性、运维保障性、安全防护性、环境适应性及人机适应性，同时验证方案在实践应用中的成熟度。应急供水系统应用示意图如图 5-1 所示。

5.1.1　地震灾害场景下的应急供水救援模式

地震灾害会造成建筑物大面积倒塌，水厂净水构筑物、高位水池及水塔等分散式供水和小型集中式供水设备受损，饮用水井井壁坍塌、井管断裂或错位，丧失净水与供水能力；污水处理厂、排污管道及化学原料库等损毁，致使大量污染物进入水体，污染水源；地下水位发生变化，深井水受到浅层水或地面水渗透污染。

地震发生后，应急供水装备按指示迅速到达现场，快速部署并展开救援。地震灾害场景下的应急供水救援模式如图 5-2 所示。

应急供水救援系统主要由找水、打井、提水、净水输水及指挥管控团队组成，具体救援过程如下。

找水团队携无人机多传感器平台、移动通信与数据中心、空中通信保障平台及操作终端赶赴灾害现场，检查当地网络通信设施。若通信设施未被破坏，则可利用现有移动网络通信；若通信设施已遭到破坏，则现场架设无线基站、天线及其他相关网络设备，快速组建无线 MESH 网络。随后确定无人机大致飞行区域，勘察地形，采集数据并进行分析，以确定地下和地表水源位置并评估水量。

图 5-1　应急供水系统应用示意图

发现可满足供水需求的地表水源时，指挥管控团队将找水团队提供的地表水源点定位发送至净水输水团队，净水输水团队赴水源点位进行地表水取样并利用便携式水质快速检测仪检验水样是否符合饮用水标准［参考标准：《生活饮用水卫生标准》（GB 5749—2022）、《生活饮用水标准检验方法》（GB/T 5750—2023）］的规定。若符合，则采用“地表水源”供水模式（找水—提水—输水—净水）；若不符合，则采用“地下水源”供水模式

（找水—成井—提水—输水—净水）。

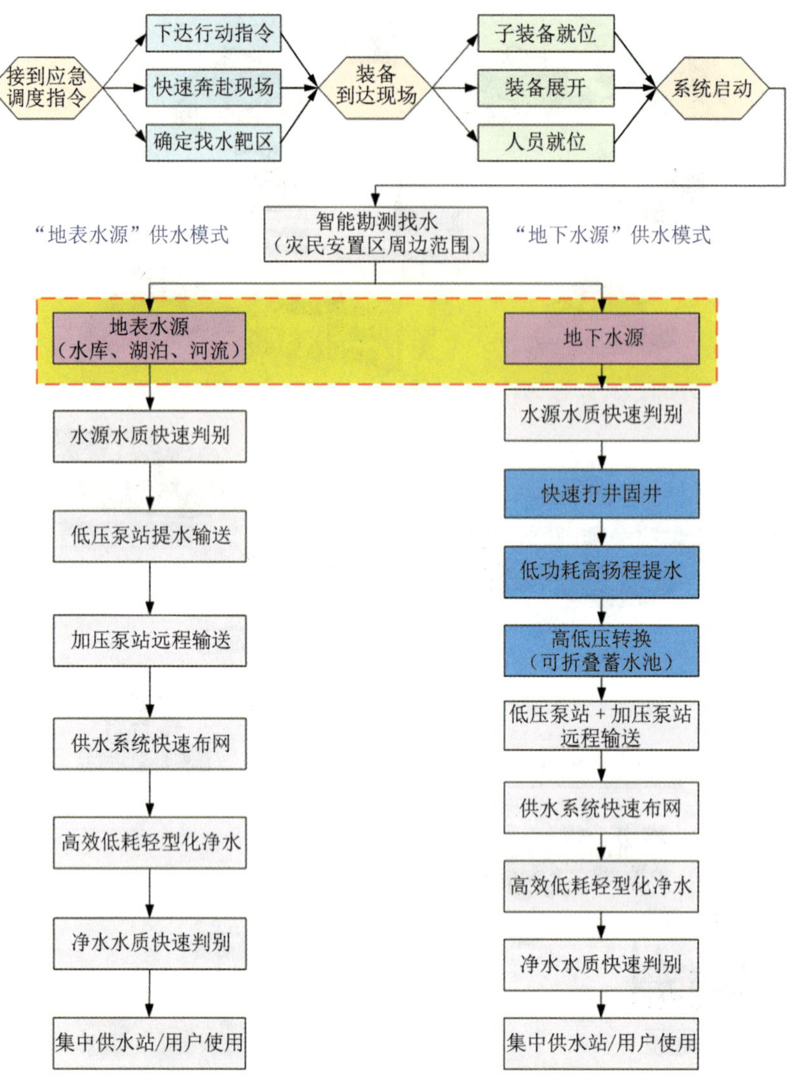

图 5-2　地震灾害场景下的应急供水救援模式

指挥管控团队根据实际情况做出相应的决策，并以指令的形式发送至每个团队。

其中，“地下水源”供水模式操作流程如下：

① 通过应急通信指挥系统整体调度，协调各装备及人员入场就位。

② 找水团队通过智能勘测与快速分析系统寻找灾害现场周围水源，若无合适地表水源可用，则采用“地下水源”供水模式。

③ 探测到地下水源后，取样并利用便携式水质快速检测仪判别水源水质。

④ 打井团队通过液压快速随钻成井钻机快速打井固井并成井。

⑤ 提水团队通过移动式智能高压泵送系统实现低功耗高扬程提水，并运送到可折叠蓄水池进行高低压缓冲和蓄水。

⑥ 净水输水团队通过越野型泵站车进行低压泵站提水输送和加压泵站远程输送。

⑦ 净水输水团队通过越野型管线作业车实现供水系统快速布网（在确定水源位置和井位分布后，此步骤可与其他流程同步进行）。

⑧ 净水输水团队通过空投便携式净水装置实现高效低耗轻型化净水。

⑨ 净水输水团队通过便携式水质快速检测仪快速判断水样是否达到饮用水标准。若已达标，则输送到用户或集中供水站使用；若不达标，则返回步骤⑧继续净水。

“地表水源”供水模式与“地下水源”供水模式的不同之处在于其直接从水库、湖泊、河流等“地表水源”取水，不用打井操作。因此，若采用“地表水源”供水救援，则打井团队的液压快速随钻成井钻机、提水团队的移动式智能高压泵送系统原地待命备用，其他操作流程与“地下水源”供水模式相同。

5.1.2　地质灾害场景下的应急供水救援模式

滑坡、泥石流、洪涝等地质灾害会导致取水口受损、自来水厂被淹、供水设施及输配水系统被破坏。洪水冲刷地表或厕所，将人畜粪便、垃圾及动物尸体带入水体，造成水源致病微生物污染；地面泥沙与树木随洪水混入，造成水质浑浊度增加，感官性状恶化；城市内涝淹没存放有毒有害化学品的仓库厂房等，造成水源有毒有害化学物质污染。

对滑坡、泥石流、洪涝等地质灾害，应先利用智能勘测与快速分析系统探测周边水源，若地表水源无污染且水量充足，则采用“地表水源”供水模式；若地表水源被污染或水量不足，则采用“地下水源”供水模式，具体救援模式和操作流程参照地震灾害场景。

5.1.3　水旱灾害场景下的应急供水救援模式

长期干旱缺水导致供水系统因使用频率降低而受损，取水口或储水设施因水位下降而不能取水；由于上游地表径流量减小，因此河流自净能力大大降低，矿化度增加，水体污染加重；湖泊、水库等易富营养化。旱灾场景下由于地表水源水量匮乏，因此主要通过智能勘测与快速分析系统勘测现场周边地下水源，依靠“地下水源”供水模式进行应急供水；水灾场景下，在进行救援之前，需要判别地表水源是否充足，具体救援模式和操作流程同地震灾害场景。

与地震和地质灾害场景方案不同的是，水旱灾害场景下当地供水系统并未被完全破坏，指挥部首先应派专业维修人员对当地供水系统进行维护、检修与消毒，然后将提水团队所提水接入当地管网，并在各个供水点串联两个净水装置，以确保产水水质符合《生活饮用水卫生标准》的规定，保证居民饮用水安全。

5.2 应急供水装备智能管控策略研究

应急供水装备是多装备多功能集成、多任务协同并行交错的复杂装备，为了实现对找水—提水—输水—净水全流程的智能化整体管控，指挥、协调、调度各任务应有条不紊地进行。首先，针对多功能集成的装备体系，研究并制定智能化的任务决策调度策略，以保证各项任务在不冲突、高效率的情况下有序执行。其次，通过智能感知技术，实时监测灾害现场的水源、水质和环境信息，以支持智能决策。最后，在任务执行过程中，通过实时数据反馈智能调整装备的工作状态和运行参数，提高其适应性和响应速度。此外，还要不断优化管控策略以适应不同灾害场景的需求变化，提升灾害应急响应的水平。

5.2.1 任务智能管控调度策略研究

救援开始后，多任务并行交替，因此需要一套清晰的管控策略。即预估每项任务持续的时间，各项任务在时间上是否相互约束（某一任务必须待另一任务完成才能开展），以此得到一个完整的任务时间序列（图 5-3），从而研究任务智能管控调度策略。首先，该策略根据任务的优先级、紧急程度等指标对任务进行排序，以确保高优先级、紧急任务能够得到及时响应。然后，基于任务的时空特性，采用动态调整的方式，实时优化任务执行顺序，使整体救援过程更具灵活性和高效性。在管控调度中，还应考虑到资源分配和装备利用效率，通过智能算法避免资源浪费和使用冲突。

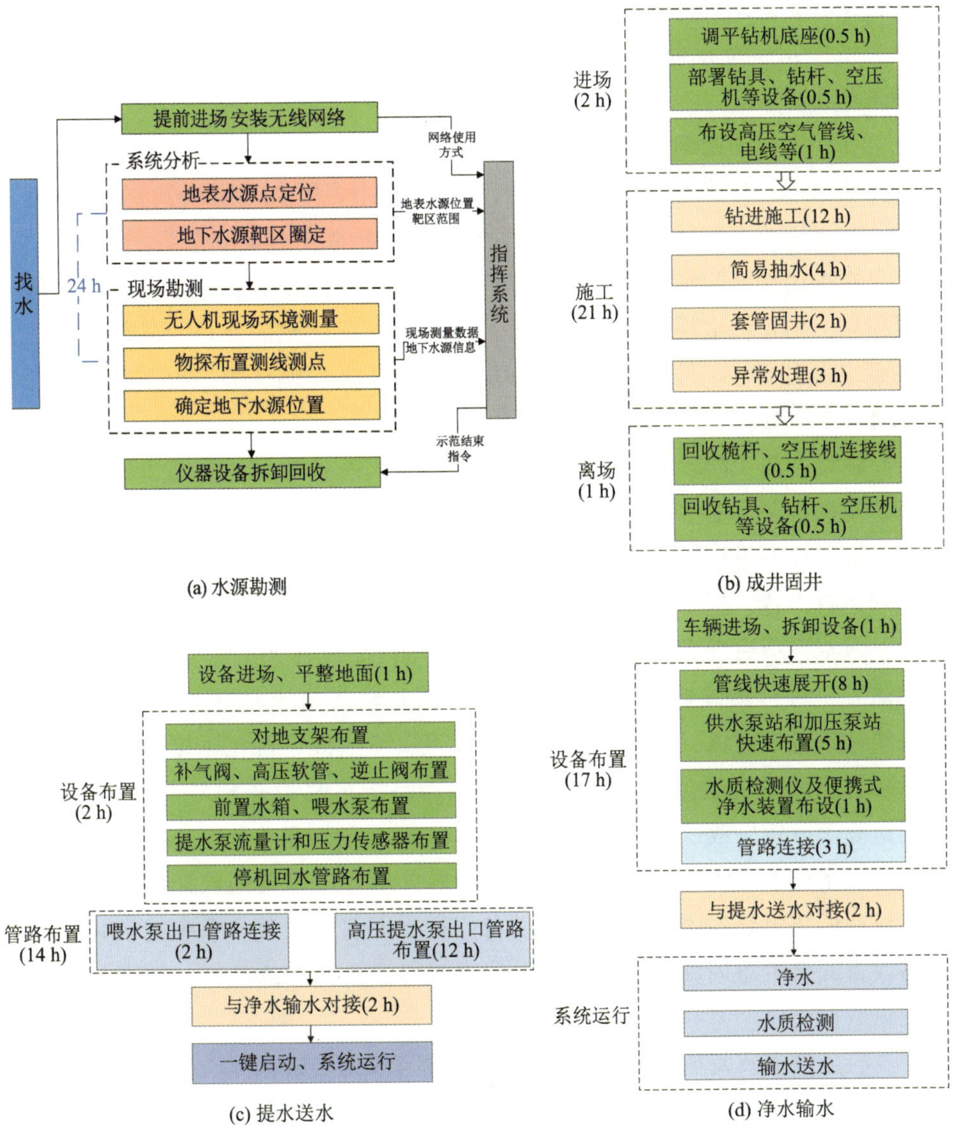

(a) 水源勘测　(b) 成井固井　(c) 提水送水　(d) 净水输水

图 5-3　任务时间序列

5.2.2　应急供水装备现场数据采集

通过对各子任务发送来的实时数据统计和可视化展示，运维管控人员可实时了解各团队的部署情况、系统运行过程中各个关键装备的运行状况及告警状态等，卡片式展示最新告警信息和动态曲线；实时监测服务可展示详细状态信息，如子任务执行健康度、现场工作状态视频流信息等。本研究将任务分为五个阶段：水源确定—进场部署—设备施工—系统供水—设备退场。

在任务启动初期，系统接收并整合找水团队提供的水文地质信息和遥感图像数据，智能分析目标区域的水源分布和可采性，判断可行的供水模式（如地下水开采或地表水引流），为后续部署提供决策依据。

在进场部署阶段，系统通过定位功能采集各作业团队和装备的实时位置信息，结合供水模式和地形特征，自动生成最优部署点位。各作业团队在系统指引下有序进场，系统按照预设时间节点协调任务进度，逐一下发部署指令，确保各作业单元精准落位、快速展开。

在设备施工阶段，系统实时监测各类施工设备的运行状态，如成井设备、高扬程泵、输水管线安装单元等。通过数据采集与可视化界面，系统动态展示作业进度和设备健康状态，出现异常时自动告警，支持运维人员调取运行声音、振动、温度等多源数据进行初步诊断。

供水系统启动后，平台对核心装备的运行参数（如流量、压力、温度、电流等）进行持续监测，通过卡片式告警和动态曲线分析支持运维判断。系统还支持视频流接入，实时呈现场景，保障远程可视化运维。同时具备远程智能诊断功能，在出现复杂故障时，系统可将设备信号上传至云端，通过算法分析生成诊断报告和处理建议。

供水任务完成后，系统根据作业计划自动安排设备撤收顺序。通过任务调度模块引导各团队逐项完成设备停运、拆解和装载。系统记录并归档各设备的全生命周期运行数据，形成运维日志，为后续使用、调度与优化提供数据支撑。

应急供水装备现场数据采集系统整体框架如图 5-4 所示，其由多个高内聚、低耦合模块协调构成，采用成熟通信协议确保数据可靠流通，数据来源与类型如表 5-1 至表 5-4 所示。装备数据在相应监测节点进行采集与预处理，生成设备健康评估结果与关键信号数据，分别通过 MQTT 和 FTP 协议完成传输，现场视频流数据经 RTMP 协议传输至视频流服务器，来自核心装备的 SCADA 系统数据由采集系统接入服务器存入数据库，各类数据可经交换机与防火墙上传至云端进行存储与计算。阿里云部署有前端、后端及数据库服务器，运维人员可通过智能设备远程访问。邮件收发由现场服务器与阿里云部署的后端服务器进行交互，以提升系统稳定性并降低成本。

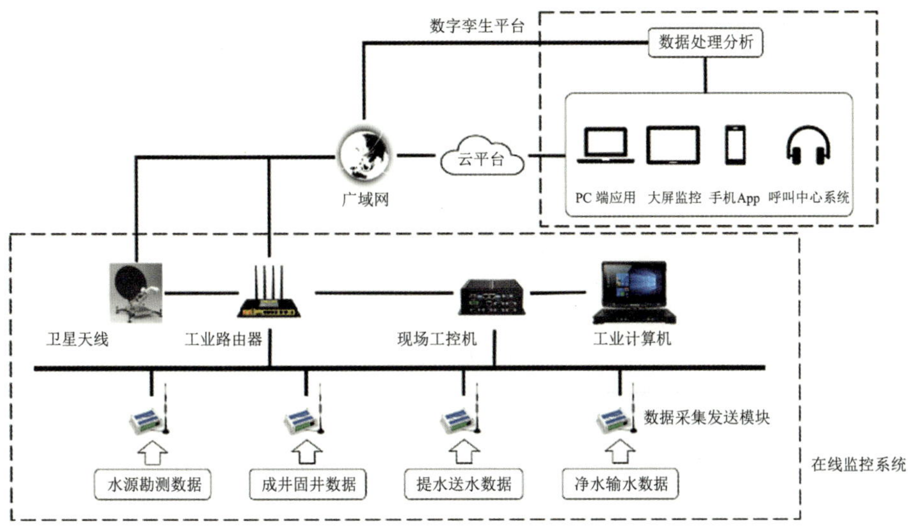

图 5-4　应急供水装备现场数据采集系统整体框架

表 5-1　找水团队数据采集信息表

序号	操作步骤	数据
1	安装无线网络设备，调试设备参数	网络使用方式
2	综合应急水源决策系统分析地表水体信息，确定地表水源位置	地表水源位置
3	根据水文地质基础信息快速智能查询系统提供的区域水文地质信息，确定地下水靶区范围	地下水靶区范围
4	利用无人机获取现场测量数据	温度、湿度、气压及无人机视频影像和地物分类的矢量结果
5	水井快速定井和动态监测系统现场布置测线，获取物探反演图像	—
6	解译物探反演图像，确定地下水源位置、预估成井深度、获取井位风险评估参数	地下水源位置、成井预估深度
7	收到示范结束指令，开展仪器设备拆卸回收工作，检查并完善相关记录表格	—

表 5-2 打井团队数据采集信息表

序号	操作步骤	数据
1	设备进场	车辆是否到达指定位置
2	钻进施工，监测钻机实时状态	钻进深度、液压压力、流量及其他运行参数
3	钻进出水后简易抽水，测试水质	水质检测结果
4	套管固井或膨胀固井	固井质量（是否合格）及水泥泵参数
5	监测系统运行状态，处理各类异常	有无（何种）异常及异常处理结果（已处理或未处理）
6	离场	设备是否回收完毕

表 5-3 提水团队数据采集信息表

序号	操作步骤	数据
1	设备进场，平整地面	车辆是否到达指定位置
2	设备布置	布置完毕与否
3	管路布置	布置完毕与否
4	与打井团队对接	对接完毕与否
5	一键启动设备，全方位监测系统运行状态	提水泵：压力、扬程、效率、轴功率 喂水泵：流量、压力 水箱：水位 柴油机：转速 其他运行参数
6	参数异常时，自动检测故障并及时处理	异常类型及处理结果

表 5-4 输水净水团队数据采集信息表

序号	操作步骤	数据
1	车辆进场，拆卸设备	车辆是否到达指定位置
2	设备布置	布置完毕与否
3	管路连接	连接完毕与否
4	与提水团队对接	对接完毕与否
5	对净水、水质检测、输水各个环节及多个设备进行监控	净水：净水产量、制水效率、水质检测结果 管网监测：压力、流量 水箱：水位 泵站：出水流量、出水压力、累计出水流量、水质、液位等

5.3　应急供水智能管控系统设计开发

山区和边远灾区地理与气候条件复杂，受基础设施水平限制，自然灾害常直接影响水源质量，导致居民面临严重饮水问题。为提升灾后救援保障能力，着力解决应急供水管控难题，亟需构建适用于复杂地形灾害场景的应急供水管理系统，并开发数字化调控工具，提高指挥调度的效率和应急管理的水平。

5.3.1　平台架构

（1）总体架构

在系统设计过程中，有客户端/服务器（Client/Server，C/S）和浏览器/服务器（Browser/Server，B/S）两种开发模式可供选择。C/S 开发模式的优点是系统安全性较强，响应速度较快，方便个性化定制开发；缺点在于系统耦合性较强，每次系统的升级都需要重新安装本地客户端程序，系统的升级和维护比较困难。B/S 开发模式的最大优势在于其开放性好，方便使用各种成熟的第三方库，系统稳定性强；方便系统的分层次设计，有利于今后系统的升级和拓展；支持跨平台，不用研发安装专用客户端程序，用户使用方便，可以在多个平台（如手机、电脑、平板等）上同时使用。考虑到最大限度提升运维效率，运维人员需能随时随地访问查看系统状态以进行运维管理。为兼顾数据云存储管理、跨平台、快速迭代和成本控制的需求，本研究使用 B/S 开发模式进行应急供水智能管控系统的设计和开发，系统总体架构如图 5-5 所示。

系统包含六层级设计：① 用户层，负责响应用户群的应急任务数据请求，并将数据处理结果及时反馈给用户；② 应用层，实现应急指挥活动实际场景中会用到的相关应用功能，支持系统灵活配置以提升系统的柔性；③ 数字平台层，集成数据能力、应用能力、开发能力和物联能力，保障应急通信能力和地理定位能力，并与物联外接设备协作，完善数字技术保障；④ 场所场景层，满足指挥中心、现场指挥部、灾害一线等多角色、多场景的需求，根据不同应用场景匹配表现方式及硬件设备，协助全体参与，提高应急响应效率；⑤ 通信层，在灾区现场搭建临时无线通信网络，通过与其他指挥和配合场景通信系统进行接洽融合，保障灾区施工工作的通信应急需求；⑥ 终端层，涉及视频监控、车载监控、无人机、单兵通信、对讲设备、定位设备等全设备管控，集成数据并为指挥部提供准确的设备信息，保障立体化通信能力。同时，系统还包含运维服务体系与标准规范体系，统筹考虑网络与应用系统的建设，兼顾现状与长远发展，确保从组织策略、体系构建、人力资源和信息资源等多方面落实系统的标准与规范。运维服务体系确保整个系统的顺利运行，并为系统的投入使用提供保障。

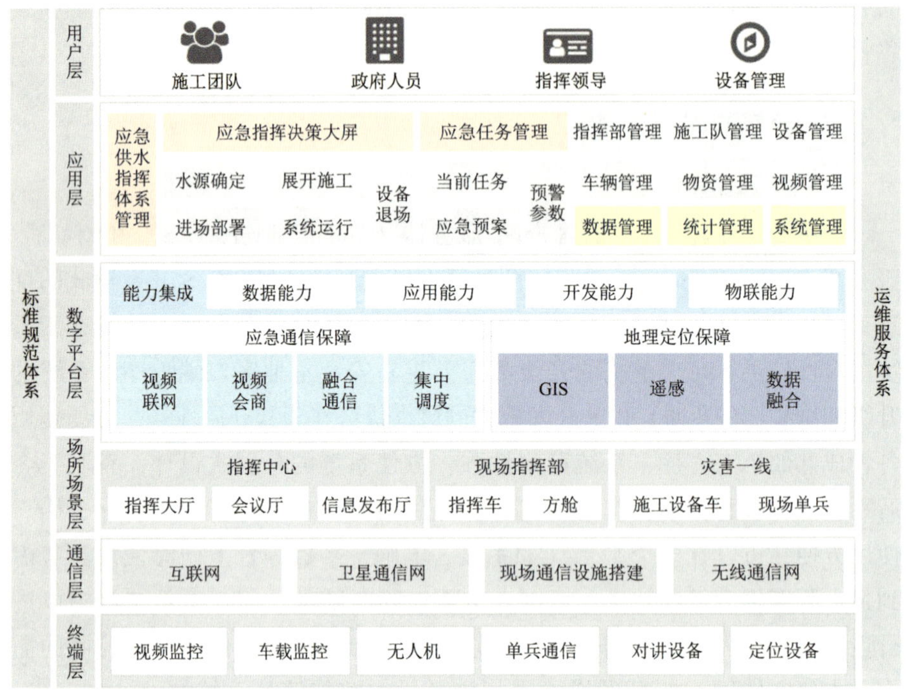

图 5-5　应急供水智能管控系统总体架构

（2）功能架构

系统的具体要求有以下几方面：① 统一数据接入，平台接入四团队关键数据，实现互联互通并归集，确保现场指挥团队通过“一个终端、一屏呈现”实时调控；② 统一数据梳理，依据指挥需求与子系统采集情况，梳理分析现场监控数据，支持实时决策；③ 统一设备监控，与现场物联网设备互联，搜集作业数据与运行警报，确保及时处理异常，保障施工安全与效率；④ 敏捷部署支持，系统具备快速部署与运行能力，保障灾区居民生活需求。系统功能架构如图 5-6 所示，功能清单如表 5-5 所示。

应急指挥决策大屏

水源确定模块　进场部署模块　展开施工模块

系统运行模块　设备退场模块

保障体系

施工单位管理　施工人员管理　车辆管理

设备管理　物资管理　视频管理

团队管理

指挥部管理　施工队管理

应急任务管理

当前任务　设备参数　预警参数配置

任务档案　找水参数　水源确定参数

任务评价　钻井参数　进场部署参数

应急预案　…　…

统计管理

事件评价统计　人员响应考核统计　车辆响应考核统计

数据管理

网络使用方式　人员调度记录　车辆调度记录　异常处理记录　音频管理　影像管理

系统设置

用户管理　机构管理　角色管理　权限管理

图 5-6　应急供水智能管控系统功能架构

表 5-5　应急供水智能管控系统功能清单

模块名称	功能模块	功能菜单	功能要点
应急供水智能管控系统	应急指挥决策大屏	水源确定模块	地图/无人机轨迹实时显示
			指令接收与发送
		进场部署模块	坐标显示
			单兵视频
		展开施工模块	GPS、北斗坐标显示各团队车辆位置
		系统运行模块	提水团队运行管理系统界面
		设备退场模块	GPS、北斗坐标显示各团队车辆位置
	应急任务管理	当前任务	新建、启动、暂停、中止当前任务，分配负责团队、车辆、设备、物资，指令接收与发送
		任务档案	显示历史任务信息
		应急预案	预案设置

续表

模块名称	功能模块	功能菜单	功能要点
应急供水智能管控系统	应急任务管理	设备参数	找水参数
			钻井参数
			提水参数
			输水净水参数
	保障体系	团队管理	指挥部管理
			施工队管理
		施工单位管理	施工单位管理
		施工人员管理	人员列表（增、删、改、查）
			定位
			在线状态、显示、隐藏
			消息推送（短信、微信）
		车辆管理	车辆列表（增、删、改、查）
			定位
			在线状态、显示、隐藏
		设备管理	设备列表（增、删、改、查）
			定位
			属性报表查询（设备相关详细数据项）
			设备台账（设备的相关使用情况，流水账信息）
		物资管理	
	数据管理	网络使用方式	
		人员调度记录	
		车辆调度记录	
		异常处理记录	
		影像管理	图片管理
			视频管理

续表

模块名称	功能模块	功能菜单	功能要点
应急供水智能管控系统	系统设置	用户管理	
		机构管理	
		角色管理	
		权限管理	
移动端	当前任务	当前任务	显示个人当前任务
		任务概览	显示当前任务主要情况
	任务操作	水源位置	可以发送水源位置及相关情况
		参数报送	可选择设备并实时上报设备参数
		异常报备	可选择设备类型、故障类型、描述和图片上传等
		指令接收与发送	可以进行文字指令发送与接收
数字孪生平台	场景加载	三维场景加载	可切换显示
		二维场景数据	
	数据呈现	地形数据	影像、高程
		二维矢量数据	POI 点、管道线、道路线、水系面
		三维模型数据	建筑、管道、水泵、人员、车辆等
接口	设备	单兵安全帽	定位、音视频传输
		车载定位+数据传输	定位、车辆信息传输
		无人机	定位、音视频传输、信息传输
	系统/平台	设备运行状态监测	提水团队运行管理系统对接

5. 3. 2　系统技术栈设计

系统开发技术路线采用数据层、服务层、表现层三层体系架构，支持跨平台部署，具体技术架构如图 5-7 所示。

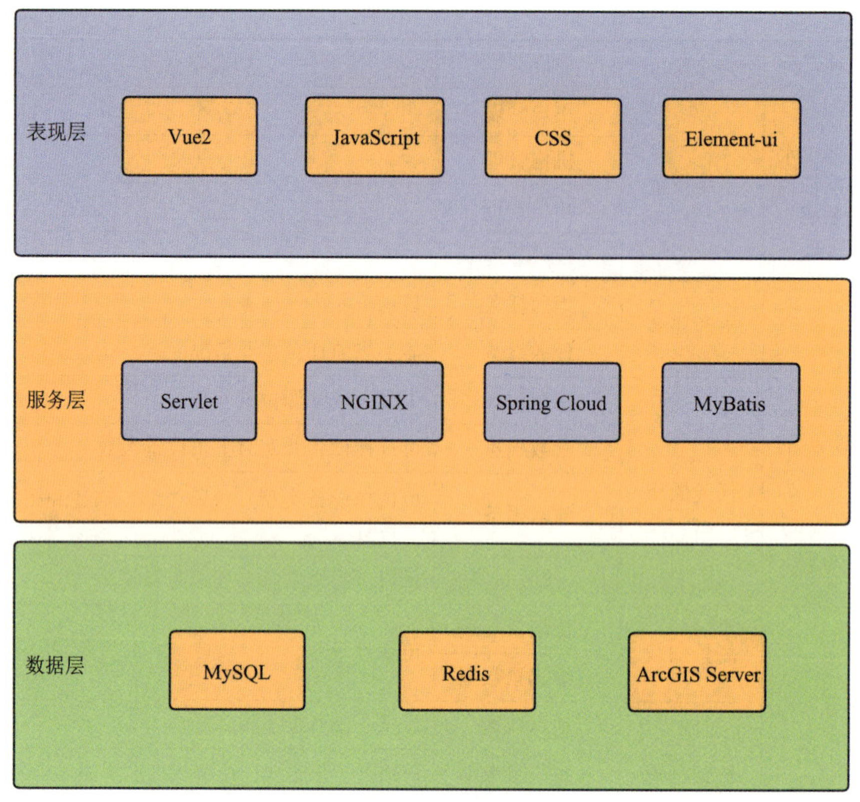

图 5-7　系统技术架构

为了保障系统正常运行，需要配置与系统应用相匹配的硬件环境，包括服务器和客户端机器，以适应不同工作的需要。服务器至少包含以下三种类型：

① 数据库服务器。由平台网络架构可知，数据库中心服务器关系到整个平台的运行，通过建立技术资源池，根据业务需求划分资源，完成数据的定义、存储、检索、完整性约束及相关的数据库管理工作。存储的数据包括数据库形式的结构化数据和虚拟机数据文件及业务文件等非结构化数据。数据库服务器接收到 Web 应用服务器和 GIS 服务器的数据请求，并将处理结果反馈给 Web 应用服务器和 GIS 服务器。

② GIS 服务器。该服务器负责实现 GIS 后台数据的分析和成图显示等功能，利用 GIS 组件功能进行基于 GIS 的业务处理。若需要从数据库服务器获取数据，则向数据库服务器发出请求。GIS 服务器提供 Web 服务和栅格地图服务，外部系统通过调用 Web 服务来访问矢量数据和栅格数据，以供

Web 应用服务器和 App 使用。

③ Web 应用服务器。该服务器负责应用程序搭建，部署 Web 发布中间件，并根据用户请求的具体功能进行业务处理。若需要数据库服务器的数据，则向数据库服务器发出请求；若需要 GIS 的处理功能，则向 GIS 服务器发出请求。

具体硬件环境配置设计如表 5-6 所示。

表 5-6　硬件环境配置设计

硬件名称	配置要求（最低）	用途
数据库服务器	处理器：8 核 2.4 GHz 及以上	存储业务数据和文件数据等
	内存：16 GB 及以上	
	硬盘：500 GB 及以上	
GIS 服务器	处理器：8 核 2.4 GHz 及以上	管理空间数据，成图显示等
	内存：16 GB 及以上	
	硬盘：500 GB 及以上	
Web 应用服务器	处理器：8 核 2.4 GHz 及以上	发布与管理 Web 应用系统
	内存：16 GB 及以上	
	硬盘：500 GB 及以上	
客户端	处理器：4 核 1.6 GHz 及以上	浏览 Web 应用系统
	内存：8 GB 及以上	
	硬盘：500 GB 及以上	

系统的正常运行离不开外部软件环境的支撑，因此需要进行软件环境部署，具体软件环境配置设计如表 5-7 所示。

表 5-7　软件环境配置设计

软件名称	版本号	部署要求	软件作用
操作系统	Windows Server 2008 R2 及以上	无	数据库服务器基础运行平台
MySQL	8.0	无	管理业务数据和空间坐标数据
Tomcat	8.0 及以上	无	网站及后端服务部署平台
NGINX	1.21 及以上	无	代理地图服务
JDK	1.8 及以上	无	Java 程序运行环境
浏览器	推荐使用 Google 浏览器；IE 浏览器版本需要在 11 及以上	无	浏览应用系统

5.3.3 应急供水智能管控系统开发工具

(1) 系统设计工具

Rational Rose 是一款全面建模工具，支持统一建模语言（UML）、OOSE 和 OMT。UML 由 Rational 公司专家 Grady Booch、Ivar Jacobson 和 Jim Rumbaugh 基于早期面向对象方法扩展提出，为可视化建模提供理论基础。

Rational Rose 满足 Web 开发、数据建模、Visual Studio 及 C++等多种环境的灵活性需求，支持开发人员、系统工程师和分析人员在软件开发周期内将需求与架构转化为代码，提升效率、减少浪费，并实现需求与架构的可视化以及对可视化结果的理解与优化。统一建模工具确保快速、准确地构建符合客户需求的可扩展、灵活、可靠的应用系统。

(2) 开发工具

本次开发旨在满足山区和边远灾区应急供水需求，提供不同类型重大自然灾害监测预警与防范处置方案，为应急工作全流程打造数字化集成调控平台——构建“听得见、看得清、能分析、能调度、能决策、可模拟、可演练”的高效应急指挥管控平台，适应干旱、地震、泥石流等多种灾害场景。系统开发所用程序语言如表 5-8 所示。

表 5-8 系统开发所用程序语言

序号	名称	版本
1	HTML	5.0
2	CSS	3.0
3	Java	8.0
4	Vue2	2.0
5	Spring Boot	2.0
6	MyBatis	3.5.2

系统开发所用软件如表 5-9 所示。

表 5-9 系统开发所用软件

序号	名称	版本
1	MySQL	8.0
2	ArcGIS Server	10.23

续表

序号	名称	版本
3	Tomcat	8.0
4	IntelliJ IDEA CE	2023
5	Visual Studio Code	2013
6	ECharts	4.0
7	Vue.js	2.0

系统包含客户端软件和 Web 端软件等多个部分；开发工具包含前端开发工具和服务端开发工具，前端开发采用 Visual Studio Code，后端开发采用 IDEA CE 社区版；调试部署软件使用 Tomcat。

系统采用 Tomcat 作为中间件提供网络服务，其技术先进、性能稳定且免费，是目前比较流行的 Web 应用服务器；LoadRunner 用于负载测试、模拟开发用户与实时监测性能，识别问题、优化发布周期并提升系统性能。

（3）数据库设计

在应急水源数据库的建设过程中，数据库设计需要紧密结合实际需求，同时遵循一定的设计原则。首先，数据库设计要符合标准化原则，遵循自然资源部发布的数据库建设规范及相关的行业标准。当地方性标准与国家标准冲突时，应以保持地方性标准的可操作性为主，兼顾国家标准的兼容性、开放性和可移植性。其次，设计过程中要确保数据的一致性，特别是与不同层级政府存储的业务数据和基础数据保持一致，避免数据冗余和不一致的问题。最后，完整性原则也至关重要，需通过关系型数据库中的约束功能（如非空、唯一键、主键和外键等）确保数据的完整性。

在设计时，还需考虑数据的有效性。针对高频访问和大数据量的表，要考虑合理的冗余设计和索引技术，从而提高数据访问的效率。数据库索引的设置应避免过高的填充因子，以减少数据库页分割和重新组织的工作量，从而提升系统的性能和响应速度。为了进一步提升系统的效率，设计时可结合簇表机制、历史数据分离机制、逻辑存储分开机制等，确保数据库运行的高效性。安全性原则在数据库设计中同样不可忽视，需要通过“用户”“角色”“权限”三级访问控制机制来保障数据的安全操作，并结合自动和手动备份机制、数据加密技术及日志记录功能，确保数据库在面对潜在风险时能够快速恢复并保证数据的安全性。

数据库的建设还需考虑多个方面的应用需求，首先，围绕应急水源业务需求，建立一个统一、及时更新、可以共享的业务信息库，以满足实际业务的管理和使用需求。其次，要提供完善的版本管理机制，以解决业务流程的灵活性和行政管理权威性的矛盾，确保业务数据的相对稳定。对于非结构化数据，如多媒体文档的存储和管理，系统应支持相应的数据库管理功能。设计时还应充分考虑数据管理模式，既保证可以实现集中式数据管理，也应支持分布式管理模式，并允许这两种模式灵活切换。最终，按照“逻辑图层—物理图层—要素及属性”的层次框架，建设一个完整、标准、一致的基础信息数据库。

数据库结构设计除了考虑传统概念、逻辑与物理模型，还要结合实际需求，综合数据量、访问频率及功能，采用面向对象的方法，确保功能与需求契合。使用计算机辅助设计工具（CASE）辅助设计，保证科学性、一致性及各阶段的同步性。实施逆向工程时，可将后期修改反馈至前期，确保设计连贯一致。

对于复杂城市地质数据，数据模型设计至关重要，其不仅可以抽象化结构，还可以精准描述数据关系。设计过程中需关注物理数据与逻辑数据的独立性，通过合理抽象清晰定义物理数据及其与逻辑数据的关系，确保存储与访问的灵活性和高效性。

5.3.4 应急供水指挥管控业务表设计

应急供水指挥管控业务表涵盖应急任务、任务档案、应急预案及设备数据等，其他数据如地形地貌、地质构造等以发布图层的形式进行管理。管控业务表设计如表 5-10 至表 5-22 所示。

表 5-10 应急供水指挥管控业务表清单

业务清单	数据库表	任务描述
车辆信息	jsdx_yjgscar	记录车辆信息
任务指令	jsdx_yjgscommand_record	记录任务指令
施工队	jsdx_yjgsconsteam	记录施工队信息
施工队节点指令	jsdx_yjgsconsteam_command	记录施工队节点指令信息
设备信息	jsdx_yjgsdevice	记录设备信息
指挥部信息	jsdx_yjgsheadquarter	记录指挥部信息

续表

业务清单	数据库表	任务描述
应急任务	jsdx_yjgstask	记录应急任务信息
应急任务环节	jsdx_yjgstaskstage	记录应急任务环节信息
应急任务环节参数	jsdx_yjgstaskstage_param	记录应急任务环节参数信息
应急任务环节参数种类	jsdx_yjgstaskstageparam_kind	记录应急任务环节参数种类信息
预警参数类型	jsdx_yjgstaskstageparam_type	记录预警参数类型信息
任务状态	jsdx_yjgstaskstatus	记录任务状态信息

表 5-11　车辆信息

表名	字段名称	中文名称	字段类型	字段长度
jsdx_yjgscar	id	ID	bigint	20
	name	车辆名称	varchar(30)	30
	plate_no	车牌号	varchar(30)	30
	status	车辆状态	NUMBER	1
	brand	品牌	varchar(30)	30
	model	型号	varchar(30)	30
	color	颜色	varchar(30)	30
	descn	说明	varchar(50)	50
	load_weight	载荷重量	decimal(10,2)	10,2

表 5-12　任务指令

表名	字段名称	中文名称	字段类型	字段长度
jsdx_yjgscommand_record	id	ID	bigint	20
	name	预案名称	varchar(30)	30
	yjgstask_id	任务	bigint	20
	yjgstaskstage_id	任务环节	bigint	20
	yjgscommand_type_id	施工队类型	bigint	20
	yjgsconsteam_id	施工队	bigint	20
	yjgsconsteam_member_id	人员	bigint	20
	command	指令内容	text	
	is_confirmed	是否确认	tinyint	4
	is_completed	是否完成	tinyint	4

表 5-13 施工队

表名	字段名称	中文名称	字段类型	字段长度
jsdx_yjgsconsteam	id	ID	bigint	20
	name	名称	varchar	32
	yjgstaskstage_id	任务环节	bigint	20
	yjgsconsteam_type_id	施工队类型	bigint	20
	code	编号	varchar	30
	yjgsconsorg_id	施工单位	bigint	20
	prepared	是否备勤	tinyint	1
	sort	顺序	int	11
	descn	说明	varchar	50

表 5-14 施工队节点指令

表名	字段名称	中文名称	字段类型	字段长度
jsdx_yjgsconsteam_command	id	ID	bigint	20
	name	预案名称	varchar	32
	yjgstaskstage_id	任务环节	bigint	20
	yjgsconsteam_id	施工队	bigint	20
	yjgscommand_type_id	指令类型	bigint	20
	command	指令内容	text	300
	is_confirmed	是否确认	tinyint	4
	is_completed	是否完成	tinyint	4
	sort	顺序	int	10
	descn	说明	varchar	50

表 5-15 设备信息

表名	字段名称	中文名称	字段类型	字段长度
jsdx_yjgsdevice	id	ID	bigint	20
	name	名称	varchar	128
	yjgsdevice_type_id	设备类型	bigint	20

续表

表名	字段名称	中文名称	字段类型	字段长度
jsdx_yjgsdevice	status	状态(1 启用 2 停用)	int	1
	manufacturer	厂商	varchar	50
	model	型号	varchar	50
	code	编号	varchar	50
	geo_position	安装地理位置	varchar	300
	geo_lnglat	地理坐标	varchar	50
	geo_pic	地理图片	varchar	300
	descn	说明	varchar	50

表 5-16　指挥部信息

表名	字段名称	中文名称	字段类型	字段长度
jsdx_yjgsheadquarter	id	ID	bigint	20
	name	名称	varchar	20
	sort	顺序	int	
	code	编号	varchar	20
	yjgstask_id	站名	bigint	20
	descn	经度	varchar	50

表 5-17　应急任务

表名	字段名称	中文名称	字段类型	字段长度
jsdx_yjgstask	id	ID	bigint	20
	name	任务名称	varchar	128
	code	任务编码	varchar	20
	seriousness_degree	严重程度	bigint	20
	yjgsdisaster_category_id	灾害类别	bigint	20
	yjgstaskstage_type_id	任务环节类型	bigint	20
	yjgstaskstatus_id	任务状态	bigint	20
	yjgsnetwork_mode_id	网络接入方式	bigint	20
	yjgsheadquarter_member_id	负责人	bigint	20

续表

表名	字段名称	中文名称	字段类型	字段长度
jsdx_yjgstask	remarks	备注	varchar	50
	start_date	开始日期	datetime	
	end_date	结束日期	datetime	
	geo_position	地理位置	varchar	50
	geo_lnglat	地理坐标	varchar	50
	geo_pic	地理图片	varchar	50
	yjgstaskarea_id	区域	bigint	20
	descn	说明	varchar	50

表 5-18　应急任务环节

表名	字段名称	中文名称	字段类型	字段长度
jsdx_yjgstaskstage	id	ID	bigint	20
	name	名称	varchar	200
	yjgstask_id	任务	varchar	200
	yjgstaskstage_type_id	任务环节类型	bigint	20
	yjgstaskstage_status_id	任务环节状态	bigint	20
	yjgsheadquarter_member_id	负责人	bigint	20
	start_time	开始时间	datetime	
	end_time	结束时间	datetime	
	descn	说明	varchar	200

表 5-19　应急任务环节参数

表名	字段名称	中文名称	字段类型	字段长度
jsdx_yjgstaskstage_param	id	ID	bigint	20
	yjgstaskstage_id	任务环节	bigint	20
	name	名称	varchar	200
	yjgstaskstageparam_type_id	参数类型	bigint	20

续表

表名	字段名称	中文名称	字段类型	字段长度
jsdx_yjgstaskstage_param	yjgstaskstageparam_kind_id	参数种类	bigint	20
	yjgsshowrule_type_id	展示规则类型	bigint	20
	prewarning_minvalue	预警值下限	double	
	prewarning_maxvalue	预警值上限	double	
	sort	顺序	int	
	descn	说明	varchar	200

表 5-20　应急任务环节参数种类

表名	字段名称	中文名称	字段类型	字段长度
jsdx_yjgstaskstageparam_kind	id	ID	bigint	20
	name	名称	varchar	200
	sort	顺序	int	
	descn	说明	varchar	200

表 5-21　预警参数类型

表名	字段名称	中文名称	字段类型	字段长度
jsdx_yjgstaskstageparam_type	id	ID	bigint	20
	name	名称	varchar	200
	sort	顺序	int	
	descn	说明	varchar	200

表 5-22　任务状态

表名	字段名称	中文名称	字段类型	字段长度
jsdx_yjgstaskstatus	id	ID	bigint	20
	name	名称	varchar	200
	sort	顺序	int	
	descn	说明	varchar	200

5.3.5 智能供水管控系统监控台

智能供水管控系统监控台是智能供水管控系统的核心部分。如图 5-8 所示，通过构建智能供水管控系统监控台，指挥团队能够实时监控现场情况，并通过供水团队车辆所搭载的 GPS 等数据采集工具获取现场的各种实时数据，将其处理后集中呈现在指挥台的显示屏上。指挥台将根据供水流程的主要环节分设五个功能模块，每个模块协同工作，确保应急供水调度高效精准。

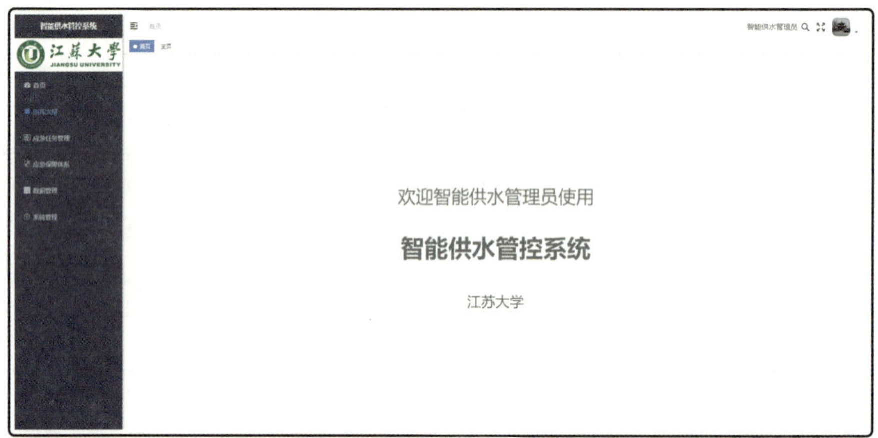

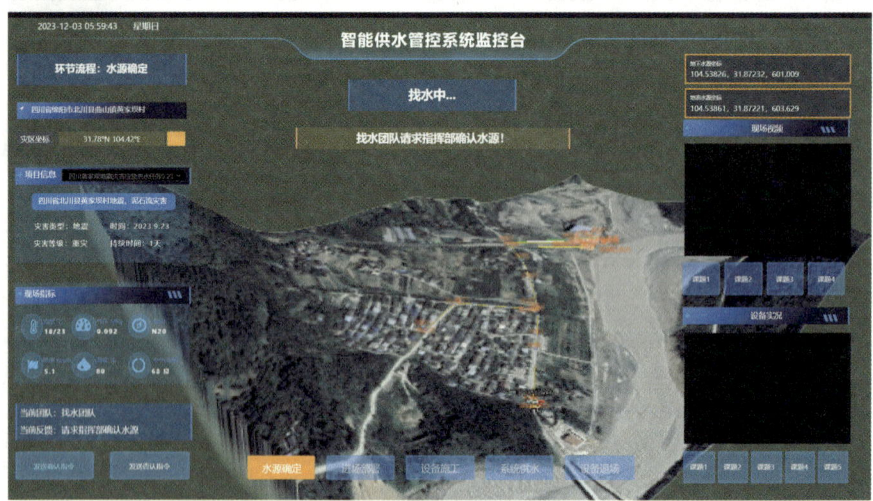

图 5-8 智能供水管控系统监控台

（1）水源确定模块

水源确定模块支持灾害现场找水团队利用无人机初步勘察，快速定位地表水源与地下水源；采集温度、湿度、气压等环境数据；结合无人机实时影像，在指挥团队协调下精准定位可用水源。水源确认后，模块通过 GPS 实时显示坐标并在大屏标识，确保团队快速响应。模块配备指令收发功能，保证调度指挥与现场信息能够及时、快速互通，共享重要任务节点。通过语音对讲系统联系找水团队，从而获取成井深度预估数据并传输至打井团队，准备进场部署，如图 5-9 所示。

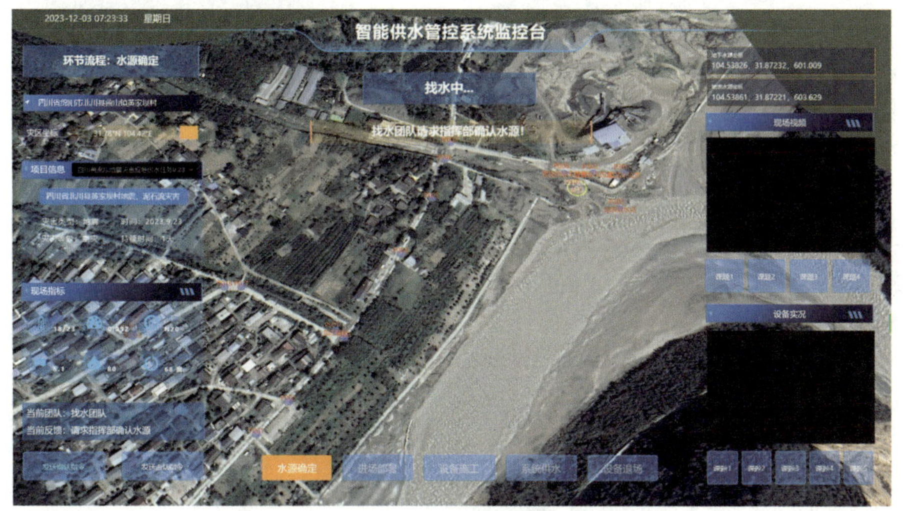

图 5-9　水源确定模块

（2）进场部署模块

进场部署模块基于 ArcGIS 平台，展示进场作业团队各车辆位置，通过 GPS 与北斗定位技术精准实时显示。模块配备指令收发功能，确保指挥中心与现场作业团队及时通信，实时监控车辆动态，保障现场高效有序运作，如图 5-10 所示。

（3）设备施工模块

设备施工模块主要监控指挥打井、提水、输水净水等作业过程，通过实时或定时传输设备参数，在主窗口展示打井团队钻机设备的实时状态监测数据，包括钻井时间、深度、转速、液压数据等过程参数。在提水与输水净水阶段，显示水泵、水箱、加压泵站及水质检测仪等设备的运行参数，确保各环节可控，如图 5-11 所示。

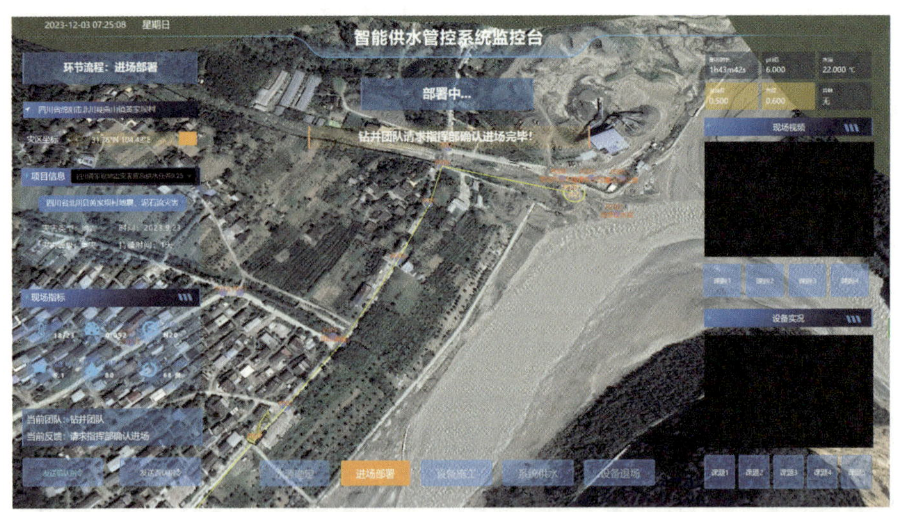

图 5-10　进场部署模块

图 5-11　设备施工模块

（4）系统供水模块

系统供水模块聚焦提水阶段的现场状态。稳定提水后，其余团队陆续退场，指挥台将通过 GPS 与北斗定位实时显示车辆位置信息，通过语音通信下达退场指令，确保有序撤离。离场完成后，将重点显示提水与输水净水等关键数据，包括供水量、流速、水质等参数，便于监控与评估，如图 5-12 所示。

图 5-12　系统供水模块

（5）设备退场模块

应急供水任务完成后，设备退场模块通过路径规划算法统一调度车辆，让车辆按指定路线有序退场。指挥台根据实时位置确保装备与人员安全撤离，全程监督退场工作，如图 5-13 所示。

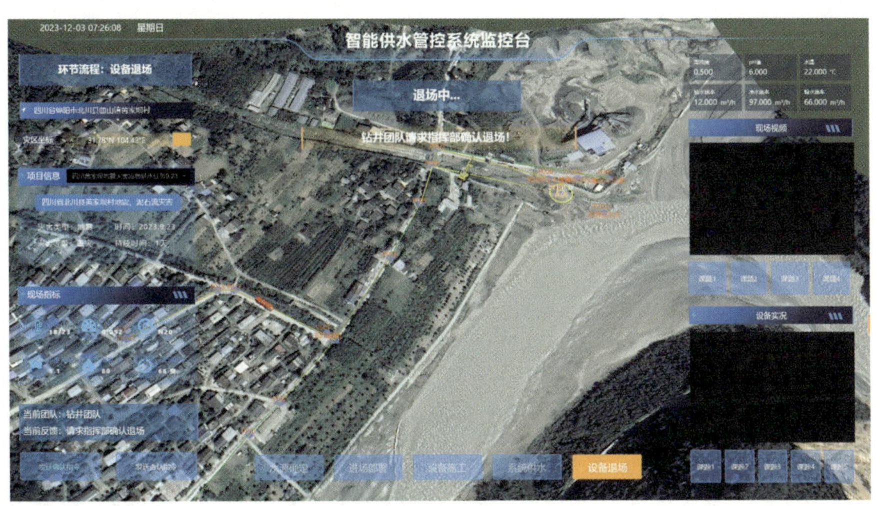

图 5-13　设备退场模块

5.3.6　应急任务管理与保障体系功能概述

（1）应急任务管理

应急任务管理的主要功能是实现应急供水任务的系统化管理，通过新建任务、定位地理位置、设置相关流程参数等方式进行多任务、全流程指挥管控，依据实际场景设置关键环节。

1）当前任务

当前任务功能主要展示任务的新建、启动、暂停、中止及结束操作，实时呈现各任务进度、节点及状态时间。支持指挥团队根据任务分配施工队、车辆、设备、物资等具体事项，设置任务紧急程度，匹配大屏实时显示。当前任务支持多任务并发管理模式，通过切换按钮实现即时线上指挥，其界面设计如图 5-14 所示。

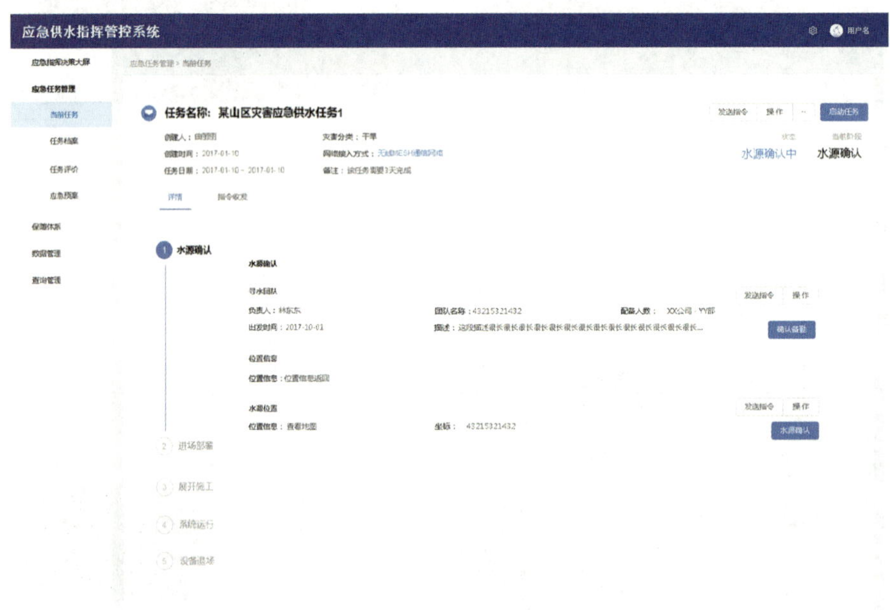

图 5-14　当前任务界面

2）任务档案

任务档案支持查看历史任务，便于指挥部回溯情况、积累经验；以任务为主键信息，关联应急施工全流程信息，包括时间、地理位置、团队、车辆、设备、物资等各类数据；根据任务编号、类别、严重程度、区域等组合条件对任务进行查询统计，同时可查看对应的任务登记信息等。任务档案界面如图 5-15 所示。

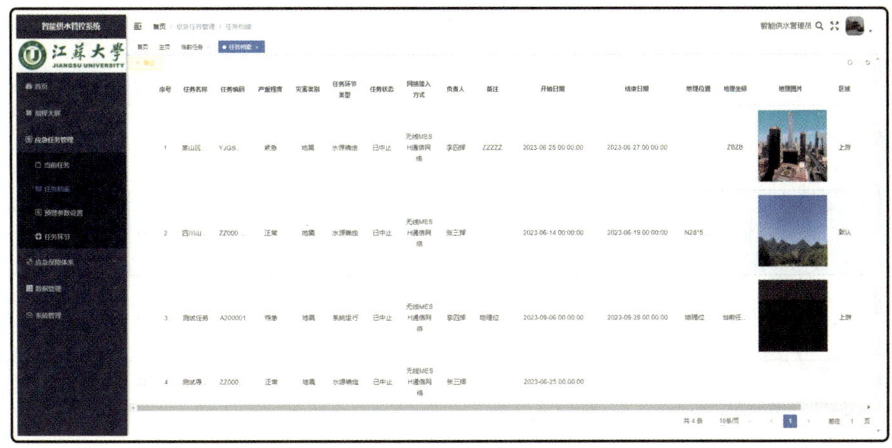

图 5-15　任务档案界面

3）应急预案

应急预案主要是对关键性环节增加预案设置，针对水源确定情况，可设置不同预案，当出现任务时，可以选择不同预案执行任务和进行调配。预案设置大节点主要有水源勘测、成井固井、提水送水、净水输水，每个大节点可设置子节点。预案设置过程中，可将任务设置细化到子节点。各个节点支持预设支撑团队，设置节点任务指令，当发生应急任务时，可快速进行选择和调度管理。

4）设备参数

设备参数主要用于记录单次任务中各环节关键参数，包括找水、钻井、提水、输水净水参数。参数可通过接口对接系统与设备获取，或在对接故障时手动录入，亦可通过手机移动端传输。各环节参数主要分为数值类型（支持录入编辑）、音视频（支持上传）、地理坐标（支持地图选点与坐标录入）3 类。该功能支持随时调整大屏展示的环节、团队、设备等关键参数，满足不同场景展示需求，提升系统定制化支持能力，并根据 5 项流程节点模块分设参数管理子功能。

① 水源确定模块。

水源确定模块设置找水过程参数，包括 GIS 地理位置解析、无人机音视频解析及找水设备参数等相关数据，分为设备参数与解析参数两类，支持大屏展示的添加与删除功能。具体参数包括找水设备参数、地表水源定位、地下水靶区范围、温度、湿度、气压、无人机视频解析数据、地物分类结果、物探测线测点数量与位置、地下水源位置、成井预估深度等信息。水源确定参数界面设计如图 5-16 所示。

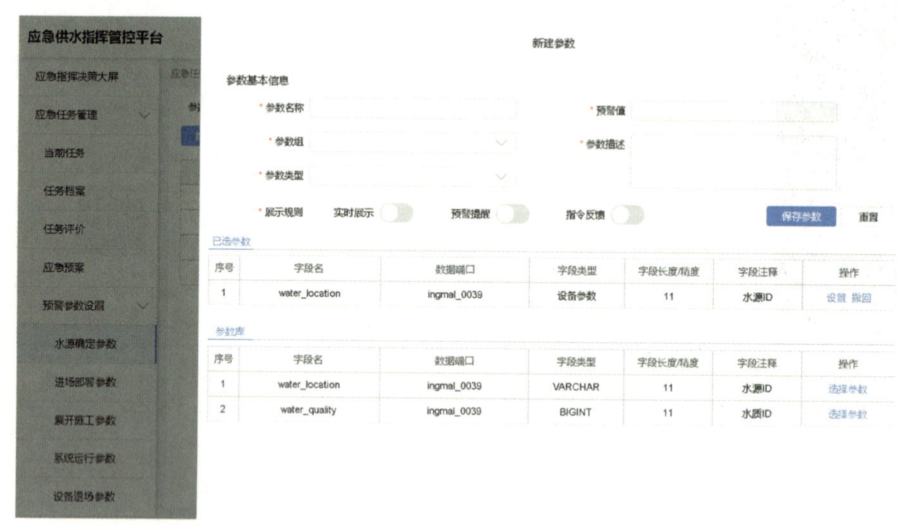

图 5-16　水源确定参数界面设计

② 进场部署模块。

进场部署模块可设置设备进场参数（包括设备参数与解析参数），其与水源确定模块的功能一致，支持大屏展示。具体参数包括车辆地理位置坐标、车辆数量、车辆信息、行驶路线、指定水源靶位、水质检测及地况数据（如地面平整度、里程）等。

③ 展开施工模块。

展开施工模块可设置钻井与提水环节参数，功能与上述模块一致。钻井环节参数包括钻机状态参数（钻进深度、液压压力、流量、地质数据）、钻机配套设备（空气潜孔锤、高压空气洗井设备、滤管套管设备等）参数、水质检测参数、固井质量合格参数、水量数据等；提水环节参数包括提水设备参数、车辆位置信息、管线布设信息、提水泵参数（压力、扬程、流量等）、水箱及柴油机参数等。

④ 系统供水模块。

系统供水模块可设置净水输水过程参数，功能与上述模块一致，具体包括净水量、流速、制水设备参数、压力、流量、水箱及泵站的参数。

⑤ 设备退场模块。

设备退场模块可设置施工完成后各设备、车辆及团队等数据信息，具体包括团队位置、车辆位置（GPS、北斗坐标、数量、车牌号）及设备信息等参数。

（2）保障体系

保障体系涵盖团队管理、施工单位管理、施工人员管理、车辆管理及设备管理。保障体系模块功能划分如图 5-17 所示。

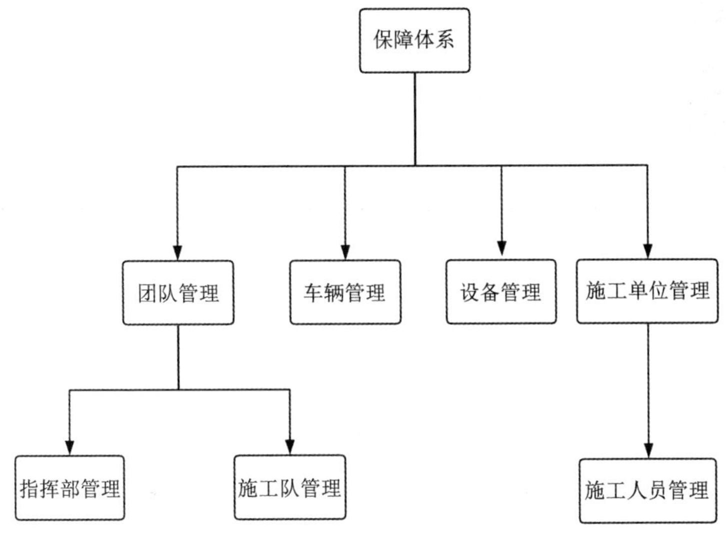

图 5-17　保障体系模块功能划分

1）团队管理

团队管理功能支持管理员在线管理编辑应急活动中的团队信息，包括指挥部与施工队两类。指挥部管理功能支持管理员对指挥部团队人员信息进行录入管理，管理员可以新建团队，并为每个团队添加成员；提供角色选择功能，包括指挥队长、指挥副队长、通信员、数据员、后勤员等。施工队管理功能根据应急供水流程默认设置施工队类别，具体包括找水队、钻井队、提水队、输水净水队等，后续可根据需要调整分类；管理员可在每个施工队内新增成员并配置角色，完成配置后，进一步将车辆、设备等资源绑定到团队，实现系统化管理。团队管理界面如图 5-18 所示。

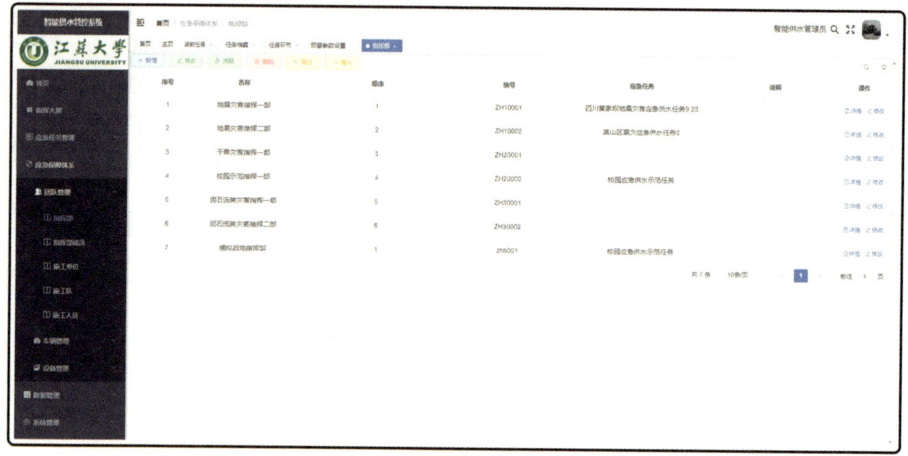

图 5-18　团队管理界面

2）施工单位管理

施工单位管理功能支持管理员对施工单位信息进行增、删、改、查，施工单位信息包括单位全称、单位简称、服务期限、负责人、联系人、联系电话、备注等基本信息。施工单位管理界面如图 5-19 所示。

图 5-19　施工单位管理界面

3）施工人员管理

施工人员管理功能支持管理员对系统内的施工人员数据进行增、删、改、查，施工人员信息主要包括姓名、证件类型和编号、所属施工单位和施工队、联系电话等信息；还支持查看人员调度情况。施工人员管理界面如图 5-20 所示。

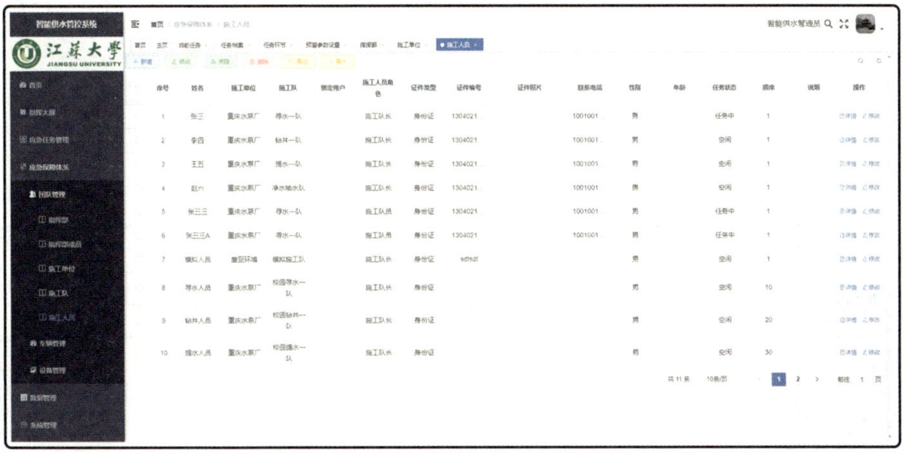

图 5-20　施工人员管理界面

4）车辆管理

车辆管理功能支持管理员对应急活动中的车辆信息进行管理，支持信息统一导入、导出，主要包括车辆新增、修改、删除等基础功能，以及管理车辆启用、停用等呈现车辆状态的信息。新增的车辆可选择搭建设备，将车辆与设备进行绑定，便于追溯信息、对应管理。同时，车辆管理功能可绑定相关司机人员，并纳入团队管理，也可查看车辆调度情况。车辆管理界面如图 5-21 所示。

图 5-21　车辆管理界面

5）设备管理

设备管理功能支持管理员对应急供水任务相关物联网设备数据进行操作管理，设备基础信息包括设备名称、类型、厂商、型号、编号、安装地理位置等；支持设备新增、修改、删除等基础功能，以及设备数据导入与查询、设备状态展示等功能，设备可实现与车辆、人的绑定。设备管理界面如图 5-22 所示。

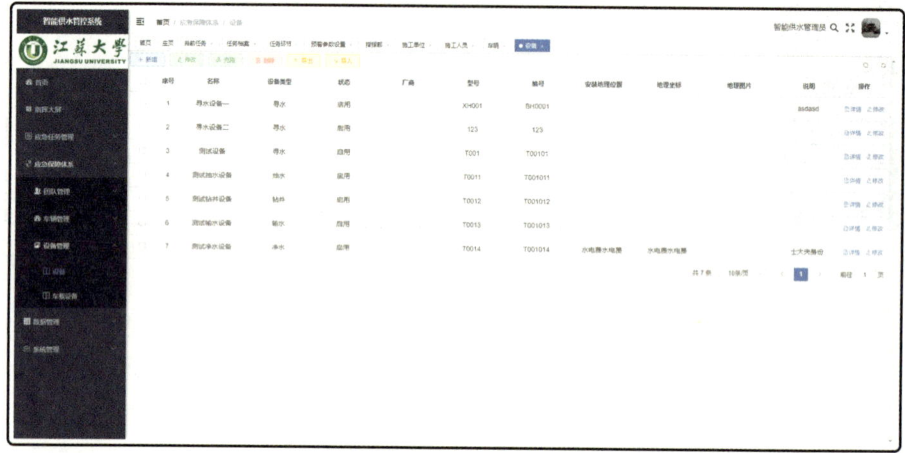

图 5-22　设备管理界面

（3）数据管理

数据管理功能主要支持现场数据采集与管理，并通过接口给其他系统提供相关数据。数据管理界面如图 5-23 所示。

图 5-23　数据管理界面

网络使用方式功能主要记录每次任务的网络使用方式及相关配置参数，与任务绑定，便于后续参数分析。网络使用方式界面如图 5-24 所示。

图 5-24　网络使用方式界面

（4）手机移动端

手机移动端涵盖当前任务、任务操作及个人设置三个功能模块。当前任务包括个人当前任务、当前应急任务详情；任务操作包括水源位置、参数报送、异常报备及指令收发等功能。手机移动端界面如图 5-25 所示。

当前任务模块主要显示用户接收的任务，支持查看参与任务及要求，并可对应急任务选择接收或拒绝；支持对参与的当前应急任务进行整体概览，了解任务阶段及基本情况。当前任务详情界面如图 5-26 所示。

任务操作模块涵盖多种功能，如图 5-27 所示。水源位置功能允许找水团队人员发送水源情况及位置，并进行水源确认请求指令的发送和接收。参数报送功能支持设备及车辆关联人员定时报送设备运行参数，用户可以通过手机端填写并直接传输至系统。异常报备功能用于对任务中出现的异常情况及设备故障的报备，可进行情况选择、设备选择、原因描述、图片上传、位置上报等，并通过指令进行异常情况处理结果反馈。指令收发功能则允许用户接收任务中所有指令，包括团队指令和个人指令，同时也支持发送任务和确认请求指令。

图 5-25　手机移动端界面　　　　图 5-26　当前任务详情

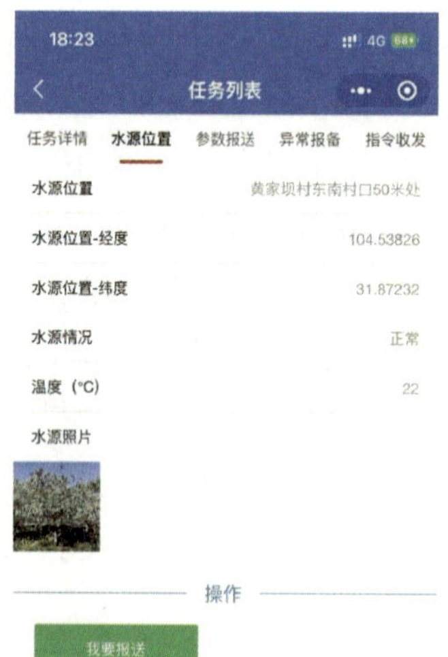

(a) 水源位置模块

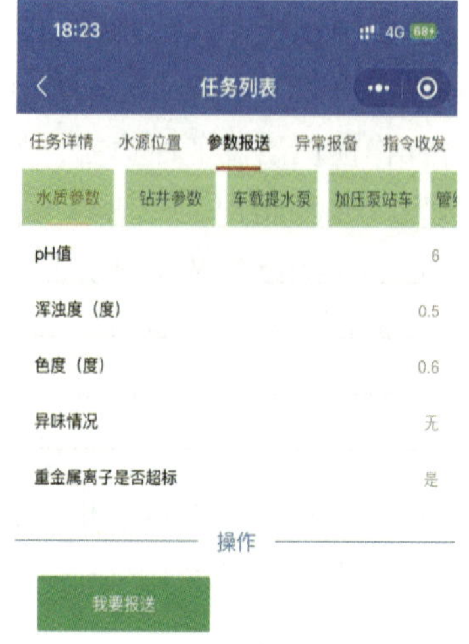

(b) 参数报送模块

(c) 异常报备模块　　(d) 指令收发模块

图 5-27　手机移动端多模块功能

个人设置模块支持查询与修改当前用户信息，包括用户名、头像、所属单位、姓名及应用版本号等，用户可更新头像、姓名或重设登录密码。个人设置模块界面如图 5-28 所示。

图 5-28　个人设置模块界面

（5）数字孪生功能集成

1）场景加载

场景加载通过导入相关地区二维与三维底层数据进行场景数据加载，实现多维度数据统一展示与分析，形成直观图形，为决策提供数据支撑。

2）数据呈现

数据呈现主要基于数据底图呈现地形数据（影像、高程等）、二维矢量数据（管道线、道路线、水系面等）及三维模型数据（建筑、管道等），通过坐标点关联展示车辆位置轨迹及找水点。数据呈现界面如图 5-29 所示。

2023-12-03 07:22:33 星期日
智能供水管控系统监控台
环节流程：设备施工
施工中...
施工团队请求指挥部施工完毕!
现场视频
设备实况
设备施工

图 5-29 数据呈现界面

第 6 章　应急供水与净水一体化技术装备应用示范

6.1　应用示范场地考察与确定

6.1.1　地震灾害场景示范场地考察

四川省绵阳市北川羌族自治县是 2008 年“5·12”汶川特大地震重灾区，历史上也是地震、滑坡、泥石流等地质灾害频发地区，灾害类型多样，适合应用示范场景需求。2021 年 4 月，团队成员对北川羌族自治县多个场景备选地区进行实地考察，走访调研了北川羌族自治县西羌上街、柳林街、通口镇，如图 6-1 所示。

图 6-1　地震灾害场景备选地（北川羌族自治县西羌上街、柳林街、通口镇）

团队成员还考察了北川老县城地震遗址及周边地区，该区域仍为多种地质灾害易发地，如图 6-2、图 6-3 所示。

图 6-2　北川"5・12"汶川特大地震重灾区

图 6-3　北川老县城地震遗址附近地区

6.1.2　地质灾害场景示范场地考察

北川羌族自治县不仅是地震灾害发生地，也是滑坡、泥石流、洪涝等多种地质灾害频发地区。团队成员在北川羌族自治县考察地质灾害场景备选地，走访调研了庙坪村、打鹿桩、小马桩、黄家坝村等地，如图 6-4 所示。

图 6-4　地质灾害场景备选地（庙坪村、黄家坝村）

6. 1. 3　干旱灾害场景示范场地考察

干旱灾害场景备选地包括四川省绵阳市北川羌族自治县园坝子、赵家沟、老林包、蒋家沟，以及江西省赣州市于都县岭背镇、禾丰镇、塘贯村、长源村、夏潭村等地，如图 6-5 所示。团队在四川考察后，于 2021 年 10 月联合武汉地质调查中心和武汉大学，考察了中国地质调查局常年支援“找水打井”的江西赣州季节性干旱地区，如图 6-6 所示。

图 6-5　干旱灾害场景备选地（园坝子、赵家沟）

图 6-6　干旱灾害场景备选地（江西省赣州市于都县）

6.1.4 应用示范场地确定

经实地考察，选定北川老县城地震遗址及周边地区为地震灾害场景应用示范地。该区域是全球唯一整体原址原貌保护的规模最大、破坏类型最全面、次生灾害最典型的地震灾害遗址区，适合地震灾害场景需求，如图6-7所示。

图6-7 北川老县城地震遗址附近地区

选定北川羌族自治县黄家坝村为洪涝及地质灾害场景应用示范地。黄家坝村位于北川老县城曲山镇，背山面河，周边曾发生洪涝、滑坡等自然灾害，符合洪涝与滑坡场景需求，如图6-8所示。

图6-8 北川羌族自治县黄家坝村

选定江西省于都县为干旱灾害场景单独示范地。于都县是首批全国脱贫攻坚交流基地及长征精神发源地，人均占水量与年均降水量低于全省平均水平，且雨热不同期，近半数降雨集中于4—5月，秋季饮用水与灌溉用水严重短缺，季节性干旱特征明显。中国地质调查局武汉地质调查中心根据自然资源部对口支援要求，长期在此开展找水打井帮扶工作，自 2020 年起完成探采结合井 100 余口，为 11 处“千吨万人”水厂提供补充水源，惠及 12 万余人，并为 6000 余亩农业基地提供灌溉用水，助推当地绿色农业发展，支持赣南革命老区四县脱贫。经实地考察，结合支援“找水打井”工作，确定于都县为干旱灾害场景应用示范地，如图 6-9 所示。

图 6-9　干旱灾害场景应用示范地——于都县

6.2　一体化装备应用示范组织模式和实施方案编制

山区和边远灾区应急供水与净水一体化装备涉及多家单位、多套设备及多环节应用示范，协调各方成为推动进度、落实工作及优化资源的关键。因此，研究团队编制了《山区和边远灾区应急供水与净水一体化装备应用示范大纲》（简称《应用示范大纲》）和《山区和边远灾区应急供水与净水一体化装备应用示范实施方案》（简称《示范实施方案》）。《应用示范大纲》规定了示范阶段的基本要求，对人员、场地、流程及保障等方面进行了总体安排，是应用示范的纲领性文件。《示范实施方案》细化了《应用示范大纲》的要求，明确了示范过程中的人员名单、设备详情、实验目标及运行细则等，为应用示范提供可行依据。

6.2.1　《应用示范大纲》和《示范实施方案》的基本思路

编制《应用示范大纲》和《示范实施方案》的总体要求：立足地震、水旱、地质灾害等重大自然灾害灾后应急供水需求，结合选定示范场地情况，规划应急供水蓝图，通过制度机制统筹人员、设备、物资调配，确保应用示范高效有序。

《应用示范大纲》和《示范实施方案》的编制遵循以下原则：一是面向应急需求，在完成规定目标的同时，示范工作应尽量贴合现实中潜在的重大灾害风险挑战，切实保障人民群众生命财产安全。二是产研紧密融合，做好设计、加工、组装、试验、示范等环节衔接，使整个工作有机统一到应急供水与净水一体化的框架中。三是面向用户，有利于使用单位。四是广泛征求意见，积极倾听来自参研单位的声音，最大限度凝聚各领域、各层次共识，避免因起草者自身能力有限而影响后续工作。

6.2.2 《应用示范大纲》和《示范实施方案》的主体框架

(1)《应用示范大纲》的主体框架

《应用示范大纲》除附则和附件之外，共有八个章节。具体内容见附录Ⅱ。

“一、总则”。阐明了编制《应用示范大纲》的主要目的和涉及的法律、法规、标准等文献参考依据，规定了本大纲的适用范围及应用示范工作时应坚持的原则，并介绍了国家水文、地质、气象等相关政策文件对自然灾害的分级标准。

“二、机构与职责”。明确了应用示范工作机构的组织体系，并介绍了领导机构和工作机构的基本构成。

“三、示范选址”。分别简述了拟选定的地震和地质灾害场景集中示范地区（四川省绵阳市北川羌族自治县黄家坝村）和干旱灾害场景单独示范地区（江西省赣州市于都县）的自然地理条件，并指出上述地区作为试验示范场地所具备的独特优势。

“四、常态预防机制”。规定了各参研单位在应用示范工作启动前应进行常态化应急准备工作，有针对性地建立风险预防预警机制，以增强对突发问题的应急响应能力。

“五、响应与展开部署”。指出了应用示范工作启动后，全体示范参与单位应遵循的应急响应原则。规划了各示范执行工作组在示范现场指挥部统一领导下的进场、展开、安装、调试、验收、审核等全要素工作流程。

“六、应急处置”。介绍了应对人员、设备突发情况的基本措施，并要求各参研单位积极开展自查自纠，主动排查各类风险隐患，确保应用示范工作安全稳定。

“七、示范终止与评估再利用”。叙述了应用示范目标完成后，各参研单位终止和撤离的情况，完成评估工作后，适时向当地政府移交水井等不可移动设施，实现成果转化与再利用，造福当地群众。

“八、应急保障”。从人员、物资、通信、技术等方面详细规范了完成应用示范工作所需的各类保障，并要求应用示范全体成员必须接受可能涉及的法规、急救、消防等应急知识培训和应急演练。

（2）《示范实施方案》的主体框架

《示范实施方案》除附件材料之外，共有八个章节。

“一、总则”。介绍了编制依据的法律、条例、办法等相关文件，明确目标为“验证装备功能特性、环境适应性、人机适应性；研究应用示范组织模式，提升团队协调能力；发现人员与设备的薄弱环节，优化配置，完善地震、地质、干旱灾害应急响应与执行流程”，并突出重点内容。

“二、组织机构”。对《应用示范大纲》中明确的示范组织机构做出了具体安排，详细列出了应用示范工作参与人员清单，并给出了各示范执行工作组主要人员联系方式，保证应用示范工作人员落实到位，做到专人专业专责。

“三、示范总体流程”。从示范准备、应急供水模式、示范具体流程等三个方面详细阐述了示范过程中的流程环节和注意事项。在示范前的准备阶段，各参与单位应从思想准备、预案准备、机制准备、资源准备等角度做好全方面应急准备工作，培养风险预防预警意识。示范工作启动后，根据示范现场自然条件应优先选用地表水源与“找水—提水—输水—净水”地表水源供水模式，若条件不具备，则采用“找水—成井—提水—输水—净水”地下水源供水模式。还结合《应用示范大纲》相关内容对具体操作流程进行了详细展示。

“四、主要装备及功能”。根据任务安排，介绍了研发的主要装备信息，分别从设计原理、逻辑框架、组成结构、技术参数等维度全面展示了关键技术和重点装备，并对照考核指标综合评价了当前任务完成情况，为后续工作的开展提供了扎实的技术依据。

“五、地震场景实施细则”。详细叙述了地震场景示范流程和示范架构，规定了本场景下各主要装备的具体组合模式以及应完成的示范方法、基本步骤、评价要点、验收方式等注意事项，并对操作人员配置进行了具体安排。

“六、地质灾害场景实施细则”。详细叙述了滑坡、泥石流等地质灾害场景示范流程和示范架构，规定了本场景下各主要装备的具体组合模式以及应完成的示范方法、基本步骤、评价要点、验收方式等注意事项，并对操作人员配置进行了具体安排。

“七、干旱场景实施细则”。详细叙述了干旱场景示范流程和示范架构，规定了本场景下各主要装备的具体组合模式以及应完成的示范方法、基本步骤、评价要点、验收方式等注意事项，并对操作人员配置进行了具体安排。

“八、示范保障与运行安全”。是对《应用示范大纲》中应急保障部分的补充和细化，明确了应用示范阶段中保障工作的主体责任，列出了具体的保障物资清单及对应负责人员。为确保系统运行全过程安全稳定，还专门规定了运行安全要点与装备安全细则，明确要求各重点装备指定专门的安全负责人，并对所有入场及作业人员进行严格的安全培训及检查，确保应用示范工作万无一失。

6.3 3种不同灾害场景的应用示范

在边远山区及自然灾害频发地区，选择地震、水旱、地质灾害等3种不同灾害典型场景，通过集中应用示范和单独应用示范相结合的方式进行装备应用示范，检验装备的功能特性、环境适应性、人机适应性等，开展应用示范效果评估，出具装备应用示范《用户使用报告》《应用示范报告》和《专家评审意见》。

6.3.1 集中示范的组织及开展

（1）应用示范概况

2023年9月22日至23日，江苏大学作为牵头单位，联合其他9家参研单位，在四川省绵阳市北川羌族自治县曲山镇组织了装备灾害场景集中应用示范。

集中示范地区选址在四川省绵阳市北川羌族自治县地震遗址附近的曲山镇黄家坝村。北川羌族自治县是2008年“5・12”汶川特大地震重灾区之一，位于青藏高原东部边缘的龙门山断裂带内，境内松散地层均有出露，地层岩性较为复杂，构造活动强烈，历史上也是地震、滑坡、泥石流等灾害频发地区，灾害类型较多，符合多种自然灾害应用示范场景要求，适宜开展多种自然灾害场景集中应用示范工作。黄家坝村位于北川羌族自治县地震遗址附近的曲山镇，呈西北高、东南低地势分布，周边最大高差约800 m，是典型的西南山区村落，地形复杂、条件艰苦，季节性缺水特征明显，历史上曾发生过多次地震、洪涝、滑坡、泥石流等自然灾害，符合地震、滑坡、泥石流、水旱等灾害场景特征条件。

本次应用示范邀请了国家供水应急救援中心东北基地、国家安全生产应急救援新兴际华队、绵阳市应急管理局、北川羌族自治县消防救援大队作为用户单位，四川省地震局、北川羌族自治县应急管理局、北川羌族自治县农业农村局作为见证单位，成立了由中国水利水电科学研究院、中国地质环境监测院、北京邮电大学、中国地质调查局成都地质调查中心、济南军区军需物资油料部、四川省地震局、国家安全生产应急救援新兴际华队等单位专家组成的评审专家组进行装备系统运行参数见证、实际操作体验和应用示范效果评估。

（2）应用示范装备

应用示范对象为研发的 6 套核心装备及 3 套装备系统，具体包括地下水源智能勘测与快速分析系统、液压快速随钻成井钻机、智能钻机装备系统、低功耗多工况高扬程多级泵、移动式智能高压泵送系统、便携式水质快速检测仪、空投便携式净水装置、机动式应急管网系统、应急供水与净水一体化技术装备系统。

（3）应用示范过程

应用示范活动分应用示范准备工作汇报、现场听取研发人员讲解和问题质询、现场核查装备系统运行情况、装备系统实际操作体验和装备系统应用示范研讨评估会五个阶段进行（图 6-10 至图 6-14）。

图 6-10　应用示范准备工作汇报及示范启动

图 6-11 现场听取研发人员讲解和问题质询

图 6-12 现场核查装备系统运行情况

图 6-13 装备系统实际操作体验

图 6-14 装备系统应用示范研讨评估会

应用示范期间，汇报了应用示范准备工作情况，介绍了 9 套装备及系统的研发情况，提供了前期已开展的相关测试记录、视频资料及装备操作使用说明书等，现场演示和讲解了装备系统在地震、滑坡、泥石流、水旱等自然灾害场景下的操作使用规程。用户单位代表在了解各装备系统基本性能指标、操作使用规程的基础上，与其他见证单位代表、专家组成员一起对装备系统进行了现场试用和实际操作体验。在装备系统实际应用验证示范组织模式和实施方案的基础上，组织召开了装备应用示范研讨会，就装备系统的应用效果、优化方向、在应急供水救援领域的应用推广策略等进行了深入交流。

应用示范活动全流程演示了找水、成井、提水、输供水、水质检测与净化等用水保障环节。利用地下水源智能勘测与快速分析系统实现了地下水源实时监测与定位；利用智能钻机装备系统迅速打井固井，先后成井 2 口，打井深度分别为 61 m、60 m；利用移动式智能高压泵送系统展示了高压泵送输水能力；利用机动式应急管网系统实现了远距离持续输水，该系统能随车布设管线、机械化收卷管线、自动调节泵站压力；利用便携式水质快速检测仪与空投便携式净水装置实现了对河水、井水及配制的苦咸水 3 种水源的快速检测与净化；利用应急供水与净水一体化技术装备系统进行现场指挥调度和智能管控，实现了 PC 端和手机端的多端协同管控、车辆人员实时定位，集成了水源勘探、成井固井、提水送水、输水净水等核心环节。

（4）应用示范成效

1）国家供水应急救援中心东北基地使用报告

根据用户单位国家供水应急救援中心东北基地出具的《用户使用报告》可知，被试装备使用说明书、应用示范大纲等技术资料齐全，装备技术状态良好，各类装备之间连接快速，模块化程度高，适应山区和边远灾区环境，演示及试用过程未出现故障。装备集成了应急水源智能勘测、快速成井、远程输送、高效净水、水质快速检测等模块，能满足地震、水旱、泥石流、滑坡等自然灾害发生后受灾群众的应急供水保障需要，可实现每人每天 4 L 的基本饮水量，供水规模达到 50 L/h，救灾时可为 12 万人提供生存基本饮水或满足 1 万人基本生活用水的需求，具有较高的保障效能和技术水平。便携式水质快速检测仪、空投便携式净水装置实现了对地表水、现场打井地下水及现场配制苦咸水的水质快速检测与净化，净化处理后的水可直接饮用。通过直接采购或产品改型，多数装备能直接用于供水保障。

2）国家安全生产应急救援新兴际华队使用报告

根据用户单位国家安全生产应急救援新兴际华队出具的《用户使用报告》可知，团队技术人员按地震、泥石流、干旱条件下“找水—成井—提水—输水—净水”保障流程，依次介绍了6套核心装备及3套装备的系统组成、功能与性能，就装备操作使用进行了讲解与演示。救援队代表在团队技术人员的指导下进行了装备操作使用，并一致认为研制的装备适应地震、滑坡、泥石流、水旱等灾害场景，装备功能齐全、性能稳定，具有较高的智能化程度和较强的环境条件适应性。其中，地下水源智能勘测与快速分析系统在复杂地质条件下找水快速准确；液压快速随钻成井钻机的气动潜孔锤跟管钻进工艺和膨胀管固井工艺实现了快速成井固井；移动式智能高压泵送系统提水高效，具备恒压恒流功能，人机交互性较强；机动式应急管网系统满足长距离、大范围输供水需要；便携式水质快速检测仪能准确评估现场提取的地表水、地下水及配制的苦咸水3种水质相关水质指标；现场饮用了经空投便携式净水装置净化处理的3种水质的产出水，口感较好；应急供水与净水一体化技术装备系统实现了模块化组合、轻量化机动、智能化管控。

3）绵阳市应急管理局使用报告

根据用户单位绵阳市应急管理局出具的《用户使用报告》可知，技术团队研发的装备技术先进、功能全面，符合山区和边远灾区应急供水保障需求。特别是在地震场景下，这些装备能够快速确定水源靶区，实现打井固井、提水和远距离输水，同时实现自动水力布站、管线随车布放和自动收卷，将地下水迅速净化为可饮用水，快速实现了灾后应急供水保障。这些装备实用性强，保障效能高，为解决山区和边远地区的应急生活用水和灾后应急保障供水问题提供了可靠的装备及技术支持。

4）北川羌族自治县消防救援大队使用报告

根据用户单位北川羌族自治县消防救援大队出具的《用户使用报告》，装备试用活动组织规范严谨，参试装备功能全面，能满足地震、洪涝、滑坡、泥石流、山林火灾等灾害应急供水的需求。其中，地下水源智能勘测与快速分析系统可在应急环境下实现水源的精确定位；智能钻机装备系统可以实现快速成井，为灾区群众提供应急地下水源；低功耗多工况高扬程多级泵的高扬程特性保证了山区复杂地质环境下应急水源的可靠供应，具备高效率的泵送能力；便携式水质快速检测仪、空投便携式净水装置适用于对井水、河水及苦咸水的快速检测与净化；应急找水、净水与供水一体化平台具备实时数据采集、远程监控、路径规划、智能决策、协同调度等功能，其中车辆实时定位、视频通话等功能为山区和边远灾区应急供水多装备协同提供了更加强有力的保障。

5）四川省地震局应急服务处应用示范体验报告

根据四川省地震局应急服务处出具的《应用示范体验报告》，研发的装备瞄准山区和边远灾区应急供水保障的需求，把握山区特殊环境、地质条件及灾后应急供水保障的要点，根据环境条件、灾害类型、保障规模等要素进行了多功能、模块化组合，技术先进、功能全面，能够满足山区和边远灾区应急供水保障需求。在灾害场景下，当地表水源被破坏后，地下水源智能勘测与快速分析系统能快速确定水源靶区，液压快速随钻成井钻机实现快速成井，移动式智能高压泵送系统实现提水和高扬程输水，机动式应急管网系统能够快速实现远距离输供水，便携式水质快速检测仪能快速辨别多种水源水质，空投便携式净水装置可直接将地下水、受污染地表水或其他苦咸水净化为可饮用水，快速实现灾后应急供水保障。装备实用性强、保障效能高，为解决山区、边远地区应急生活用水和灾后应急保障供水问题提供了可靠的装备及技术支持。

6）北川羌族自治县应急管理局应用示范见证报告

根据北川羌族自治县应急管理局出具的《应用示范见证报告》，示范以应急供水与净水一体化技术装备系统为指挥枢纽展开与运行，全景展示了全套核心装备及系统运行状态；在技术人员的演示和救援队代表的试用下，管理局代表全程见证了地表水、地下水从水源地至用户末端的输送过程，饮用了经净水装备净化后的干净水。此次应用示范活动组织实施严密，装备部署合理，装备系统功能展示全面、运行状态良好，水源输送环节衔接有序，较好地展示了各装备系统的用途和应用场景，这些装备系统能有效保障地震、滑坡、泥石流等灾害场景下的应急供水。

7）北川羌族自治县农业农村局应用示范报告

根据北川羌族自治县农业农村局出具的《应用示范报告》，应用示范活动全流程演示了找水、打井、提水、输供水、水质检测与净化等用水保障环节；利用地下水源智能勘测与快速分析系统实现了地下水源实时监测与定位；利用智能钻机装备系统迅速打井固井，先后成井 2 口；利用移动式智能高压泵送系统展示了高压泵送输水能力；利用机动式应急管网系统实现了远距离持续输水，该系统能随车布设管线、机械化收卷管线、自动调节泵站压力；便携式水质快速检测仪与空投便携式净水装置实现了对河水、井水及配制的苦咸水 3 种水源的快速检测与净化；利用应急供水与净水一体化技术装备系统，进行现场指挥调度和智能管控，实现了 PC 和手机端的多端协同管控、车辆人员实时定位，集成了水源勘探、成井固井、提水送水、输水净水等核心环节。

在干旱灾害场景下，所有装备展现出了良好的稳定性和可靠性，成功地完成了供水任务。装备系统虽结构复杂，但模块功能清晰、智慧化程度较高，交通运输通过性较好，能够满足山区干旱时应急供水的需要。

8）专家评审意见

专家评审认为，应用示范地点具备典型干旱、地震、滑坡、泥石流等灾害特征，符合装备使用环境要求。地下水源智能勘测与快速分析系统开展找水工作，确定地下水源 2 处；智能钻机装备系统钻井成井 2 口，均成功出水；移动式智能高压泵送系统运行状态良好，恒压恒流功能正常；便携式水质快速检测仪可实现感官、化学、重金属等指标的检测；空投便携式净水装置净化后的水可直接饮用；机动式应急管网系统布设 2 个泵站，完成了实际输水；应急供水与净水一体化技术装备系统可指挥管控各个团队。装备及系统平台性能可靠、现场运行情况正常、操作使用方便、安全维护性及人机交互性能良好。专家评审提出，应加强该系统在山区和边远灾区推广应用，提高灾后应急供水保障能力。

6.3.2 单独示范的组织及开展

（1）地下水源智能可靠勘测装备单独示范

2023 年 8 月 11 日，中国地震局武汉地球观测研究所与湖北省地质局地球物理勘探大队作为用户单位，参与了“地下水源智能可靠勘测关键技术及装备研发”项目成果现场核查和装备示范活动。参与者观看了装备演示与工作视频，听取了研发人员的功能讲解，并进行了装备实际操作体验。

本次示范的地下水源智能可靠勘测装备包括地下水源智能勘测与快速分析系统、应急无线通信网络设备、应急水源勘测无人机及物探找水仪器。示范活动在武汉大学测绘学院的模拟场景中进行，分别开展装备系统成果汇报、装备系统现场功能演示与实地应用视频讲解、装备系统实际操作体验及装备系统应用示范研讨会（图 6-15）。

图 6-15　系统功能演示和专家评估

1）应用示范成效

根据用户单位中国地震局武汉地球观测研究所出具的《用户使用报告》，装备瞄准山区与边远灾区应急条件下水源保障的需求，结合不同灾害类型及其应急水源特点，提供集软硬件平台为一体的应急水源勘测定位服务，与整套装备配合使用，能够满足包括地震在内的多种灾害场景的水源保障需求，具有很强的实用性。分析系统是水源勘测工作的“控制中心”，支撑从灾区到工区和靶区定位及勘测定井的全过程，包括水文地质基础资料的集成显示、靶区的定位分析、成果显示导出等功能；无线组网设备主要提供系统运行环境及数据存储与分析平台；无人机硬件获取灾害现场动态影像，支持地表水体的定位与更新；物探设备实现地下水源精准定位。4 套软硬件装备部件尺寸小、轻便，便于运输机动，各自功能特点突出，既能整体使用，也能独立运行，实用性强，保障效能高。建议后续利用研发过程中形成的关键技术进行系列化产品开发，合理匹配技术指标，满足救援队伍应急保障需求。

根据用户单位湖北省地质局地球物理勘探大队出具的《用户使用报告》，地下水源智能勘测与快速分析系统的研发主要应对的是山区和边远灾区应急水源保障需求，在功能上集成了灾情分析、潜力评估、现场感知和物探定井四大模块，实现从灾区到工区和靶区及勘测定井的流程化操作，满足地震、干旱和泥石流三种灾害场景的水源勘测定位需求。系统整体运行稳定、流畅，分析结果可靠，具有可迁移性和支持多组网环境运行的特点，配合现场勘测装备，能够实现水源点位的快速精准探测，特别集成了包含水文地质等多源基础数据和数据快速提取在内的多种模型，可为找水靶区圈定、物探测线布置提供重要数据支撑，同时实现了物探工作信息化、数字化，有效提高了定井效率。在成果应用方面，装备已在江西赣州干旱场景开展应用，为当地村民安全饮水、水厂源头供水、蔬菜基地产业用水提供地下水源，产生了巨大的经济价值和社会效益。整套装备成果对保障山区和边远地区应急供水及提升救援能力和水平具有重要意义。综上所述，研发的系统装备在多种灾害场景下的应急地下水源勘测方面具有很大的潜力。

2）成果应用

根据自然资源部赣南老区乡村振兴发展中心出具的《成果应用证明》，为贯彻落实党中央、国务院脱贫攻坚决策部署，围绕“两不愁三保障”，中国地质调查局武汉地质调查中心依托“赣南地区安全饮水水文地质调查”课题和“水井快速定井和动态监测系统”课题，在赣州市赣县区、于都县、兴国县、宁都县开展了安全饮水和应急供水服务。2019—2021 年，应用水文地质调查、物探和钻探等技术，完成 167 口钻井施工，根据抽水试验结果确定具有供水意义的水井成井 135 口，找水成功率为 80. 8%，物探找水准确率为 86. 4%，总出水量为 18973 吨/日。这些成果为 106 处缺水村组 19 万余人提供应急和安全饮水保障，为 9 处“千吨万人”水厂提供应急补充水源，为 7 处蔬菜基地 4832 余亩富硒农业产业园提供灌溉水源。2022 年 11 月，中国地质调查局武汉地质调查中心对赣州四县区安全饮水井进行回访，水井年平均使用率为 2~4 个月，当地群众肯定了水井在安全饮水、应急和抗旱等方面发挥的重要作用，认为其社会效益和经济效益显著，为赣南苏区脱贫攻坚并有效衔接乡村振兴提供了支撑。

根据赣州市赣县区人民政府出具的《成果应用证明》，为贯彻落实党中央、国务院脱贫攻坚决策部署，围绕“两不愁三保障”，中国地质调查局武汉地质调查中心依托“赣南地区安全饮水水文地质调查”和“水井快速定井和动态监测系统”，在赣州市赣县区开展安全饮水和应急供水服务。2019—2021 年，应用水文地质调查、物探和钻探等技术，完成 67 口钻井施工，根据抽水试验结果确定具有供水意义的水井成井 54 口，找水成功率为 80. 6%，物探找水准确率为 80. 0%，总出水量为 4546 吨/日。这些成果为 41 处缺水村组 12 万余人提供了安全饮水和应急供水保障，为 9 处“千吨万人”水厂补充水源，为 1 处蔬菜基地提供了灌溉水源。2022 年 11 月，中国地质调查局武汉地质调查中心对赣县区安全饮水井进行回访，水井年平均使用率为 2~4 个月，当地群众肯定了水井在安全饮水、应急和抗旱等方面发挥的重要作用，认为其社会效益和经济效益显著，为赣县区脱贫攻坚并有效衔接乡村振兴提供了支撑。

根据赣州市于都县人民政府出具的《成果应用证明》，为贯彻落实党中央、国务院脱贫攻坚决策部署，围绕“两不愁三保障”，中国地质调查局武汉地质调查中心依托“赣南地区安全饮水水文地质调查”和“水井快速定井和动态监测系统”，在赣州市于都县开展安全饮水和应急供水服务。2019—2021 年，应用水文地质调查、物探和钻探等技术，完成 83 口钻井施工，根据抽水试验结果确定具有供水意义的水井成井 67 口，找水成功率为 80.7%，物探找水准确率为 87.5%，总出水量为 10752 吨/日。这些成果为 54 处缺水村组 4.3 万余人提供了安全饮水和应急供水保障，为 5 处蔬菜基地 4532 余亩富硒农业产业园提供了灌溉水源。2022 年 11 月，中国地质调查局武汉地质调查中心对于都县安全饮水井进行回访，水井年平均使用率为 2~4 个月，当地群众肯定了水井在安全饮水、应急和抗旱等方面发挥的重要作用，认为其社会效益和经济效益显著，为于都县革命老区巩固拓展脱贫攻坚成果和同乡村振兴有效衔接提供了支撑。

（2）智能钻机装备系统单独示范

2023 年 4 月 10 日至 6 月 30 日，四川省地质矿产勘查开发局一〇六地质队岩土施工公司作为用户单位参与了“地下水源快速成井关键技术及装备研发”项目中研发装备的试用，使用了智能钻机装备系统，在四川省康定市开展了装备示范应用工作。

康定榆林宫供水井和温泉井井位地面海拔高程在 2900~2940 m，处于青藏高原东缘活动断裂系内的贡嘎山地区，历史上地震频发。榆林宫热矿泉区处在主峰断块与其北部的折多山断块、其东北部的北海子断块结合的位置，覆盖层较厚，有的地方覆盖层厚度达 90 m 以上。该地区同时也是长江上游地区典型的缺水干旱“干热河谷”分布区，是“山区边远灾区应急供水示范”的理想场所。

本次单独示范的试用对象为智能钻机装备系统（图 6-16）。采用 ϕ273 mm、ϕ219 mm 两级跟管钻进工艺来穿过孔壁极易坍塌的深厚覆盖层，有效防止钻孔垮塌，采用无需尾管的高风压冲击器打高温地热水井，确保潜孔钻进在高温地热水中能顺利进行；采用钻较大的裸孔和跟管钻进辅助下井管等措施，以保证井管在断层破碎带较发育地层能下到孔底。

图 6-16 钻机野外试验示范场景

成效方面，根据用户单位四川省地质矿产勘查开发局一〇六地质队岩土施工公司出具的《用户使用报告》，示范工作区的覆盖层以冰碛物为主，内含大量泥沙卵石、漂石。覆盖层以下，断层破碎带也比较发育，在钻进过程中易形成孔壁坍塌，造成卡、埋钻事故的发生，此次钻井施工难度很大。在 3 个多月的时间里，钻机共完成钻井工作量 846. 5 m，圆满完成了钻井工作任务。其中，完成 ϕ273 mm 套管潜孔锤跟管钻进 231. 3 m，单孔最大跟管深度 47. 2 m；完成 ϕ219 mm 套管二次跟管钻进 209. 5 m，单孔最大跟管深度 94. 5 m。这是目前我国潜孔锤跟管钻进技术应用于大直径跟管钻进的新突破。另外，完成 ϕ127 mm 套管三次跟管钻进 6 m，单孔最大跟管深度 193. 2 m；完成 ϕ178 mm 裸孔钻进 243 m，单孔最大深度 233 m；完成 ϕ165 mm 裸孔钻进 161. 3 m，单孔最大深度 251. 3 m；完成 ϕ215 mm 潜孔锤裸孔钻进 9 m，单孔最大深度 42 m。研发的智能钻机装备系统拥有较强的地层适应性，采用的空气潜孔锤跟管钻进工艺有效地防止了钻孔的垮塌，实现快速成井固井，解决了深厚覆盖层钻进成孔难题，提高了山区成井钻孔的效率和水平，该科研成果具有较高的应用价值。

（3）移动式智能高压泵送系统单独示范

2023 年 8 月 10 日，重庆井口水厂参与了“移动式智能高压泵送系统”应急供水应用示范活动。该活动在重庆市沙坪坝区重庆水泵厂有限责任公司厂区及附近道路搭建的模拟场景中进行，邀请了中国救援重庆机动专业支队作为见证单位，并成立了由重庆大学、中国救援重庆机动专业支队、国家工业泵质量检验检测中心、重庆水务集团股份有限公司、重庆军通汽车有限责任公司等单位专家组成的评审组，开展装备系统运行参数见证和应用示范效果评估。应用示范活动分应用示范准备工作汇报、现场装备验收和研发人员讲解、装备实际操作体验和装备应用示范研讨会四个阶段进行。

示范装备为移动式智能高压泵送系统，主要包括运载汽车及车载平台、低功耗多工况高扬程多级泵、过滤器、控制箱等部件，以及进出口管路和发电机组等附件，总质量约 23. 5 t。应用示范严格按照相关文件进行，过程包括安全防护、运输通过性、作业性能和维护保养四个方面。首先，检查装备的安全标识、防护措施和安全设备，确保符合标准；其次，验证装备的运输通过性，装备顺利在山区道路上运输，行驶速度超过 70 km/h；然后，进行作业性能测试，确保系统在不同流量和扬程下正常运行；最后，确认设备的维护保养便利性，确保工具和附件满足现场需求。

成效方面，根据用户单位重庆井口水厂出具的《应用示范报告》，被试装备技术状态良好，演示及试验过程运行稳定、未出现故障。装备适用范围广、维护保养方便、作业性能指标先进、安全可靠、智慧化程度高、交通运输通过性好、安全防护性高，适合山区和边远灾区应急抢险救援，能够满足山区干旱时应急供水的需要。

第 7 章　应急供水装备技术规范与使用规范

应急供水保障工作涉及的装备类型众多、系统结构复杂、行业领域广泛。为规范山区和边远灾区应急供水与净水一体化装备勘察、钻探、设计、制造、试验和运行管理，提高应急救灾能力和质量管理水平，充分发挥社会效益，保障应急供水高效稳定，研究团队组织编写了《山区和边远灾区应急供水装备技术规范》（下文简称《技术规范》）。同时，为使山区和边远灾区的应急供水救援队伍在应对紧急情况时所使用的装备规范化，并明确应急供水系统的主要装备及其性能要求、使用方法、维护方式、管理手段，以确保高效、科学、有序地进行应急供水工作，研究团队组织编写了《山区和边远灾区应急供水装备使用规范》（下文简称《使用规范》）。

7.1　《技术规范》和《使用规范》的基本原则

灾后应急供水和保障应符合以下原则：一是供水模式高效迅速，灾后应急供水应立足地震、水旱、地质灾害等灾害类型特点，结合灾区自身实际，以最短时间满足灾后人民群众生产生活用水需要。二是设备结构安全可靠，受灾地区情况复杂未知并可能伴有二次灾害，应急供水保障装备结构过于复杂不利于现场开展工作，同时也加大了人员、设备、物资保障难度。三是长期利用扎实稳定，应急救灾勘察钻探形成的水井属于不可移动设施，应做到恢复正常生产生活秩序后仍能保持稳定供水，缓解当地人民群众长期饮水问题。

7.2 《技术规范》

7.2.1 规范性引用文件

《技术规范》文件中引用的文件，通过文中的规范性引用而构成本文件必不可少的条款。对于带有日期的引用文件，只有该日期对应的版本适用；未标注日期的引用文件，其最新版本（包括所有修改单）适用于本文件。具体引用文件详见附录 I 。

7.2.2 技术要求

（1）总则

应急供水保障装备的设计寿命应不少于 20 年，并确保能够不间断运行至少 5 年。装备的主要组件应采用冗余设计，确保组件之间的相互切换不会影响供水系统的正常运行。该装备可采用地面固定安装或车载移动安装方式，管路和辅助设备的布置应便于操作、维护，并提供安全通道。电动机、电器组件的安装应遵守《爆炸危险环境电力装置设计规范》（GB 50058—2014）的规定。所有过流部件，如泵、过滤器、粗滤器、冷却器、排凝收集器、阀门以及与水箱连接的其他部件，均应采用奥氏体不锈钢材质。此外，阀门连接应配备放空管、排污口及管道，便于在设备转移运输过程中对备用部件进行排放、清洗和再充满。

（2）水文勘探

水文地质测绘应在比例尺大于或等于测绘比例尺的地形地质图基础上进行。若只有地形图而无地质图或地质图的精度不能满足要求时，应进行地质、水文地质测绘。对于水文地质测绘的比例尺，普查阶段宜为 1：100000～1：50000；详查阶段宜为 1：50000～1：25000；勘探阶段宜为 1：10000 或更大比例。

水文地质测绘的观测路线应根据地质、地貌特点布置，或沿垂直岩层、构造线走向，或沿地貌变化显著方向，或沿含水层（带）走向等。同时，还应布置在地层界线、断层线、岩浆岩与围岩接触带、典型露头等处的地质标志点。测绘观测点应选择在重要地质现象发育处，例如井、泉、钻孔、矿井、地下水露头等区域。

水文地质测绘时，可以利用现有的遥感影像资料来辅助解译和减少野外工作量，提升图件的精度。遥感图像的解译工作应基于航空像片、卫星像片，并结合红外扫描等技术，以提高解译的准确性。

遥感图像的解译应遵循一定的技术要求，包括使用不同时间的大比例尺航空像片和卫星像片进行比对，运用计算机图像处理技术来提取有效信息。解译内容主要包括地质构造、活动构造、断裂、隐伏断裂及富水可能性等；此外，还应对水源、地貌、岩性等进行识别，并结合实地验证，确保解译的准确性和有效性。

遥感解译的工作应按照室内初步解译、野外解译标志建立、室内详细解译、野外验证的程序进行。在编制设计书前，应完成室内初步解译工作，并根据解译成果进行野外测绘和验证，以进一步完善图件，提高资料的精确性。

（3）液压快速随钻成井钻机及系统

在液压快速随钻成井钻机及系统的设计中，所有回油接口的位置应远离泵的吸入口，以避免妨碍泵入口的油流。所有通大气的回油接口（包括注油接管口）应在最高操作水位之上进行回油（通过敞口的无扰动油管或脱气托盘）。无扰动油管应有底部挡板以避免水箱底部的沉渣泛起。压力回油接口（包括安全阀回油管线）应是分开的，并应通过在泵吸入损失水位以下的内部管线排油。压力油不应返回无扰动油管或脱气托盘，内管线应有底部挡板以防止水箱底部的沉渣泛起。泵吸入接口应靠近倾斜的水箱底部的较高一端。水箱底部应是连续倾斜的，倾斜度至少为 6：1000，以保证排放干净。所提供的法兰连接的排放接口（带一个阀和一个盲法兰）的公称通径应不小于 50 mm。为了便于进入检查和清扫内部各部分，应提供人孔开口。

全液压智能钻机的容量等术语解释：停机水位是整个系统停机时水箱内油可达到的最高油位；最高运行水位是设备正常运行期间允许达到的最高水位；最低运行水位是设备正常运行期间允许达到的最低水位；油泵最低吸入水位是高于油泵吸入口水位的水位，在该水位下油泵失去启动能力；吸入口水位是油泵吸入口所在的水位；注油容量是停机水位以下的总容量；正常运行范围指最高和最低运行水位之间的任一位置，低水位报警器应在最低运行水位时动作；滞留容量是最低运行水位以下的容量；滞留时间是释放混入油中的空气或气体所需要的时间；停机容量是停机水位和最高运行水位之间的容量；工作容量是最低运行水位和吸入损失水位之间的容量。

水箱尺寸准则应符合要求。滞留时间应不少于 8 min，以正常油量和滞留容量为依据；停机容量包括所有组件、轴承和密封腔、控制元件以及供方提供的管道排放返回水箱的全部水量，并应加上中间接管容积 10%的附加容量。

在 24 h 内完成直径不小于 168 mm、深 60 m 水井的钻进成井工作，并允许常规潜水泵的放置，以满足应急供水的相关需求；实现多种规格跟管钻进快速钻进，同步跟管护壁以实时保护井眼，ϕ168 mm 口径跟管深度≥70 m。钻机能够很好地满足空气潜孔锤跟管钻进快速钻进技术的实施，并能够实施螺旋钻进、硬质合金钻进、牙轮钻进等成井钻孔工艺，以满足不同性质地层快速钻孔工艺的实施。钻机能完成直径不小于 150 mm、深度不小于 300 m 的钻孔。

钻机的履带智能行走系统适用于边远山区复杂的地形地貌，支持远程遥控，位置精度高于 5 cm。根据需方要求，水箱顶部应提供带扶栏的活动竖梯和水箱顶部周围的栏杆，在人行道和维护区还应提供防滑板（网纹板、菱形板或镀锌网格板）。

除非另有规定，水箱和所有焊在水箱上的附件应采用符合《不锈钢冷轧钢板和钢带》（GB/T 3280—2015）和《不锈钢热轧钢板和钢带》（GB/T 4237—2015）中规定的 Cr-Ni 奥氏体不锈钢或买卖双方同意的材料制造。

（4）移动式高压泵站

高压力提水泵采用径向剖分节段式多级离心泵结构，设计模块化，可根据需要组装成不同级数，提供不同扬程参数。其轴向力自平衡多级泵结构无需平衡盘或鼓平衡轴向力。叶轮独立定位在轴上，各级叶轮错位布置并逐级卡环定位，确保与轴小过盈配合，提升转子装配的可靠性。泵采用底脚支撑，并尽可能降低中心高，以减小振动。泵的流量与扬程曲线应为无驼峰的稳定曲线，扬程从额定流量到零流量应稳定上升。泵规定点的汽蚀余量应符合《离心泵、混流泵和轴流泵　汽蚀余量》（GB/T 13006—2013）的要求，效率应符合《离心泵 效率》（GB/T 13007—2011）中的 B 级标准。叶轮应做静平衡试验，精度不低于《机械振动 恒态（刚性）转子平衡品质要求 第 1 部分：规范与平衡允差的检验》（GB/T 9239.1—2006）中的 G6.3 级，振动应符合《泵的振动测量与评价方法》（GB/T 29531—

2013）中的 B 级要求，噪声应符合《泵的噪声测量与评价方法》（GB/T 29529—2013）中的 B 级标准。泵壳体等承压零件的设计压力应不低于最大工作压力的 1.1 倍，泵转子的一阶湿态临界转速至少是最大工作转速的 1.25 倍。泵轴应进行材料的化学成分和力学性能检验，并通过超声波、磁粉或液体渗透检测，提供检测报告。轴承寿命不低于 25000 h，且能够在不移动设备的前提下进行更换，需设置必要的检测仪表监测其运行状态。泵的轴封采用集装式机械密封，采用 API682 标准的 PLAN31 冲洗方案。泵的承压件应进行水压试验，水压试验压力至少为设计压力的 1.5 倍，且水力性能试验应符合《回转动力泵 水力性能验收试验 1 级、2 级和 3 级》（GB/T 3216—2016）中 1 级的规定。

车载提水泵组的载荷分布合理，前后桥及左右两侧不能超载，泵组设备重心与车架中心重合。车载提水泵组以汽车底盘为移动和集成平台，副车架与底盘大梁连接可靠，且通过钢丝强化减振橡胶减小柴油机振动。副车架采用高强度结构钢以支撑泵组、传递和吸收冲击载荷。副车架上设有防滑花纹铝板和安全通道，便于操作与维修。上部件最小离地间隙不小于 0.5 m，车厢采用推拉式折叠外罩，确保泵组正常运行时不受影响，并且外罩收拢后不遮挡柴油机散热和泵操作空间。车辆配置蹬车梯、机械吊臂、充足照明设施及声光报警系统，以及脱困自救绞盘、示廓灯、反光标识、灭火器等安全保障系统。所有管路接口采用快速接头形式，密封安全可靠，钢制管路设置缓冲软节。进水系统设有自清洗过滤装置，过滤精度为 0.1 mm。上装柴油机全负荷运转时，各部件不会因柴油机振动而共振。

泵车底盘总质量不超过 25000 kg，尺寸不大于 8000 mm×2550 mm×3500 mm，车速不低于 80 km/h，转弯半径不大于 8 m，发动机功率不低于 290 kW，驾驶室准乘人数为 2 人，外观结构美观并符合油漆美化、防锈处理标准。整车的污染物排放应满足《重型柴油车污染物排放限值及测量方法（中国第六阶段）》（GB 17691—2018）的规定。车辆的操作系统由电路系统、控制系统和通信系统等组成，集中受控于台上控制柜和远程控制盘，具备发动机启动、停机、回怠速空挡、泵车运行控制、逻辑过程控制等功能。智能控制箱集成核心控制器件，具备故障报警等基本功能。便携式控制盘的控制距离为 50 m。

车载提水泵组配置自动液压调平支腿，能自动调平设备，调平精度为 ±0.5°，适应路面坡度不大于 5°。泵车标牌应满足《机动车产品标牌》

(GB/T 18411—2018)的要求，标示车辆识别代号、发动机型号、最大功率、总质量、关键技术参数等信息，且标牌需固定在车辆上并具有防伪功能。防护装置方面，侧面防护装置应平滑、连续，符合安全变形要求，空载状态下离地高度不大于 550 mm；后下部防护装置的宽度及车轮与车轮之间的距离应符合一定的要求，且二者之间的误差应不大于 100 mm，离地高度不大于 500 mm。车身应配备尾灯、示廓灯、侧标志灯等照明设备，并设置反光标识，满足相关标准。环境适应性方面，使用环境为露天，温度范围为-20~45 ℃，湿度不超过 90%，海拔≤2000 m。

（5）远程供水系统及管线自动铺设设备

远程供水系统及管线自动铺设设备应符合相关标准规定，并按批准的图样和技术文件制造。所有外购件应符合相关标准的要求，并有制造厂的合格证，自制零部件经检查合格后方可装配。焊接应符合规定，所有外露黑色金属表面应做防腐蚀处理。设备的润滑油液应装配齐全并按要求加注，活动摩擦表面应按规定加注润滑液。应保证保养和操作部位的可接近性与操作空间。操作位置应有明确的操作提示标识和安全警示标贴。装备所选用的液压元件应符合相关规定，泵机组所选用的水泵及发动机应符合标准要求，电气控制设备也应符合规定。所有紧固件和自锁装置不应因振动等发生松动。操纵机构应轻便可靠，各操纵手柄应设置指示牌。

所有内部表面应彻底清理并进行耐腐蚀处理，涂漆部分应均匀、无划痕。焊缝应平整均匀，焊接牢固无缺陷。液压元件的壳体表面应平整光滑，无工艺缺陷。

远程供水系统的主要技术参数如表 7-1 所示。

表 7-1　远程供水系统的主要技术参数

输送距离	≥10 km	管路直径	DN100
系统流量	≥50 L/h	联合展开速度	20~30 m/h
取水高度	≥45 m	联合撤收速度	6~9 m/h
取水方式	漂浮式取水	展收方式	机械化自动展收

泵浦车主要由越野底盘、取水泵、加压泵组、控制系统等组成，取水泵为浮艇泵，加压泵组由发动机、变速箱等组成。泵浦车主要技术参数如表 7-2 所示。

表 7-2 泵浦车主要技术参数

名称		主要技术参数
取水泵	外形尺寸	约 575 mm×560 mm×570 mm
	质量	约 55 kg
	额定流量	870 L/min
	最大流量	1500 L/min
	系统压力	0. 4 MPa
	吸水口直径	80 mm
	出水口直径	65 mm
	接头型式	插转式
	输送介质	常温水
加压泵组	加压泵型号	东方泵业 DP85-45×6M
	设计点流量	85 m^3/h
	设计点扬程	270 m
	转速	2980 r/min
	进/出水口直径	100 mm
	接头型式	插转式
	输送介质	常温水
	发动机	东风康明斯 QSB5. 9-C210-30
	缸径×行程	102 mm×120 mm
	柴油机排量	5. 9 L
	额定功率，转速	154 kW，2200 r/min
	最大扭矩，转速	820 N · m，1500 r/min
	额定功率燃油消耗率	239 g/(kW · h)
	发动机旋转方向	逆时针（从飞轮端看）
	排放标准	中国第三阶段
	调速系统	全程调速

泵浦车的电气系统应确保人身安全，设备结构应能承受运输和正常使用条件下的各种应力。控制柜的防护等级应不低于 IP45 级，面板按钮和开关应易于操作且有功能标志。

水带车由越野底盘、水带回收装置、水带箱等组成。收卷机头由撤收机构、举升机构、液压系统和电气系统组成。液压系统应结构简单、工作平稳、操纵省力，实现行车和撤收速度同步。电气系统应由 PLC 组成，确保检测和执行模块的功能完整。水带车行驶时收卷机头应固定可靠，作业时应能水平移动并偏转。水带车主要技术参数如表 7-3 所示。

表 7-3　水带车主要技术参数

名称	主要技术参数
运输尺寸	880 mm×850 mm×1735 mm
操作尺寸	1500 mm×850 mm×2580 mm
工作电压	24 V 直流电
工作压力	≤16 MPa
额定撤收速度	2. 5 km/h
最大撤收速度	3 km/h
最大旋转角度	左右均为 30°
质量	约 550 kg

泵浦车和水带车底盘一致，底盘车辆需获得相关强制性认证，并符合排放标准。泵浦车的累计作业时间不小于 200 h，整个单元应运转平稳可靠。水带车应运转平稳、移动灵活、固定可靠，平均故障间隔里程应不小于 50 km。

设备检查应根据仪器使用说明书的指标逐项进行，确保电线、电极、电源等符合要求。标牌检查应符合相关标准，标牌应内容清晰、安装牢固。灯具安装位置应符合规定，示廓灯、侧标志灯等灯具的性能应符合要求。试验应根据标准进行，确保水力性能、汽蚀性能、噪声等符合要求，必要时进行材料试验和性能试验。

（6）便携式水质快速检测仪

便携式水质快速检测仪应具备多参数快速检测能力，包括但不限于溶解氧（DO）、电导率（CT）、浊度（TUR）、pH、氧化还原电位（ORP）、化学需氧量（COD）、氨氮（NH_3/NH_4^+）及重金属（Ni、Cd、Pb、Cu、Zn、Hg、As）离子浓度等参数。支持光学溶解氧传感器、四电极电导率传感器、光纤式浊度传感器等模块化探头，实现水质参数的自动识别与数据存储。重金属检测需采用电化学阳极溶出法（ASV），检出限：[Cu]、[Zn]、

［Pb］、［Cd］、［Ni］≤5 μg/L，［Hg］≤1 μg/L，［As］≤10 μg/L。

（7）空投便携式净水装置

适应水源：Ⅳ类以上地表水、含盐量≤2000 mg/L 的苦咸水及地下水，出水符合《生活饮用水卫生标准》的规定。支持净化模式和淡化模式双模式运行。净化模式：经改性 PP 棉、复合碳布过滤及紫外线消毒，产出净化水。淡化模式：增加 RO 膜脱盐，产出低盐饮用水。

7.2.3 外观要求

（1）外观质量

所有内部表面应彻底清理，并清除所有污垢、切屑、焊剂、氧化皮、熔渣、纤维状材料和其他污染物。所有表面应进行耐腐蚀处理，涂漆部分的漆层应均匀，无明显的划痕和碰伤。焊缝应平整均匀、焊接牢固，应无烧穿、疤瘤等，焊接质量应符合《工程机械 焊接件通用技术条件》（JB/T 5943—2018）的要求。进水管路应为《漆膜颜色标准》（GB/T 3181—2008）规定的 G05 深绿色，出水管路应为 R03 大红色。

（2）操作说明和标识要求

操作面板应包括以下内容：泵额定流量和出口压力数值及操作说明；泵出口压力显示，精度不低于 2.5 级，不适用于吸水模块；泵进口压力显示，精度不低于 2.5 级，不适用于吸水模块；泵流量显示（配备供水系统的泵浦车）；泵转速显示及累计工作时间显示（配备供水系统的泵浦车）；液压系统压力显示，精度不低于 2.5 级（配备供水系统的泵浦车）；吸水模块的驱动方式；面板上仪表及开关的用途说明牌；紧急停止按钮。

泵浦车操作面板上应有水管路系统简图及操作说明。

7.2.4 包装要求

包装应满足现场存放 6 个月及长途运输要求。

装备包装应安全、牢固、可靠，包装箱外有明显的吊装运输标志。

随装备携带的技术文件有装箱清单 1 套；产品合格证；主要配套件的合格证和使用说明书；产品备件、附件、专用工具清单 1 套。

7.2.5 图纸资料

供方应提供以下图纸资料：应急供水保障装备流程及材料表；应急供

水保障装备外形图；应急供水保障装备数据表；高位水箱外形图；应急供水保障装备主要设备（现场监测无人机设备、高密度电法仪、钻机、泵、电机、调节阀、泵浦车、管线车）的图纸及使用说明书；应急供水保障装备管口表；电气设备接线图；电机数据表；仪表接线图；实验报告；应急供水保障装备操作、维护说明书；其他散件和附件的图纸/资料。

7.3 《使用规范》

7.3.1 规范性引用文件

《使用规范》文件中引用的文件，通过文中的规范性引用而构成本文件必不可少的条款。对于带有日期的引用文件，只有该日期对应的版本适用；对于未标注日期的引用文件，其最新版本（包括所有修改单）适用于本文件。具体引用文件详见附录Ⅰ。

7.3.2 配备要求

应急供水队伍（以下简称“队伍”）主要供水装备包含找水装备、成井装备、提水装备、输水装备、净水装备、通信指挥装备和保障装备。主要装备的类型和名称如表 7-4 所示。

表 7-4　主要装备的类型和名称

装备类型	装备名称
找水装备	地下水源智能勘测与快速分析系统、现场监测无人机设备、高密度电法仪
成井装备	液压快速随钻成井钻机
提水装备	移动式高压泵送系统、井用潜水泵、电动潜水泵、便携式蓄水池、应急柴油发电机、快速高压输水软管
输水装备	越野型移动泵站车、越野型管线作业车、便携式水质快速检测仪
净水装备	空投便携式净水装置
通信指挥装备	基于三维地理信息系统的应急供水指挥管控平台、单兵终端、车载/背负终端、便携式自组网基站、应急通信组网、现场数据服务器
保障装备	发电机、应急灯、皮卡车等

队伍应考虑现代化应急供水技术的发展，配备满足实际供水需要的新型技术装备，在实际作业中，宜根据综合应急供水任务，选择多种装备配合使用。

（1）找水装备

1）地下水源智能勘测与快速分析系统

在典型灾害场景下，急需查询应急水源基础数据、快速精准定位水井位置，辅助决策实施者提供应急水源，需要用到地下水源智能勘测与快速分析系统（以下简称“分析系统”）。

① 性能要求。分析系统应符合《计算机软件需求规格说明规范》（GB/T 9385—2008）、《基础地理信息标准数据基本规定》（GB 21139—2007）的要求；具备满足应急找水需求的专题数据图层与相应矢量数据；水文地质调查图层数据的精度等于或优于 1∶20 万；时效性方面，水文地质动态监测数据应包括当年监测数据；运行环境至少需要 16 GB 以上内存，Intel 8 核 i7 及以上 CPU，4 GB 及以上独立显卡；应具有软件界面友好、运行稳定、操作简单、交互性强的特点，支持用户注册与登录，使用户能够从水源的不同侧面了解水源信息，并提供一定的人机交互功能。

② 应具备的功能。灾区应急水源范围快速定位；地下水类型、地下水富水性、水文地质特征点等水文地质信息数据管理与显示；地下水监测点、统测点、断面监测点等站点空间位置显示和动态监测数据展示；按照标准图形或自定义图形进行多图层要素查询；按照水位、水量等条件对要素图层属性进行查询；无人机航拍影像叠加矢量数据，DEM 地形展示；应急水源分析数据入库与接入；范围面积、距离长度空间测量功能；地下水位等值面空间插值分析；层次分析模型调整与运行；找水靶区圈定。

2）现场监测无人机设备

为实现复杂地区及灾害现场的快速监测，确定应急水源待选点的位置，并对水源点的环境进行研判，应使用现场监测无人机设备。现场监测无人机设备包括携带复合传感器的无人机飞行平台及相应的地面站设备和数据传输设备。

① 性能要求。无人机续航时间至少 25 min，最大悬停时间至少 20 min，飞行高度不低于 120 m，能够抗 5 级风飞行，最大飞行速度不低于 10 m/s，最大上升速度不低于 3 m/s；光学图像传感器分辨率不低于 1000 万像素，红外热成像传感器分辨率不低于 30 万像素，netd<0.5 ℃；温度测量精度优

于 1 ℃，气压测量精度优于 1 mbar，湿度测量精度优于 1%；定位精度优于 3 m，定向精度优于 1°；数据传输距离至少 2 km（误码率为 1%时），数据更新率至少每 2 s 1 次。

② 应具备的功能。平台至少应搭载光学图像传感器、红外热成像传感器，以及温度、气压、磁场、方位、湿度传感器等；无人机平台能够同时实时传送所有传感器的数据到地面站；地面站能够实时将数据存储到服务器，并实时显示传感器的数据；无人机能够按照指定航线飞行，也可以由飞手手动控制飞行；支持接收 WGS84 坐标系的航线规划。

3）高密度电法仪

在应急条件下，综合物探勘查方法，实现地下水井位的精准探测，应使用高密度电法仪。

① 性能要求。仪器的可靠性要求参照《石油物探仪器环境试验及可靠性要求》（GB/T 24262—2009）的规定，电位差测量精度应为 0.1 mV，供电电流仪的精度应为 0.1 mA，且最大电流不小于 1 A。

② 应具备的功能。可供选择多种不同四级和三极测量装置的功能；根据命令文件实现多通道自动采集；具备实时监测功能。

（2）成井装备——液压快速随钻成井钻机

① 性能要求。24 h 钻进深度不小于 60 m；钻机转场速度不低于 3.5 km/h。

② 应具备的功能。具备适应复杂地形条件的越野能力；符合应急救灾应用场景的需求；可更换多种直径的钻头，满足不同岩性的钻探需求；可实现膨胀固井技术；具有遥控行走功能。

（3）提水装备

1）移动式高压泵送系统

车辆装备的安全技术性能应符合《机动车运行安全技术条件》（GB 7258—2017）的要求；执行任务前应检查车况，确保轮胎胎压正常、油量充足、备胎状况良好；执行任务时应携带便携维修工具，并携带能保证车辆行驶 300 km 的补充油料；移动式高压泵送系统和装备运输车应同步机动，操作者乘同一辆车，车辆装备应符合应急使用要求，具有越野和爬陡坡能力；驾驶员应安全驾驶，任务距离较长时应有两名驾驶员交替驾驶；到达任务地点附近时，应听从现场指挥部的指挥，确保有序行进和停放；在应急供水保障中，当水平输水距离大于 2 km 或供水点垂直高差超过 200 m 时，应配备该系统；系统应具备调速功能，满足不同提水需求，并具有一定的越野能力，适应不同场合。

2）井用潜水泵

在应急供水保障中，采用水井作为水源时，应配备使用井用潜水泵；配备的水泵需满足水井参数的要求，包括井径、井壁质量、静水位、动水位、出水量和水质条件；水泵对应的参数应包括泵外形直径、流量、扬程和输出管口规格。

3）电动潜水泵

在应急供水保障中，采用地表水作为水源时，应配备使用电动潜水泵；配备的水泵需满足参数要求，包括流量、扬程和输出管口规格。

4）应急柴油发电机

在应急供水保障中，采用电泵抽取井水或地表水时，应配备使用应急柴油发电机；配备的发电机需满足应急供水保障中所有电气设备的使用功率要求，一般按最大使用功率的 3 倍配备发电机功率；配备的发电机输出电压为 AC 220 V 和 AC 380 V，频率为 50 Hz。

5）快速高压输水软管

输水管采用软管形式，便于应急使用；输水管采用快速接头连接；输水管采用高压管，以适应不同输水需求。

（4）输水装备

1）应急远程供水系统

应急远程供水系统（以下简称“供水系统”）由 1 台越野型移动泵站车和 2 台越野型管线作业车组成。基于车载液压系统驱动的拉臂钩技术，实现子、母托盘的整体自装卸的越野型移动泵站车应符合《消防车 第 1 部分：通用技术条件》（GB 7956. 1—2014）和《消防车 第 7 部分：泵浦消防车》（GB 7956. 7—2019）的要求。基于越野运载平台的系统集装集成技术的越野型管线作业车应符合《消防车 第 1 部分：通用技术条件》的要求。供水系统的输送流量≥50 L/h，服务区域面积≥10 km^2。供水系统的网点数量≥10 处，完成布网时间≤10 h，形成供水能力时间≤16 h。

供水系统应具备的功能：自动水力布站，自动运行调度；泵机组及管线车载运输；管线机械化展开与撤收。

2）便携式快速水质检测仪

便携式快速水质检测仪的检测精度应达到以下要求。

① 溶解氧：±1%F. S.，分辨率 0. 01 mg/L。

② 浊度：±5%或±0. 3 NTU（取大值），分辨率 0. 1 NTU。

③ 电导率：±1%，分辨率 0. 01 μS/cm（<1 mS/cm）。

④ pH：±0. 1，分辨率 0. 01。

⑤ 重金属示值误差：±10%或±5. 0 μg/L（≤50 μg/L）。

（5）净水装备——空投便携式净水装置

① 性能要求。净水装置的产水量应不小于 600 L/h，质量不超过 25 kg，体积不超过 100 L，产水率应达到或超过 85%。

② 应具备的功能。能够处理普通地表水、地下水和苦咸水，并且可以通过直升机实现空投放置。

（6）通信指挥装备

1）应急供水指挥管控平台

① 性能要求。应符合《基础地理信息标准数据基本规定》（GB 21139—2007）、《国内卫星通信系统进网技术要求》（GB/T 12364—2007）、《卫星导航定位坐标系统》（GB/T 30288—2013）、《警用数字集群（PDT）通信系统总体技术规范》（GA/T 1056—2013）的要求，并应具备满足应急供水需求的专题数据图层与相应矢量数据。卫星遥感地图的分辨率精度应不大于 0. 75 m，高程精度应不大于 5 m。

② 应具备的功能。三维地理地貌信息及态势呈现、应急供水专业矢量数据图层显示；任务筹划、协同、定位导航、数据采集共享；用户管理、组网管理、入网设备管理、信息安全管理；接入卫星遥感监测数据、无人机数据、现场语音图像数据、传感器数据，并通过多媒体方式传递和展示；根据应急供水需求即时更新卫星遥感监测数据。

2）单兵终端

单兵终端的性能应符合《消防员单兵通信系统通用技术要求》（XF 1086—2013）的规定，并应具备地图浏览、消息通信、信息采集、地图标绘与共享、友邻态势显示、路线导航等功能。此外，单兵终端还应具备实时采集并传输应急供水现场音视频图像信息的功能，能够测量、记录和上传应急供水环境参数，并具备确定及上传人员所处位置信息的功能。

① 现场语音通信功能要求。与其他队伍之间的协同语音通信；与公用电话网（固定网、移动网）之间的语音通信；进行语音通信时，可以采用选呼、组呼、全呼等模式。

② 现场通信组网功能要求。具有自组网和无中心组网功能；支持点对点标记及多点和节点中继等无线通信组网模式；具有规范的开放式信息接口，可与其他消防通信系统互联互通；信息传输支持常规无线电网络、公众移动网络、Wi-Fi 网络等多种方式。

③ 现场音视频信息采集与传输功能要求。现场音视频信息的实时采集、压缩存储功能；现场音视频信息的实时显示、查询和播放功能；将现场音视频信息以无线方式实时、定时或手动传输至指挥平台。

④ 卫星定位功能要求。在北斗系统或 GPS 系统的支持下，定位现场及人员位置；将人员所在位置以无线方式实时或定时传输至指挥平台。

3）车载/背负终端

① 性能要求。车载/背负终端应支持数模双制式，满足模拟 MPT-1327 和数字 PDT 系统对技术指标的要求，支持数字常规、模拟常规、DMR 数字集群及常规、单频自组网（应急网）等多种工作模式；指挥通信装备应满足应急供水全域内的通信保障需求，且技术性能应符合《公安卫星通信网卫星地球站技术规范》（GA/T 528—2021）和《森林防火通信车通用技术要求》（LY/T 2580—2016）的规定。

② 应具备的功能。能够通过短波、超短波无线自组网设备进行中、远距离语音和数据通信；能够与单兵终端进行通话；能够通过卫星信道进行图像、语音、数据的双向传输；能够通过宽窄带信道进行现场音频和视频信号的传输；能够进行多路现场图像采集、切换和存储；能够接入公网进行数据、图像、语音传输和交换。

4）现场数据服务器

① 性能要求。CPU 性能、内存数量、存储容量应保障现场各类信息系统正常运行。

② 应具备的功能。支持地下水源智能勘测与快速分析系统的部署与运行，支持现场数据实时采集、处理、存储与共享。

7.3.3 装备的使用

（1）找水装备

1）地下水源智能勘测与快速分析系统

使用地下水源智能勘测与快速分析系统前，应先按照《计算机软件需求规格说明规范》（GB/T 9385—2008）和《基础地理信息标准数据基本规定》（GB 21139—2007）的相关要求对系统进行检查，再按照操作手册安全使用。系统通过网页链接在指定网络进行登录访问，确保访问的私密性，并为不同用户身份（如决策者或开发者）设置不同的使用权限，用户可根据需求进行网页浏览和使用。在现场使用时，应安排专人随时待命解决系统突发问题，并实时关注各终端状态和水源情况，进行信息传递。

2）现场监测无人机设备

使用无人机设备前，应先按照《无人机通用规范》（GJB 2347）、《通用型无人机操作使用要求》（GJB 6722）的相关要求对无人机设备进行检查，再按照操作手册安全使用。安装前，检查设备是否有外观损坏，紧固件是否牢固。安装完成后，打开地面站、通信设备、无人机电源，检查无人机的所有电子部件是否正常工作，传感器是否正常采集数据，通信系统是否能实时传输数据。飞行前，必须进行飞行器的机械外观检查，如有破损，严禁使用；并检查飞行器的机械紧固情况，确保紧固件结实可靠。此外，还需检查飞机电池和地面站电池的容量，飞控系统的卫星定位传感器、惯性导航传感器和磁场传感器，如有警告，禁止起飞。起飞和降落场地必须开阔，避免树木、电线等遮挡，选择平整的平台作为起降场地。如有其他无人机在同一空域，需与操控人员协调飞行时间、飞行高度、航线等，避免交叉。操控人员应获得相关机构的培训证书，且不得酒后操控或身体不适时操控。每台无人机应配备至少两名操控人员，保持相互联络通畅。起飞前，还应了解空域管制情况，确保合法飞行，并佩戴护目、防眩光眼镜，确保无人机不超出视野。

3）高密度电法仪

使用高密度电法仪前，应先按照《石油物探仪器环境试验及可靠性要求》的相关规定对其进行检查，再按照操作手册安全使用。操作人员应经过培训后操作高密度电法仪。高密度电法仪主机应在所有电极和电缆线布设完成后再开机。在数据采集过程中，主机电源不得切断，电缆线不得断开。若电极装置为二极或三极装置，则无穷远极应使主机相应接线柱引出。仪器面板应避免阳光直射，并且严禁在雨天施工。

（2）成井装备——液压快速随钻成井钻机

1）发动机启动

首先闭合电源开关大闸，开启发动机控制盒电源开关，按下控制盒面板上的启动键，发动机启动。然后预热 3 ~ 5 min，并仔细观察整机有无异常。在紧急情况下，可以按下发动机的“急停”按钮，若无异常，则旋转油门拉线，使发动机转速稳定在1500 r/min左右。

2）调平钻机

将钻机开到确定的钻孔位置后，操作四个液压支腿换向阀手柄，使支腿下降，直到其顶住地面。然后继续用液压支腿顶起钻机，直到钻机履带微微离开地面，并通过水平仪调平钻机。

3）竖起桅杆

用起落油缸慢慢竖起钻架，直到其顶住定位块。接着操作桅杆滑架手柄，将桅杆底部滑向地面，使桅杆撑地，并用螺钉固定桅杆滑架与车架。

4）放平桅杆

钻孔完毕后，松开桅杆滑架与车架之间的固定螺钉。然后慢慢将桅杆收回，使其脱离地面，接着将桅杆慢慢放平，直到落到支撑架上，确保钻杆或冲击器不在定心器中。

5）调整回转速度

回转速度通过转速变换挡来调整，变换钻进操纵台上的回转器（动力头）的变挡旋钮实现转速换挡。调节动力头“回转”先导手柄的位置，可以实现回转头在挡内的无级变速。同时，推动动力头“合流回转”先导手柄，可以实现双泵合流，从而增大回转器的转速。

6）调整推进压力

通过旋转操纵台的推进压力手轮可以调节钻孔时的最大轴压力，通过旋转液压操纵台的反推进压力手轮可以调节钻进时的轴压力和推进速度。

（3）提水装备

1）一般要求

在使用提水装备时，应确保所有标牌、标志都处于规定位置并保持字迹清晰。使用时应严格按照制造商提供的说明书操作，避免发生危险。根据使用场所的特点，采取适当的防火和防静电措施。如提水装备出现安全隐患，应立即停止使用，未经修复不得重新投入使用。进入工作区的人员必须穿戴规定的劳保用品，操作时避免接触旋转部件，与发动机排气管等热源保持安全距离。易燃物品应远离热源，灭火器等安全设施要定期检查，并放置在便于取用的地方。作业区域光照应不低于32 lx，夜间作业应配备辅助照明设备。作业场地必须保持畅通清洁，严禁放置与作业无关的易燃易爆物品，废弃物应及时清理并妥善处理。发生意外情况时，应由现场领导小组共同研究解决。

2）环保要求

作业场地必须设置排污池，污水禁止排放至河流、湖泊、水井、农田、鱼塘等，应集中存放并处理。柴油机的排放气体应远离村庄、树林、建筑物等。对作业现场的生活污水和垃圾要加强管理，集中处理，做到工完料净场地清。应采取有效措施降低噪声，采取消音、隔音、防震等手段防止噪声污染。装备过程中产生的废弃蓄电池、油类物质、生活垃圾等废弃物应按相关规定进行处理。作业现场应配备垃圾桶（袋），防止污染环境，固体废弃物和废液应分类回收处理。

3）对操作者的要求

操作者应接受操作培训，并按照提水装备各设备的使用说明书中的规定进行操作。操作者应了解其权利与义务，熟悉所有安全须知，包括使用说明书等。操作者应注意作业环境，包括作业场地附近的其他人员及固定的或移动的物体。若操作位置的底板高度高于地面 300 mm，操作者上下设备时应采用三点支撑的方式，如一手两脚或两手一脚同时与设备接触，并抓牢踩实。操作者在操作提水装备时，应穿戴与工作相适应的保护服装、安全帽、防护鞋。操作者在作业期间应对提水装备负责，不得让未经许可的人员操作设备。车载提水泵车不得载客，搭载人数不应超过允许随乘的人数。操作者应警告所有在提水装备附近的人员可能存在的危险，设备启动前应确保危险区内无人员逗留。设备运行中，若发现可能出现人员危险，应及时发出警告信号；若人员经警告仍未离开危险区，操作者应立即让提水装备停止工作。

4）装备运输

执行任务前应检查车况，确保轮胎胎压正常、油量充足、备胎状况良好。车载提水装备出发前应确定出行路径规划，避免限高、路况等影响运输的时效性。对于排水沟、铁路道口及类似的路面，必要时应铺设跳板或过渡板，使装备尽可能无颠簸地行驶通过。设备运输的坡道坡度不应超过车辆制造商规定的坡度值，并防止车辆打滑。车载提水泵组及附属设备运输车辆与周围环境的固体物之间应留有足够的间距，通道的轮廓或界限应清晰。在车辆行驶过程中，应随时观察各仪表、信号、机油压力、水温是否正常，油料是否充足，辨别发动机声音是否异常及其他部位有无异响。发动机动力始终应有 30% 功率分配到前桥驱动。如车轮打滑或误车，可结合前轮驱动和车辆应急脱困系统使车辆驶离误车区。装备运输中严禁酒后行驶，严禁疲劳驾驶，任务距离较长时应有两名驾驶员交替驾驶。到达任务地点附近时，应听从现场指挥部的指挥，有序行进和停放，避免交通堵塞。

5）装备布设、准备

设备搬运悬吊时应注意：起吊、搬运设备时，应有专人指挥和协调；起吊、搬运设备不应超过吊具的承载能力；设备起吊、搬运过程应低速运行、谨慎制动和转向，避免带着悬吊的设备上下坡运行，以防设备摆动；应避免设备固定装置意外移动或松动；确保运行路线内及运行方向上没有人员停留，并确保起吊、搬运设备的摆动不会危及人员、设备的安全；必要时应利用辅助工具（如固定绳索、固定杆）进行起吊、搬运设备的固定控制。

① 移动式高压泵送系统。设备进场摆放时，要结合作业现场情况，提前进行现场勘察。首先，泵车应停放在地面平整、承重能力充分满足设备运行要求的区域。进入作业场地时，排气管应装有阻火器。泵车停放后，应将车辆断气刹车合上，并使用不少于 4 块驻车器固定轮胎，防止车辆意外滑行。接着，打开液压支腿进行调平，使泵车达到要求的水平。泵车摆放时要预留检泵空间和逃生通道，车辆外廓与最近的固定物体之间的距离应不小于 0.8 m。然后，连接泵车进水管和排出高压软管。接好排出高压软管后，使用额定载荷不小于 5 t 的吊装带将其缠绕并固定在车尾吊钩上。最后，安装泵车接地棒，接地电阻不大于 4 Ω，并在车头处放置不少于 1 个的 8 kg 干粉灭火器。

② 井用潜水泵。在布设井泵前，必须对水井进行洗井作业，确保井内泥浆被排除，且进、出洗井液一致为合格，要求井壁光滑。水质方面，井水中固体颗粒体积比需 $\leqslant 0.1\%$，pH 值应在 6.5~8.5 之间，氯离子含量不大于 400 mg/L，且水井出水量不应小于水泵额定流量的 50%。使用电表检查电机定子绕组对地的绝缘电阻，要求不小于 50 MΩ。下井前，应向泵内注入清水并点动空转 1 min，检查泵运转是否正常，旋向是否正确。水泵必须经过地面检查合格，包括井泵上安装的仪表、线缆及连接管。井深及水深丈量必须准确，且深度应符合井泵的使用要求，水泵进水口必须位于动水位 5 m 以下。所有安装使用工具应准备好，树立三脚架和吊链时要确保安全、可靠。井泵下井时应使用升降机，且下井过程应匀速进行，避免与井

壁磕碰。井泵下井时要利用井泵支架对潜水泵、水管、线缆等进行可靠固定。地面上的软管应进行必要的固定，防止运行中管路扭曲缠绕。引出电缆时，应使用 1 根黄绿双色接地线，并确保其可靠接地。

③ 电动潜水泵。该泵布设在便携式蓄水池中，为车载提水泵组提供一定压力要求的供水。水质方面，要求水温≤40 ℃，井水中固体颗粒体积比≤0.1%，pH 值应在 6.5～8.5 之间，氯离子含量不应超过 400 mg/L，水井的出水量应不小于水泵额定流量的 50%。用电表检查电机定子绕组对地的绝缘电阻，要求不小于 50 MΩ。电动潜水泵应利用固定支架卧式布置在水池中，且与水底的距离应不小于 0.5 m。在地面上点动空转时，检查泵的运转是否正常，并确保旋向正确。此外，引出的电缆中应有 1 根黄绿双色接地线，并确保其可靠接地。

④ 便携式蓄水池。便携式蓄水池应布置在车载提水泵组周围，蓄水池定置的地面应尽可能平整，并且不得有尖锐突起。蓄水池的框架搭扣应插入到位，以防散架。若有多个蓄水池串联使用，接口连接应牢固，以防漏水。

⑤ 应急柴油发电机。发电机组从车辆上装卸时应使用叉车或吊装设备，以避免机组倾倒或掉落地面而摔坏。应急柴油发电机通过底部专门安装的橡胶拖动轮可进行短距离拖动。发电机组布置在车载提水泵组周围，应以配电连接的经济性及使用的便利性为布置依据，且机组周围保持 1～1.5 m 的空隙，上部保持 1.5～2 m 的距离，以保证有足够的空间，不允许有其他物品。布置定位后，应打开橡胶轮上的锁止机构，防止机组在运行中产生移动。添加柴油、机油、冷却液至规定液位，确保发电机组可靠接地，并安装接地棒，接地电阻不大于 4 Ω。最后，连接输出电缆至泵车配电箱。

⑥ 快速高压输水软管。高压输水软管采用快速接头进行连接，所有接头必须清洗干净并确保紧固。管路连接完成并经过密封可靠性检查后，应进行必要的固定，防止在运行过程中管路出现扭曲或缠绕。

6）启动前检查

启动提水装备前操作者应检查各配套设备状况，确保运行安全。为保障人员、设备安全，通常作业前应对各设备进行如下适用项目的检查。

① 移动式高压泵送系统。

a. 移动式高压泵送系统中的汽车底盘检查。确保车辆处于熄火和空挡状态，并检查刹车、轮胎气压、液压支腿、底盘水平度等参数是否正常；

检查轮胎固定螺丝、驾驶室锁定情况；检查底盘横直拉杆及球头连接是否牢固；检查底盘燃料油箱油量，并按要求补充；检查车厢换气窗是否可靠固定；检查燃油管道连接是否正常；检查车上附件的固定情况。

b. 移动式高压泵送系统中的自清洗过滤器检查。首先，检查设备的紧固情况，确保所有部件稳固；然后，检查线缆和附属管道的连接是否正常，确保没有松动或漏水等问题。

c. 移动式高压泵送系统中的柴油机检查。首先，确保设备的各个部件牢固，并检查机油和冷却液的液位是否正常。接着，检查线缆和附属管道是否连接可靠，启动电池电压是否充足，同时确认转动部位没有异物。燃油必须符合规定标准，并确保燃油系统中无空气，所有管路充满燃油。此外，启动前还需要确保电子控制单元（ECU）和仪表盘正常供电，检查是否有报警提示。最后，通过人工盘车检查曲轴是否正常运转，避免出现卡碰现象，并避免采用带负荷启动或联动拖带的方式。

d. 移动式高压泵送系统中的增速齿轮箱检查。首先，检查设备的紧固情况，确保所有连接部件牢固可靠。其次，检查机油液位是否正常，以确保齿轮箱的润滑系统良好。然后，检查离合器的手动应急手柄是否能正常操作，并确保离合器处于正确的脱开状态。最后，检查齿轮箱的转动部位是否有异物，以确保设备运行顺畅且不会受到损坏。

e. 移动式高压泵送系统中的提水泵检查。首先，检查设备的紧固情况，确保所有连接部件牢固。其次，进行盘车检查，确保转子转动顺畅，无卡阻现象。然后，检查固定螺栓和附属管道的紧固情况，以避免运行过程中出现松动或漏水问题。最后，检查配套仪表是否正常工作，确保所有相关设备都处于可操作状态。

f. 移动式高压泵送系统中的附属管路和仪表检查。首先，检查所有管路和仪表的安装紧固情况，避免松动或泄漏。然后，确保仪表的显示和信号传输正常，及时反馈系统状态。最后，检查管路上的手动和电动阀门是否能正常开启和关闭，确保控制系统运行顺畅，不出现任何故障。

g. 移动式高压泵送系统中的智慧控制系统检查。在设备启动前，必须对各项检查进行全面确认，确保每个部件的紧固状态、连接正常，并且所有电气设备和系统的功能都能正常运行。特别是对于控制系统，应确保信号传输顺畅、反馈准确，设备安全高效运行。

h. 移动式高压泵送系统中的快速高压输水软管检查。在检查过程中，应确保所有管路接口连接牢固无松动。管路表面应无磕碰或破损，保持良好的完整性。此外，泵出口阀的开度应设定在 25%，并进行检查，确保其能正常操作。

② 井用潜水泵。首先，检查井泵是否牢固可靠；其次，确保出水管接口密封可靠，且管道无缠绕或打结；最后，检查电缆是否完好无损，确保没有磕碰或破损情况。

③ 电动潜水泵。首先，确保潜水泵的进水口完全浸没在水中；其次，检查出水管路连接是否可靠，确保管道没有缠绕或打结；最后，检查电缆连接是否牢固，确保电缆无磕碰或破损。

④ 应急柴油发电机。检查发动机与发电机的传动部分，确保连接牢固可靠；检查机组的油液液位是否处于合理位置；检查接地装置，确保接地线连接牢固；所有控制器和传感器应接线至控制开关柜；启动电池应保持全充电状态，随时备用；确保输出电缆已正确连接，绝缘良好，且输出开关处于断开状态。

⑤ 便携式蓄水池。首先，确保蓄水池支撑框架牢固可靠，且无倾斜现象；其次，检查蓄水池是否存在破损或漏水情况。

7）启动、运行要求

供水作业应统一指挥，指挥人员需要随时掌握作业动态，并在作业开始前向所有参与人员传达技术、安全及环保要求，确保供水作业安全进行。操作者必须持有相关资格证书并上岗作业，进入作业现场时应严格按照规定穿戴必要的劳保防护用品。

① 移动式高压泵送系统提水泵操作规范。在柴油机怠速及升速过程中，检查提水泵的运行状态，确保无漏水、漏油情况；检查提水泵的振动、温度、噪声情况。如在升速过程中，泵组运行出现异常的振动或噪声，应立即将柴油机调至怠速。柴油机达到全速后，检查润滑油油压是否在 0.08～0.15 MPa 之间，并确认泵前后回油管视镜显示流量已达到 1/2 以上。

② 井用潜水泵操作规范。泵启动后需观察电流和出水量是否在规定范围内，检查泵的运转声音及是否出现异常振动现象。若发现井泵配套的液位信号过低、电泵出现较大的振动或在额定扬程下流量下降较多，则应立即停泵处理。若出现接地不良或漏电现象，应迅速切断电源，停止使用并进行检修。

③ 电动潜水泵操作规范。首先，检查蓄水池的水位，若水位过低，应立即停泵。若出现接地不良或发现漏电现象，应迅速切断电源，停止使用

并进行检修。在检查便携式蓄水池时，应确保蓄水池完好无损，并且没有破损或漏水的情况。

④ 应急柴油发电机操作规范。首先，启动燃油泵并排出管路中的空气，确保油压在规定范围内才能启动发电机。发电机组严禁带负荷启动；若环境温度较低，启动后应适当延长机组怠速运行时间（≤5 min），但不可长期怠速，油温和水温达到60~70 ℃时才能加负载。运行过程中应确保无漏水、漏油、漏气现象，柴油机的油压、油温、水压、水温及烟色正常，且运行时无异常振动或噪声。此外，需注意燃油箱液位，液位低时应及时补充，并检查和调整输出电压及频率，使其在合理范围内。对控制屏上的预报警指示应及时处理，机组允许连续三次启动，两次启动之间间歇时间为 5 s，若三次启动均失败，启动程序将被闭锁并需手动复位。启动后，应确保发电机及所有用电设备带电，严禁人体接触带电部分。

(4) 输水装备

1) 越野型移动泵站车

自装卸运输底盘使用前准备工作：首先，执行任务前应检查车况，确保轮胎胎压正常、油量充足、备胎状况良好；执行任务时，需携带车辆便携维修工具，并准备满足车辆行驶 300 km 的补充油料；到达任务地点附近时，应观察周围地形，选择有利位置以方便自装卸运输底盘的使用；驾驶员需安全驾驶车辆，任务距离较长时，应确保有两名驾驶员交替驾驶。

安全操作时应特别注意：自装卸系统工作前，必须发出工作信号，并确保作业区域内无人员逗留，指挥人员应在作业区域外指挥，严禁人员站在吊起的箱体下方；在作业区域上方有障碍物或进行夜间作业时，需有专人指挥；当其他人员可能进入系统工作区域时，禁止突然启动或关停系统动作；举升臂与高压电线的距离应遵循相关规定，危险区域范围包括上部（距地面8 m内）、前部（同车辆全长）、后部（车辆全长+箱体长度）、两侧（至少10 m）；严禁超载作业，若车辆前轮离地，应立即停止装载，操作人员应下车，小心通过主操纵装置将配套上装卸下；装卸作业时，油缸动作接近终点时应操作缓慢，避免终点冲击；在随车吊作业时，严禁与自装卸伸缩臂及裙板干涉，并且吊臂下不得站人；重物不应在空中长时间停留，驾驶员和指挥人员不得离开岗位；特殊情况下，使用辅操纵装置时，必须按照装卸时的工作顺序操作；车辆在移动或停止时，空载设备应放在正确位置，严禁在其他位置操作。

泵站机组使用前准备工作：检查加压发动机燃油箱，确认油位处于指示范围内，且燃油符合使用环境温度要求；检查加压发动机的机油和齿轮箱机油，确保机油油位处于正常范围；检查加压发动机冷却器的冷却液，确保冷却液液位正常；检查加压发动机蓄电池的电量，确认电量满足机组启动要求。这些检查是确保机组正常启动和安全运行的基础。

泵站机组操作时的注意事项：增压泵严禁空转运行，以避免设备损坏；泵站运行期间，禁止人员进入泵站箱内进行检查或维护，以确保操作安全；泵站运行过程中必须有专人值守，以便及时应对突发事件并进行紧急停机操作；手动增压时，确保进口压力不低于 0.02 MPa，防止吸水水带被吸扁；按照发动机维护保养手册的要求，定期对发动机进行维护保养，以保证设备长期稳定运行。

泵站机组操作说明：将吸水泵放入水源并固定好，连接好泵机组与取水泵之间的进水管路，以及泵站之间的管路，确保连接可靠；启动取水泵，待其稳定运行后，调节泵流量至额定流量；按下控制面板上的“总电源开关”按钮，给控制系统通电；按下控制面板上的“启动/停止”按钮，启动发动机；按下“加压泵”按钮，启动加压泵；按下“自动”按钮，将泵机组调至自动模式，泵机组将自动运行；按顺序关闭泵机组，确保安全操作。

2）越野型管线作业车

操作前注意事项：严禁在水带箱内放置、收卷和码放与水带无关的障碍物，以确保操作顺畅；当收带系统发生故障或可能发生故障时，应及时按下“急停”按钮以避免进一步损害；在高速行车时，需将收带机缩回，以确保行车安全；水带箱内的辅助人员应站在未摆放水带的格栅内，且在收卷最后一格水带时，水带箱内不得站人，辅助摆带时也要注意安全。

操作说明：打开水带箱集装式后门，并将其固定于两侧；取下末端的水带接口，手动拖曳将其连接到泵车出水口；车辆应缓慢加速（水带敷设速度在 0~15 km/h 之间），开始进行水带敷设作业。在水带开始正常敷设后，地面人员应进行以下操作：随车整理敷设后的水带，使其尽可能靠近道路边缘，减少对其他车辆通行的影响；在通过主要路口时，根据需要架设水带护桥以确保通行安全。

（5）净水装备——空投便携式净水装置

1）准备

首先，在执行任务前，应检查滚塑箱和装置，确保装置状态正常、配件充足、运行良好，同时确保滚塑箱无破损；其次，在执行任务时，应携带便携维修工具，以应对可能出现的设备故障；最后，到达水源附近时，应观察周围地形，选择平整且有利的位置，方便净水装置的使用。

2）空投

首先，空投地点应选择开阔场地，以确保安全；其次，在进行空投前，必须发出信号，并观察空投点附近的设备和人员情况，确保空投区域内没有任何人员和障碍物，且指挥人员应在作业区域外进行指挥。

3）使用

使用净水装置前的准备工作：首先，检查净水装置的外观，确保装置处于完好状态；其次，检查所有排空阀，并确保其处于关闭状态；最后，检查蓄电池电量，确认其满足装置启动要求。

净水装置操作说明：将吸水泵放入水源并固定好，连接好泵机组与取水泵之间的进水管路以及泵站之间的管路，确保连接可靠；将净水装置的废水管连接至相应接口，并将出水口放入集水坑中；按下控制面板上的“总电源开关”按钮，给控制系统通电；按下“启动/停止”按钮，启动装置；关闭净水装置时，按照指定顺序操作；操作完毕后打开所有排空阀，将净水装置内的水排空。

（6）通信指挥装备

1）应急供水指挥管控平台

应安排专人随时待命，解决突发问题；应安排专人实时关注各终端状态和现场情况，并进行信息传递，确保平台的高效运作和及时应对突发事件。

2）单兵终端

使用前应进行合理编组，避免频道干扰；执行任务时，应保持各项功能开启，并严格按照指挥部的要求传递信息；使用时，工作温度范围为−25～60 ℃，存储温度范围为−55～70 ℃，工作湿度范围为0%RH～95%RH（非凝露）。

3）车载/背负终端

车载/背负终端的工作条件应符合《公安卫星通信网卫星地球站技术规范》的规定。

4）应急通信组网

应急通信组网操作要求：使用分析系统前应按照《通用型无人机操作

使用要求》（GJB 6722）的相关要求进行检查，并按照操作手册安全使用。设备包括路由器（公共移动网络接入，必要时采用卫星数据终端接入）、交换机（用于服务器等有线设备接入）、自组网 AP 接入点；如需远距离组网或超视距组网，还需配备点对点网桥或中继网桥；无线接入点及网桥如需室外安装，还需考虑设备的防水、防尘性能；路由器或交换机如需室外安装，需配备室外防水、防尘箱；网络基站点及中继点网桥需在作业时段内连续供电，必要时需配备太阳能电板、蓄电池等供电设备；组网设备需由专业的网络通信员依据设备厂家说明书进行架设及调试；在设备接入有线网络或在无线网络覆盖范围内接入无线 AP 点后，通过自动获取或手动配置相应的 IP 地址，即可与服务器或其他终端设备进行数据通信。

5）现场数据服务器

现场数据服务器操作要求：服务器需在作业时段内连续供电，必要时配备太阳能电板、蓄电池等供电设备；若服务器需室外安装，则必须配备室外防水、防尘箱；系统安装应由专业的系统管理员进行，且应用软件的部署应由具有该软件开发经验或使用背景的人员完成，安装方式可采用远程桌面或远程终端的方式；现场服务应通过有线接入现场通信网络，终端设备接入有线网络或在无线网络覆盖范围内接入无线 AP 点，通过自动获取或手动配置相应的 IP 地址后，终端设备即可与服务器的 IP 地址和端口进行数据通信。

（7）保障装备

保障装备使用要求：应根据任务的时间、地点和环境，携带必要的保障装备；执行任务前需确认油量、电量充足，配件应齐全，并确保电子、机械设备能够正常运转；携带足够的发电机补充油料，确保发电机能够持续正常工作不少于 24 h；对保障装备和相关物资进行安全管理和使用，避免造成伤害和事故。

参考文献

[1] EPA. Planning for and responding to drinking water utility contamination threats and incidents: Overview and application[EB/OL].(2003-12-18)[2023-10-20]. https://www.epa.gov/waterutilityresponse/planning-and-responding-drinking-water-utility-contamination-threats-and.

[2] Jack U, de Souza P. Water safety and security: Emergency response plans[R/OL].[2023-10-22]. chrome-extension://ibllepbpahcoppkjjllbabhnigcbffpi/https://www.wrc.org.za/wp-content/uploads/mdocs/2213-1-16.pdf.

[3] Jhariya D C, Kumar T, Gobinath M, et al. Assessment of groundwater potential zone using remote sensing, GIS and multi criteria decision analysis techniques[J]. Journal of the Geological Society of India, 2016, 88(4): 481-492.

[4] Al Marzooqi M. The contribution of artificial intelligence (AI) to disaster response and management[D]. Cambridge: Anglia Ruskin University, 2024.

[5] Tamiru H, Wagari M, Tadese B. An integrated artificial intelligence and GIS spatial analyst tools for delineation of groundwater potential zones in complex terrain: Fincha Catchment, Abay Basi, Ethiopia[J]. Air, Soil and Water Research, 2022, 15:1-15.

[6] Arabameri A, Pal S C, Rezaie F, et al. Modeling groundwater potential using novel GIS-based machine-learning ensemble techniques[J]. Journal of Hydrology: Regional Studies, 2021, 36: 100848.

[7] 刘琼, 李瑞敏, 王轶, 等. 区域地下水资源承载能力评价理论与方法研究[J]. 水文地质工程地质, 2020, 47(6): 173-183.

[8] 秦沛, 李海明, 刘春生. Geoprobe 直推钻机在城市水土环境地质调查中的应用[J]. 探矿工程（岩土钻掘工程）, 2020, 47(3): 1-8.

[9] 潘云雨, 梅金星, 徐静, 等. ZHDN-SDR 150A 型高频声波钻机设

计[J]. 钻探工程, 2022, 49(2): 135-144.

[10] Yin Y B. Pneumatic down-the-hole hammer [M]//High speed pneumatic theory and technology volume II. Singapore: Springer Singapore, 2020: 195-268.

[11] MWI Pumps. Mobile water pumps[EB/OL].[2023-10-20]. https://mwipumps.com/products/mobile-pumps.

[12] Timmes T C, Kim H C, Dempsey B A. Electrocoagulation pretreatment of seawater prior to ultrafiltration: Pilot-scale applications for military water purification systems[J]. Desalination, 2010, 250(1): 6-13.

[13] Ahmed Z. Membrane technology for water purification and desalination: A sustainable solution to a growing crisis[J]. Research Journal, 2023, 1(02): 83-91.

[14] Mandal C S, Agarwal M, Reddy V, et al. Water from air - A sustainable source of water[J]. Materials Today: Proceedings, 2021, 46: 3352-3357.

[15] Xie T, Xu Y, Liu X, et al. Microbial safety evaluation for recycling of sand-filter backwash water in a water plant in Southern China[J]. Journal of Water Process Engineering, 2024, 61:105289.

[16] Dermek M. The parameters of the optimal method of water transport to forest fires[J]. Procedia engineering, 2017, 192: 96-100.

[17] 赵瑶瑶. 数字孪生技术在工业制造中的应用研究综述[J]. 中国设备工程, 2024(3): 33-35.

[18] Zhang Y F, Ren W Q, Zhang Z, et al. Focal and efficient IOU loss for accurate bounding box regression[J]. Neurocomputing, 2022, 506: 146-157.

[19] 蒋耀林. 模型降阶方法[M]. 北京: 科学出版社, 2010.

[20] 蒋勉, 卢清华, 蒋经华, 等. 时空耦合系统变量分离降阶方法及其应用[M]. 北京: 科学出版社, 2021.

[21] 蒋勉. 时空耦合系统降维新方法及其在铝合金板带轧制过程建模中的应用[D]. 长沙: 中南大学, 2012.

[22] Bentkamp L, Drivas T D, Lalescu C C, et al. The statistical geometry of material loops in turbulence[J]. Nature Communications, 2022, 13(1): 2088.

[23] 宇波. 流动与传热数值计算:若干问题的研究与探讨[M]. 北京: 科

学出版社，2015.

[24] 薛玉强. 基于车联网数据的重型商用车动力传动系统匹配优化[D]. 青岛：青岛大学，2022.

[25] 伏苓. 干旱半干旱地区农村饮用水安全保障体系与工程措施研究[D]. 西安：长安大学，2012.

[26] 中华人民共和国水利部. 村镇供水工程技术规范：SL 310—2019[S]. 北京：中国水利水电出版社，2019.

[27] 中华人民共和国住房和城乡建设部. 建筑给水排水设计标准：GB 50015—2019[S]. 北京：中国计划出版社，2019.

[28] 国家质量技术监督局，中华人民共和国建设部. 工业金属管道设计规范：GB 50316—2000[S]. 北京：中国计划出版社，2008.

[29] 中华人民共和国住房和城乡建设部. 建筑给水塑料管道工程技术规程：CJJ/T 98—2014[S]. 北京：中国建筑工业出版社，2014.

附录 I 相关国家标准

高低压供水管路接口的标准化

GB 12514.1—2005 消防接口 第 1 部分：消防接口通用技术条件

GB 12514.2—2006 消防接口 第 2 部分：内扣式消防接口型式和基本参数

GB 12514.3—2006 消防接口 第 3 部分：卡式消防接口型式和基本参数

GB 12514.4—2006 消防接口 第 4 部分：螺纹式消防接口型式和基本参数

GB/T 9112~9124—2010 钢制管法兰

GB/T 12772—2016 排水用柔性接口铸铁管、管件及附件

GB 6643—1986 通用硬同轴传输线及其法兰连接器总规范

GB/T 9125—2003 管法兰连接用紧固件

GB/T 9113.4—2000 环连接面整体钢制管法兰

GB/T 9065.3—2020 液压传动连接 软管接头 第 3 部分：法兰式

GB/T 20801.4—2020 压力管道规范 工业管道 第 4 部分：制作与安装

GB/T 20173—2013 石油天然气工业 管道输送系统 管道阀门

GB/T 11618—1999 铜管接头

GB/T 12465—2017 管路补偿接头

电气硬件接口的标准化

GB/T 7611—2016 数字网系列比特率电接口特性

GB/T 18759.6—2016 机械电气设备 开放式数控系统 第 6 部分：网络接口与通信协议

GB/T 30269.701—2014　信息技术 传感器网络 第 701 部分：传感器接口：信号接口

GB/T 30269.702—2016　信息技术 传感器网络 第 702 部分：传感器接口：数据接口

GB/T 32638—2016　移动通信终端电源适配器及充电/数据接口技术要求和测试方法

GB/T 15872—2013　半导体设备电源接口

GB/T 12668.8—2017　调速电气传动系统 第 8 部分：电源接口的电压规范

GB/T 16813—1997　无线电寻呼系统与公用电话自动交换网的接口技术要求及测试方法

GB/T 26230—2010　信息技术 系统间远程通信和信息交换 无线高速率超宽带媒体访问控制和物理层接口规范

GB/T 15629.16—2017　信息技术 系统间远程通信和信息交换 局域网和城域网 特定要求 第 16 部分：宽带无线多媒体系统的空中接口

应用程序接口的标准化

GB/T 31501—2015　信息安全技术 鉴别与授权 授权应用程序判定接口规范

GB/T 30996.1—2014　信息技术 实时定位系统 第 1 部分：应用程序接口

软硬件协议的标准化

GB/T 18792—2002　信息技术 文件描述和处理语言 超文本置标语言（HTML）

GB/T 37025—2018　信息安全技术 物联网数据传输安全技术要求

GB/T 16611—2017　无线数据传输收发信机通用规范

GB/T 17153—2011　公用网之间以及公用网和提供数据传输业务的其他网之间互通的一般原则

GB/T 17191.1—1997　信息技术 具有 1.5 Mbit/s 数据传输率的数字存储媒体运动图像及其伴音的编码 第 1 部分：系统

GB/T 17191.2—1997　信息技术 具有 1.5 Mbit/s 数据传输率的数字存

储媒体运动图像及其伴音的编码 第 2 部分：视频

GB/T 17191. 3—1997　信息技术 具有 1. 5 Mbit/s 数据传输率的数字存储媒体运动图像及其伴音的编码 第 3 部分：音频

山区和边远灾区应急供水装备技术规范引用文件

下列文件中的内容通过文中的规范性引用而构成本文件必不可少的条款。其中，注日期的引用文件，仅该日期对应的版本适用于本文件；不注日期的引用文件，其最新版本（包括所有的修改单）适用于本文件。

SL 454　地下水资源勘察规范

SL/T 183　地下水监测规范

GB 50027　供水水文地质勘察规范

DB11/T 1896　突发性地质灾害应急调查规范

CJJ7　城市勘察物探规范

JTG/T 3222　公路工程物探规程

DB 63/T 1933　无人机航空磁测技术规范

DZ/T 0151　区域地质调查中遥感技术规定（1：50000）

SL/T 247　水文资料整编规范

DG/T 156—2019　水井钻机

DZ 38—1984　水文、水井钻机系列

JB/T 10344—2002　动力头式钻机

DZ/T 0047—1993　水文水井钻机技术条件

DZ/T 0048—1993　水文水井钻机试验方法

JB/T 7845—1995　陆地钻机用装有电子器件的电控设备

DB13/T 1239—2010　潜孔钻机和钻凿机械通用技术条件

AQ 1043—2007　矿用产品安全标志标识

GB/T 5656　离心泵 技术条件（Ⅱ类）

GB/T 13006　离心泵、混流泵和轴流泵 汽蚀余量

GB/T 13007　离心泵 效率

GB/T 29529　泵的噪声测量与评价方法

GB/T 29531　泵的振动测量与评价方法

GB/T 3216　回转动力泵 水力性能验收试验 1 级、2 级和 3 级

API 682　离心泵和转子泵用轴封系统

GB/T 9239.1　机械振动 恒态（刚性）转子平衡品质要求 第1部分：规范与平衡允差的检验

GB 1589—2016　汽车、挂车及汽车列车外廓尺寸、轴荷及质量限值

GB 4785—2019　汽车及挂车外部照明和光信号装置的安装规定

GB 7258—2017　机动车运行安全技术条件

GB 8108—2014　车用电子警报器

GB 8410—2006　汽车内饰材料的燃烧特性

GB 11567—2017　汽车及挂车侧面和后下部防护要求

GB 17691—2018　重型柴油车污染物排放限值及测量方法（中国第六阶段）

GB 18296—2019　汽车燃油箱及其安装的安全性能要求和试验方法

GB 23254—2009　货车及挂车 车身反光标识

GB 25990—2010　车辆尾部标志板

GB 14050—2008　系统接地的型式及安全技术要求

GB/T 3181—2008　漆膜颜色标准

GB/T 12673—2019　汽车主要尺寸测量方法

GB/T 12674—1990　汽车质量（重量）参数测定方法

GB/T 18411—2018　机动车产品标牌

GB/T 3766—2015　液压传动 系统及其元件的通用规则和安全要求

QC/T 252—1998　专用汽车定型试验规程

GB/T 12786　自动化内燃机电站通用技术条件

GB/T 6072.1~7　往复式内燃机 性能

CB/T 3253　船用柴油机技术条件

GB/T 10397　中小功率柴油机 振动评级

GB/T 14097　往复式内燃机 噪声限值

JB/T 9746.1　船用齿轮箱 第1部分：技术条件

JB/T 9746.2　船用齿轮箱 第2部分：灰铸铁件 技术条件

GB 755　旋转电机 定额和性能

GB/T 997　电机结构及安装型式代号

HJ/T 269　环境保护产品技术要求 自动清洗网式过滤器

JB/T 11393　旋转盘式过滤器

GB 150　钢制压力容器

HG/T 20584　钢制化工容器制造技术要求

GB/T 5014　弹性柱销联轴器

GB/T 38768　高弹性橡胶联轴器 试验要求及方法

GB/T 2820　往复式内燃机驱动的交流发电机组

GB/T 2816　井用潜水泵

GB/T 2817　井用潜水泵技术条件

GB/T 2818　井用潜水异步电动机

GB 6245　消防泵

JB/T 7356　列管式油冷却器

JB/T 8727　液压软管总成

JB/T 10759　工程机械 高温高压液压软管总成

GB/T 14976　流体输送用不锈钢无缝钢管

GB/T 18659　封闭管道中导电液体流量的测量 电磁流量计的性能评定方法

GB/T 18660　封闭管道中导电液体流量的测量 电磁流量计的使用方法

GB/T 19672　管线阀门 技术条件

GB/T 3274　碳素结构钢和低合金结构钢热轧钢板和钢带

GB 8196　机械设备防护罩安全要求

GB/T 13384　机电产品包装通用技术条件

GB 1497　低压电器基本标准

GB 50093　自动化仪表工程施工及验收规范

GB/T 14048　低压开关设备和控制设备

GB/T 7251.1　低压成套开关设备和控制设备 第 1 部分：总则

GB/T 10585　中小型同步电机励磁系统 基本技术要求

GB/T 5013.4　额定电压 450/750 V 及以下橡皮绝缘电缆 第 4 部分：软线和软电缆

GB/T 4208　外壳防护等级（IP 代码）

山区和边远灾区应急供水装备使用规范引用文件

GB 50027　供水水文地质勘察规范

GB/T 9385　计算机软件需求规格说明规范

GB 21139　基础地理信息标准数据基本规定

GJB 2347 无人机通用规范

GJB 6722 通用型无人机操作使用要求

GA/T 528 公安卫星通信网卫星地球站技术规范

DZ/T 0048—1993 水文水井钻机试验方法

JB/T 6278—2007 水井钻机 试验方法

JB/T 6500—2007 冲击式水井钻机 技术条件

JB/T 6501—2007 回转式水井钻机 技术条件

GB/T 7935—2005 液压元件 通用技术条件

GB/T 9065. 1—2015 液压软管接头 第 1 部分：O 形圈端面密封软管接头

GB/T 9065. 2—2010 液压软管接头 第 2 部分：24°锥密封端软管接头

GB/T 9065. 3—2020 液压传动连接 软管接头 第 3 部分：法兰式

GB/T 13306—2011 标牌

GB/T 13384 机电产品包装通用技术条件

GB/T 24262 石油物探仪器环境试验及可靠性要求

GB/T 5656 离心泵 技术条件（Ⅱ类)

GB 7258—2017 机动车运行安全技术条件

GB 1589—2016 汽车、挂车及汽车列车外廓尺寸、轴荷及质量限值

GB 4785—2019 汽车及挂车外部照明和光信号装置的安装规定

GB 17691—2018 重型柴油车污染物排放限值及测量方法（中国第六阶段)

GB 23254—2009 货车及挂车 车身反光标识

QC/T 252—1998 专用汽车定型试验规程

GB/T 12786 自动化内燃机电站通用技术条件

JB/T 9746. 1 船用齿轮箱 第 1 部分：技术条件

GB 755 旋转电机 定额和性能

GB/T 997 电机结构及安装型式代号

HJ/T 269 环境保护产品技术要求 自动清洗网式过滤器

GB/T 2817 井用潜水泵技术条件

JB/T 10759 工程机械 高温高压液压软管总成

GB 8196 机械设备防护罩安全要求

GB 1497 低压电器基本标准

GB/T 7251. 1 低压成套开关设备和控制设备 第 1 部分：总则

附录Ⅱ 《应用示范大纲》

一、总则

（一）编制目的

为建立健全国家重点研发计划“重大自然灾害监测预警与防范”专项“山区和边远灾区应急供水与净水一体化装备”项目（以下简称“项目”）管理体系和运行机制，保障项目研制的应急供水与净水一体化技术装备集成及应用示范工作高效有序进行，按照国家有关规定并结合项目自身实际，特制订本大纲。

（二）编制依据

本大纲依据《中华人民共和国突发事件应对法》（主席令第六十九号）、《自然灾害救助条例》（国务院令第577号）、《突发事件应急预案管理办法》（国办发〔2013〕101号）、《国家自然灾害救助应急预案》（国办函〔2016〕25号）、《国家突发事件应急体系建设“十三五”规划》（国办发〔2017〕2号）、《安全应急装备应用试点示范工程管理办法（试行）》（工信厅联安全〔2020〕59号）、《国家重点研发计划管理暂行办法》（国科发资〔2017〕152号）等国家有关法律、法规和标准，和《山区和边远灾区应急供水与净水一体化装备项目任务书》《应急供水与净水一体化技术装备集成及应用示范课题任务书》，以及相关单位管理规定编制而成，具体编制依据见附件。

（三）适用范围

本大纲适用于项目组全体参研单位及各课题参研成员。

（四）工作原则

应用示范工作应坚持统一领导、综合协调、分级负责、分类实施、系统共建、资源共享的原则。项目组各成员单位应按照职责分工和相关预案并结合当前灾害场景类型积极有序开展处置工作。

（五）灾害等级

《国家地震应急预案》《国家防汛抗旱应急预案》《国家突发地质灾害应急预案》等国家相关政策文件根据受灾规模、波及范围、损失程度等因素，对地震、水旱、地质灾害等 3 种项目示范要求的自然灾害类型进行了灾害分级：

地震灾害分为特别重大、重大、较大、一般四级；

水旱灾害分为特大洪水/特旱、大洪水/重旱、中洪水/中旱、小洪水/轻旱四级；

地质灾害分为特大型、大型、中型、小型四级。

二、机构与职责

（一）组织体系

项目组应用示范组织机构由示范工作领导小组、示范执行工作组、示范管理办公室组成。

（二）领导机构

示范工作领导小组由组长、副组长、组员等组成，负责全面领导项目应用示范工作，下设办公室，即示范管理办公室。办公室作为项目示范日常管理机构，负责项目日常各项工作的管理、开展、推进和监督。

示范工作领导小组可根据需要指派成立示范现场指挥部，以实现对各示范执行工作组的集中统一指挥。

（三）工作机构

示范执行工作组分为前期工作组、环境勘察组、设备安装组、供水调配组、输配净化组、设备维护组、联络协调组、后勤保障组等，示范现场指挥部可结合现场实际，在此基础上按需设置。

涉及大型设备的相关示范执行工作组实行课题负责制，每项职责均要求对应课题负责人或课题负责人指定人员落实到位，做到专人专业专责。

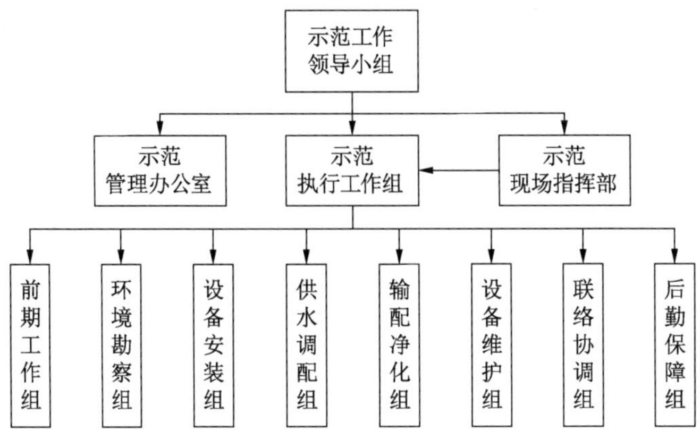

附图 1　领导机构示意图

三、示范选址

（一）示范选址原则

根据《项目申报指南》和《项目任务书》相关要求，项目组将依托国家供水应急救援中心，在西南山区和边远灾区，选择地震、水旱、地质灾害等 3 种不同灾害典型场景，通过单独和集中方式进行装备应用示范，检验装备功能特性、环境适应性、人机适应性等，开展应用示范效果评估，出具装备应用示范评估报告。

经项目组实地考察和《技术方案》评审专家建议，项目组采取集中示范与单独示范相结合的方式，拟选定四川省绵阳市北川羌族自治县作为地震和地质灾害场景集中示范地区，拟选定江西省赣州市于都县作为干旱灾害场景单独示范地区。

（二）集中示范地区——四川绵阳北川

北川羌族自治县位于四川盆地西北部，距绵阳市区 42 km，距省会成都 160 km，县内人口 24 万余人，是 2008 年"5·12"特大地震极重灾区之一。全县位于青藏高原东部边缘的龙门山断裂带内，境内松散地层均有出露，地层岩性较为复杂，构造活动强烈，历史上也是地震、滑坡、泥石流等地质灾害频发地区，灾害类型较多，符合应用示范场景要求，适宜开展应用示范工作。

项目组经过实地考察，拟选定北川老县城地震遗址附近的黄家坝村为地震、地质灾害场景应用示范场地。黄家坝村位于北川老县城曲山镇，呈西北高、东南低地势分布，周边最大高差约 800 m，是典型的西南山区村落。该村历史上曾多次发生地震、洪涝、滑坡、泥石流等自然灾害，可以满足集中示范相关要求。

（三）单独示范地区——江西赣州于都

于都县地处赣州市东部，距赣州城区 65 km，距省会南昌城区 422 km，常住人口达 90 万人，是首批全国脱贫攻坚交流基地。于都及于都人民为中国革命做出了不可磨灭的历史贡献，这里曾是中央苏区时期中共赣南省委、赣南省苏维埃政府所在地、中央红军长征集结出发地、中央苏区最后一块根据地、南方三年游击战争起源地，是长征精神的发源地。全县人均占有水量与年均降水量均低于全省平均水平，且雨热不同期，近半数降雨集中在 4~5 月。夏季高温干热，秋季用水短缺，每年 8 月至 11 月当地群众饮用水、灌溉用水、畜牧用水等严重短缺，季节性干旱特征明显。

项目参与单位中国地质调查局武汉地质调查中心根据自然资源部对口扶贫要求，为解决当地“两不愁三保障”的安全饮水问题开展了打井找水帮扶，2020 年至今，共施工完成探采结合井 100 余口，直接满足 10.65 万人安全饮水需求；提供 11 处“千吨万人”水厂补充水源，受益人口达 12.17 万人；支撑绿色农业发展，提供 6332 余亩农业基地灌溉用水，推动农业绿色经济发展，有力推动赣南革命老区四县脱贫摘帽、打赢脱贫攻坚战。

项目组经过实地考察，为验证课题一“找水准确率≥80%”和课题二“60 m 成井时间≤24 h”等相关考核指标，结合乡村振兴发展需要，拟选定于都县作为干旱灾害场景单独示范场地，在巩固现有丰硕成果的基础上，更好地助力当地经济社会发展，加快推进乡村振兴。

四、常态预防机制

（一）应急准备管理

为从源头保障项目示范工作扎实有效开展，以应对各类潜在风险挑战，应急准备管理应贯穿项目研发全环节、全过程。示范工作启动前，各参与单位应从思想准备、预案准备、机制准备、资源准备等方面做好应急准备工作，具体内容包括但不限于思想理念、法律法规、风险评估、预案管理、监测与预警、培训演练、装备设施、队伍建设等要素。各课题负责人要加强组织领导，针对课题内容特点进行专门的应急培训计划实施和应急物资配备，落实主体责任。

（二）风险预防预警

项目组各主要设备应建立使用管理制度及记录台账，以增强应急响应能力。

项目组各成员单位应根据国家灾害预警机制自行制定本单位内部的分级分类管理制度和风险预防措施。

五、响应与展开部署

（一）应急响应原则

项目组开展应用示范工作时，应遵循以下应急响应原则：准备充分、响应迅速、指挥果断、执行高效、操作规范、保障有力。

（二）设备快速响应

示范现场指挥部下达示范开始命令后，各示范执行工作组组长应立即向本组全体成员传达具体工作指令，指令应明确场景类型、受灾范围、任务目标等具体任务。工作组成员到岗后应迅速对负责的设备进行初步检查，并在第一时间向本工作组组长报告设备当前状况。示范执行工作组组长汇总信息后，及时向示范现场指挥部报告。

如设备出现异常，当事成员应向本工作组组长报告异常类型、发生时间和地点、初步故障诊断及解决方案等详细信息。示范执行工作组组长核实情况后，应积极开展检修工作，并向示范现场指挥部实时汇报进展。

（三）流程路径规划

飞控员检查确认无人机工作状态良好，即可参考现有卫星地图数据初步规划飞行路线与飞行高度，后报经环境勘察组组长批准，开始进行无人机航测。地面快速分析系统实时接收无人机扫描生成的数据和图像，进行三维地形场景重构，并结合全国水文地质调查数据库现有数据综合确定本次应用示范水源区。现场智慧指挥平台利用无人机航测数据完成系统配置后，运用调度算法先期开展示范模拟演示，并向示范现场指挥部提交设备进场路径规划参考方案。

（四）进场与展开部署

为提高应急抢险救灾效率，各示范执行工作组人员及设备应在示范现场指挥部统一指挥下有序进场。示范现场指挥部可在现场智慧指挥平台辅助下实时监测当前情况，优化具体流程，以便实现精准、科学、高效的指挥调度。

各示范执行工作组按计划到达工作地点后，即可根据需要对设备进行展开部署。安装、布置、加固等操作应符合相关规程，保证规范高效。

（五）构筑物施工与管网敷设

环境勘察组会同其他工作组利用快速分析系统并结合实际情况，快速规划水井、水池等构筑物位置，报送示范现场指挥部。示范现场指挥部选定目标点及备用点，征得有关部门同意后，即可下达开工指令。施工过程应保持信息畅通，如遇到短时间内无法解决的问题，示范现场指挥部应适时启用备用点。

供水管网敷设过程应平稳有序，避免对当地居民日常生活造成不利影响。

（六）调试、试运行与验收

各示范执行工作组在完成展开部署任务后，即可根据技术规范及实际需要自行进行相关调试工作。示范执行工作组组长在本组设备全部调试完毕后，应及时向示范现场指挥部汇报并等待进一步指令。

示范现场指挥部下达供水命令时，应确保专家到场、人员到岗、设备到位。

（七）审核与信息存档

应用示范响应结束后，示范现场指挥部及时组织人员汇总本次应用示范相关材料，开展应用示范效果评估，出具装备应用示范评估报告。经专家组审核通过后，报送示范工作领导小组，并整理存档。

六、应急处置

（一）突发事件处置

如人员或设备出现突发情况，当事人或相关人员应立即向示范现场指挥部和本工作组组长报告，报告内容应明确事件类型、主体、地点、规模等基本要素。可能涉及人身安全的，现场人员应优先进行抢救。示范现场指挥部应根据事件紧急程度和潜在影响综合研判，适时下达中止、恢复和后续指令。

（二）消防与灾害防护

启动前，各示范执行工作组应积极开展自查自纠，主动排查各类消防隐患和次生灾害隐患等，保证应用示范工作全流程、全要素安全稳定进行。

七、示范终止与评估再利用

（一）示范终止

应用示范目标完成后，示范现场指挥部根据工作安排及现场情况，经专家组同意，下达应急示范终止命令并作总结讲话。

各示范执行工作组按照技术规范要求整理本组人员与设备，整理完毕后报告示范现场指挥部等待撤离。示范现场指挥部在收到全部工作组报告后，组织有序退场。

（二）示范评估

示范评估小组由项目责任专家、咨询专家、项目及课题质量监管成员、用户（应急救援队、当地政府）等组成。

示范评估小组根据示范展示效果，对示范场地及示范项目选择的合理性、示范程序的规范性、装备适用性、人机适应性、安全可靠性、与考核指标的符合程度、装备的成熟度等方面进行综合评价，出具装备应用示范评估报告。

（三）固定设施移交

示范现场指挥部应综合评估水井等固定设施基本情况，完成与当地政府的移交工作，实现成果转化与再利用。

八、应急保障

（一）人员保障

应用示范以示范工作领导小组为引领，以示范现场指挥部为中心，以各参研单位骨干为主力，以全体参研成员为基础，协调开展各项工作。为保障应用示范顺利实施，示范现场指挥部可借调或聘请具备专业资质的地方政府和社会救援组织作为补充力量，辅助完成相关工作。各示范执行工作组因成员调整出现岗位缺口时，必须及时补充人员，保证应用示范队伍的完整可靠。

（二）物资保障

项目组统一采购、统一管理、统一发放应用示范所需的相关物资。示范现场指挥部负责协调机具、车辆、油料等大型设备专用物资，后勤保障组负责调配服装、食物、药品等劳动保障通用物资。

（三）通信保障

应用示范期间，全体成员应保持 24 h 联络畅通。卫星、对讲机等特殊通信方式，应根据相关法律法规及时向有关部门备案，并联系专业单位提供技术支持。

（四）技术保障

加强与当地应急管理部门、科技管理部门、自然资源部门、安全保卫部门、医疗卫生部门等单位的沟通与合作，保障应用示范工作高效有序进行，提高装备应用示范应急救援保障能力。

（五）培训演练

应用示范全体成员必须接受应急知识培训，主要内容如下：

① 国家法律法规与规章制度；

② 项目概况与示范基本流程；

③ 防护装备与消防器材的使用方法；

④ 现场急救常识；

⑤ 典型安全警示标志；

⑥ 典型应急供水案例。

各示范执行工作组应根据基本任务并结合实际需要，对本组成员进行有针对性的岗位培训，主要内容如下：

① 岗位安全生产操作规程；

② 本组危险源特征及隐患排查方法；

③ 突发紧急事件避险流程。

在全体组员完成安全培训后，各工作组应适时组织突发事件应急演练。演练相关材料及工作总结经整理汇总后，报送项目示范管理办公室存档。

九、附则

（一）大纲管理

项目课题五“应急供水与净水一体化技术装备集成及应用示范”牵头单位江苏大学负责本大纲的制订与修订工作，并负责在组织指挥体系、参研成员单位、应用示范场地、设备响应流程等发生变化时，及时修订完善本大纲。

（二）大纲解释

本大纲由“山区和边远灾区应急供水与净水一体化装备”项目管理办

公室负责解释。

（三）大纲实施

本大纲经专家组评审通过后，由项目牵头单位江苏大学会同项目各参研单位共同推进实施。

十、附件

（一）编制依据

《中华人民共和国突发事件应对法》（主席令第六十九号）

《自然灾害救助条例》（国务院令第577号）

《突发事件应急预案管理办法》（国办发〔2013〕101号）

《国家自然灾害救助应急预案》（国办函〔2016〕25号）

《国家突发事件应急体系建设“十三五”规划》（国办发〔2017〕2号）

《安全应急装备应用试点示范工程管理办法（试行）》（工信厅联安全〔2020〕59号）

《国家重点研发计划管理暂行办法》（国科发资〔2017〕152号）

《山区和边远灾区应急供水与净水一体化装备项目任务书》

《应急供水与净水一体化技术装备集成及应用示范课题任务书》

（二）国家灾害分级预案

《国家地震应急预案》

《国家防汛抗旱应急预案》

《国家突发地质灾害应急预案》